计算机类技能型理实一体化新形态系列

Visual C#程序设计
项目案例教程

（第4版）（微课版）

主　编　郑　伟　杨晓庆
副主编　朱福珍　劳　飞
　　　　王洪洋　姜伟强

清华大学出版社
北京

内 容 简 介

本书根据项目设计的需要,融入党的二十大报告精神,引导读者学习和理解党的二十大精神,自觉践行社会主义核心价值观,为我国软件产业的发展作贡献。

本书采用任务驱动模式编写,突出实际动手能力的培养,所选用项目来自企业真实案例。本书以C♯作为开发语言,以 Visual Studio 2022 作为开发平台,数据库采用 SQL Server 2022,从开发人员的角度出发,讲解了 7 个设计项目,从简单应用程序的编写到企业级应用程序的构建,内容涉及 C♯ Windows 应用程序、数据库应用程序。从基础架构到数据库的设计、用户界面的构建以及类层次关系的构建,由浅入深地进行讲述,本书本着理论必需、够用的原则,对涉及的知识点进行精讲,让学生既知其理,又懂得使用方法。通过项目与任务的实施,提高学生的动手能力。每个项目都有拓展训练,通过这些拓展训练可达到举一反三的目的。

本书适合作为高校计算机相关专业学生的教材,也可作为编程爱好者的自学教材。

本书封面贴有清华大学出版社防伪标签,无标签者不得销售。
版权所有,侵权必究。举报:010-62782989,beiqinquan@tup.tsinghua.edu.cn。

图书在版编目(CIP)数据

Visual C♯程序设计项目案例教程:微课版/郑伟,杨晓庆主编.--4 版.--北京:清华大学出版社,2025.2.--(计算机类技能型理实一体化新形态系列).-- ISBN 978-7-302-68049-9

Ⅰ.TP312.8

中国国家版本馆 CIP 数据核字第 20251P9S33 号

责任编辑:张龙卿
封面设计:刘代书　陈昊靓
责任校对:袁　芳
责任印制:宋　林

出版发行:清华大学出版社
　　　　网　　址:https://www.tup.com.cn,https://www.wqxuetang.com
　　　　地　　址:北京清华大学学研大厦 A 座
　　　　邮　　编:100084
　　　　社 总 机:010-83470000
　　　　邮　　购:010-62786544
　　　　投稿与读者服务:010-62776969,c-service@tup.tsinghua.edu.cn
　　　　质量反馈:010-62772015,zhiliang@tup.tsinghua.edu.cn
　　　　课件下载:https://www.tup.com.cn,010-83470410
印 装 者:三河市龙大印装有限公司
经　　销:全国新华书店
开　　本:185mm×260mm
印　　张:19.5
字　　数:447 千字
版　　次:2011 年 6 月第 1 版　　2025 年 3 月第 4 版
印　　次:2025 年 3 月第 1 次印刷
定　　价:59.00 元

产品编号:104551-01

第4版前言

党的二十大报告中指出:"我们提出并贯彻新发展理念,着力推进高质量发展,推动构建新发展格局,实施供给侧结构性改革,制定一系列具有全局性意义的区域重大战略,我国经济实力实现历史性跃升。""我们加快推进科技自立自强,全社会研发经费支出从10000亿元增加到28000亿元,居世界第二位,研发人员总量居世界首位。基础研究和原始创新不断加强,一些关键核心技术实现突破,战略性新兴产业发展壮大,载人航天、超级计算机、卫星导航、量子信息、核电技术、新能源技术、大飞机制造、生物医药等取得重大成果,进入创新型国家行列。"

近年来,我国互联网行业迅速发展,信息技术基础设施不断完善,计算机软件服务着社会生产和生活的方方面面,给人们的生活带来了极大的便利。

在前三个版本的基础上,第4版对内容进行了优化,软件开发版本由原来的Visual Studio 2019升级为Visual Studio 2022,数据库版本由原来的SQL Server 2012升级为SQL Server 2022。本书注重理论与实践相结合,对各部分内容均通过详细、通俗易懂的实例,使读者加深对内容的理解。教材在内容取舍、篇幅控制和难点安排上均适合教学,同时注重学生软件开发能力的培养。

本书每个案例的开发步骤都以通俗易懂的语言进行描述,从最基础的控件和语句进行讲解,详细介绍每一个开发步骤。每一个项目都有完整的开发流程。

本书通过用户登录界面、计算器程序、考试系统、图书管理系统、文件管理系统、酒店客房管理系统、企业人事管理系统7个典型设计项目,介绍了在Visual Studio 2022开发环境下使用C♯开发WinForm应用程序的方法与技能。总体分为两部分:第一部分为C♯编程基础知识,通过5个项目对C♯编程中使用到的基础知识进行覆盖,通过项目的制作介绍开发Windows应用程序中常见控件的属性和事件,以及这些属性和事件在编程中的应用方法,同时介绍了C♯基本语句的编写方法和编写思路,以及基本语句在项目开发中的作用及其与控件之间的关系;第二部分为综合实训项目,通过2个完整的项目,采用软件工程的思想,介绍了从项目的需求分析、项目的总体功能设计到数据库设计、各功能模块的设计的全流程,以及各功能模块的设计和代码的编写,详细地介绍了使用C#开发完整项目的流程。

本书适用于希望在.NET框架下开发Windows应用程序的程序设计人员,对于希望从基本概念开始学习的Windows应用程序爱好者来说也有详细的例子可以边学习边实践。

本书由郑伟、杨晓庆担任主编,由朱福珍、劳飞、王洪洋、姜伟强担任副主编。来自企业的工程师曹晶、蔡世颖、曲树波、魏罗燕也参与了该书部分章节的编写。

由于编者水平有限,疏漏出错之处在所难免,敬请读者批评、指正。

编 者

2025年1月

目 录

项目 1 设计制作用户登录界面 ·· 1

  任务 1.1 创建 Visual C♯ 编程环境 ······························· 1
    1.1.1 了解.NET 框架和 C♯ 语言 ···························· 1
    1.1.2 安装 Visual Studio 2022 编程环境 ······················ 2
    1.1.3 了解 Visual Studio 2022 的菜单项和工具栏 ············ 6
  任务 1.2 设计制作用户登录界面 ································ 14
  项目小结 ··· 21
  项目拓展 ··· 22

项目 2 设计制作计算器程序 ·· 23

  任务 2.1 设计基本计算语句 ···································· 23
    2.1.1 C♯ 常量与变量 ······································· 23
    2.1.2 使用 C♯ 数据类型 ··································· 24
    2.1.3 使用 C♯ 运算符与表达式 ····························· 26
    2.1.4 编写基本流控制语句 ································· 29
  任务 2.2 设计制作简单计算器程序 ······························· 35
    2.2.1 创建计算器界面 ····································· 35
    2.2.2 编写计算器程序的代码 ······························· 37
    2.2.3 使用异常调试语句改进计算器代码 ···················· 39
  任务 2.3 设计通用计算器程序 ··································· 42
    2.3.1 设计通用计算器界面 ································· 42
    2.3.2 编写通用计算器代码 ································· 43
    2.3.3 运行并测试通用计算器 ······························· 46
  项目小结 ··· 46
  项目拓展 ··· 47

项目 3 设计制作考试系统 ·· 48

  任务 3.1 使用基本控件创建考试系统界面 ······················· 49

3.1.1　使用 RadioButton 控件 ……………………………………………… 49
　　3.1.2　使用 CheckBox 控件 ………………………………………………… 50
　　3.1.3　使用 RichTextBox 控件 ……………………………………………… 52
　　3.1.4　使用 LinkLabel 控件 ………………………………………………… 55
　　3.1.5　使用 toolStrip 控件 ………………………………………………… 56
　　3.1.6　使用 ListBox 控件 …………………………………………………… 59
　　3.1.7　使用 menuStrip 控件 ………………………………………………… 61
　任务 3.2　设计制作考试系统 ………………………………………………………… 63
　　3.2.1　考试系统需求分析和功能设计 ……………………………………… 63
　　3.2.2　设计考试系统界面 …………………………………………………… 63
　　3.2.3　编写考试系统代码 …………………………………………………… 64
　　3.2.4　测试并发布考试系统 ………………………………………………… 66
项目小结 ………………………………………………………………………………… 67
项目拓展 ………………………………………………………………………………… 67

项目 4　设计制作图书管理系统 ……………………………………………………… 68

　任务 4.1　安装并使用 SQL Server 2022 数据库 …………………………………… 68
　任务 4.2　SQL Server 2022 数据库操作 …………………………………………… 74
　　4.2.1　数据库基本操作 ……………………………………………………… 74
　　4.2.2　数据表的基本操作 …………………………………………………… 77
　　4.2.3　使用基本 SQL 语句 …………………………………………………… 81
　任务 4.3　使用 ADO.NET 操作 SQL Server 2022 ………………………………… 84
　　4.3.1　了解 ADO.NET ……………………………………………………… 84
　　4.3.2　使用 Connection 对象 ………………………………………………… 87
　　4.3.3　使用 SqlCommand 对象与 SqlDataReader 对象 …………………… 90
　　4.3.4　使用 DataSet 对象 …………………………………………………… 97
　任务 4.4　设计制作图书管理系统 …………………………………………………… 101
　　4.4.1　图书管理系统整体功能设计 ………………………………………… 101
　　4.4.2　图书管理系统数据库设计 …………………………………………… 102
　　4.4.3　图书管理系统详细设计 ……………………………………………… 104
项目小结 ………………………………………………………………………………… 119
项目拓展 ………………………………………………………………………………… 120

项目 5　设计制作文件管理系统 ……………………………………………………… 121

　任务 5.1　文件管理系统功能总体设计 ……………………………………………… 121
　任务 5.2　设计制作简单文件管理系统 ……………………………………………… 122
　　5.2.1　设计制作创建文件功能 ……………………………………………… 122
　　5.2.2　设计制作显示文件信息功能 ………………………………………… 126

		5.2.3 设计制作读/写文件功能	130
		5.2.4 设计制作文件比较功能	133
项目小结			136
项目拓展			137

项目 6　设计制作酒店客房管理系统　138

任务 6.1　系统功能总体设计　138
- 6.1.1　系统的功能结构设计　139
- 6.1.2　系统的数据库设计　139

任务 6.2　系统详细设计　145
- 6.2.1　设计用户登录界面 login.cs　147
- 6.2.2　设计管理主界面 WFMain.cs　149
- 6.2.3　设计管理员注册功能界面 MRegister.cs　154
- 6.2.4　设计管理员更新功能界面 MUpdate.cs　158
- 6.2.5　设计客房楼信息管理界面 BuildInfo.cs　164
- 6.2.6　设计客房信息管理界面 DormInfo.cs　174
- 6.2.7　设计客户信息录入界面 InfoRegister.cs　185
- 6.2.8　设计入住信息管理界面 DormRegister.cs　188
- 6.2.9　设计报修登记功能界面 RepairRecord.cs　193
- 6.2.10　设计维修反馈功能界面 RepairFeedback.cs　197
- 6.2.11　设计违规登记功能界面 DormFouls.cs　201
- 6.2.12　设计违规处理功能界面 FoulsFeedback.cs　206
- 6.2.13　设计查询客户信息功能界面 InfoSearch.cs　210

项目小结　216
项目拓展　216

项目 7　设计制作企业人事管理系统　217

任务 7.1　系统功能总体设计　217
- 7.1.1　系统功能结构设计　218
- 7.1.2　系统的数据库设计　219

任务 7.2　企业人事管理系统详细设计　236
- 7.2.1　系统公共类设计　236
- 7.2.2　设计制作用户登录界面 F_Login.cs　247
- 7.2.3　设计制作系统管理主界面 F_Main.cs　248
- 7.2.4　设计制作数据基础界面 F_Basic.cs　257
- 7.2.5　设计制作设置提示日期界面 F_ClewSet.cs　260
- 7.2.6　设计制作人事档案管理界面 F_ManFile.cs　261
- 7.2.7　设计制作人事资料查询界面 F_Find.cs　280

7.2.8 设计制作人事资料统计界面 F_Stat.cs ……………………………… 284
7.2.9 设计制作日常记事界面 F_WordPad.cs ……………………………… 286
7.2.10 设计制作管理通信录界面 F_AddressList.cs ………………………… 291
7.2.11 设计制作用户管理界面 F_User.cs …………………………………… 296
项目小结 ……………………………………………………………………………… 301
项目拓展 ……………………………………………………………………………… 301

参考文献 ……………………………………………………………………………………… 302

项目 1　设计制作用户登录界面

通过本项目,让读者了解 Visual C♯最新的编程环境 Visual Studio 2022 的安装方法及安装步骤,了解 Visual Studio 2022 的新特性及编程环境各模块的功能。通过制作用户登录系统,让读者掌握使用 Visual Studio 2022 开发 Windows 应用程序的步骤及方法。

知识目标

(1) 了解.NET 平台的基本结构;
(2) 了解 Windows 应用开发技术的原理;
(3) 掌握 C♯简单语句的结构;
(4) 掌握 C♯Windows 程序调试的流程。

能力目标

(1) 掌握安装 Visual Studio 2022 的方法;
(2) 掌握创建 C♯Windows 应用程序的方法;
(3) 掌握简单 C♯Windows 应用程序的设计流程;
(4) 掌握简单 C♯Windows 控件的使用方法。

素质目标

(1) 引导学生树立正确的世界观、人生观、价值观,自觉践行社会主义核心价值观;
(2) 培养学生发现问题、分析问题和解决问题的能力;
(3) 明确软件开发专业人员工作性质的社会价值。

任务 1.1　创建 Visual C#编程环境

1.1.1　了解.NET 框架和 C♯语言

1. 微软.NET 框架介绍

随着网络经济的到来,微软公司希望帮助用户能够在任何时候、任何地方、利用任何工具都可以获得网络上的信息,并享受网络通信所带来的便捷。.NET 战略就是为着实现这样的目标而设立的。微软的.NET 标志如图 1-1 所示。

微软公司.NET 平台的基本思想是:侧重点从连接到互联网的单一网站或设备上转移到计算机、设备和服务群组上,使其通力合作,提供更广泛更丰富的解决方案。用户将能够控制信息的传送方式、时间和内容。计算机、设备和服务将能够相辅相成,从而提供丰富的服务，而不是像孤岛那样，由用户提供唯一的集成。企业能提供一种方式，允许用户将他们的产品和服务无缝地嵌入自己的电子构架中。

从技术的角度，一个.NET 应用是一个运行于.NET Framework 之上的应用程序。更精确地说，一个.NET 应用是一个使用.NET Framework 类库来编写，并运行于公共语言运行时（common language runtime）之上的应用程序。如果一个应用程序跟.NET Framework 无关，它就不能叫作.NET 程序。比如，仅仅使用了 XML 并不就是.NET 应用，仅仅使用 SOAP SDK 调用一个 Web Service 也不是.NET 应用。.NET 是基于 Windows 操作系统运行的操作平台，应用于互联网的分布式。

图 1-1　微软的.NET 标志

2. C♯语言介绍

C♯（读作 C sharp）是微软公司在 2000 年 6 月发布的一种编程语言。C♯语言在格式上与 Java 语言有着很多的相似点，如单一继承、界面、与 Java 相似的语法、编译成中间代码再运行的过程。但是 C♯与 Java 有着明显的不同，它借鉴了 Delphi 的一个特点，与 COM（组件对象模型）是直接集成的，而且它是微软公司.NET Windows 网络框架的主角。.NET 体系结构如图 1-2 所示。

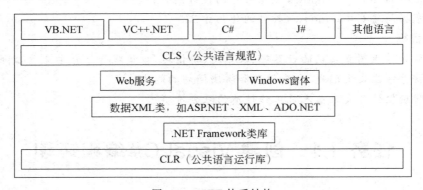

图 1-2　.NET 体系结构

.NET Framework 是用于 Windows 的新托管代码编程模型。它的强大功能与新技术结合起来，用于构建引人注目的应用程序，实现跨技术边界的无缝通信，并且能支持各种业务流程。

1.1.2　安装 Visual Studio 2022 编程环境

微软公司于 2021 年发布 Visual Studio 2022 首个预览版，该版本比以前版本更快、更易于使用、更具备轻量级，是专为学习者和构建工业规模解决方案的人员设计的。

1. Visual Studio 2022 编程环境可以开发的常用项目类型

(1) 桌面应用程序：如 Windows 窗体应用程序、WPF 应用程序和 UWP(universal Windows platform，Windows 通用应用平台)应用程序。

(2) Web 应用程序：如 ASP.NET 应用程序和 Node.js 应用程序。

(3) 移动应用程序：如 Android 应用程序、iOS 应用程序和 Windows Phone 应用程序。

(4) 云应用程序：如 Azure 应用程序和 AWS 应用程序。

(5) 游戏开发：如 Unity 游戏和游戏插件。

(6) 数据库应用程序：如 SQL Server 应用程序和 MySQL 应用程序。

2. 安装 Visual Studio 编程环境

Visual Studio 2022 安装最低系统要求如表 1-1 所示。

表 1-1　Visual Studio 2022 安装最低系统要求

支持的操作系统	硬　　件
Windows 11 版本 21H2 或更高版本(家庭版、专业版、专业教育版、专业工作站版、企业版和教育版)； Windows 10 版本 1909 或更高版本(家庭版、专业版、教育版和企业版)； Windows Server 核心 2022； Windows Server 核心 2019； Windows Server 核心 2016； Windows Server 2022(标准和数据中心)； Windows Server 2019(标准和数据中心)； Windows Server 2016(标准和数据中心)	(1) CPU：ARM64 或 x64 处理器，建议使用四核或更好的处理器。不支持 ARM 32 处理器。 (2) 内存：至少 4GB。许多因素都会影响所使用的资源。对于典型的专业解决方案，建议使用 16GB 内存。 (3) 硬盘空间：850MB～210GB 可用空间，具体取决于安装的功能；典型安装需要 20～50GB 的可用空间。建议在固态硬盘上安装 Windows 和 Visual Studio 以提高性能。 (4) 显卡：支持的最低显示分辨率 WXGA(1366×768 像素)的；Visual Studio 最适宜的分辨率为 1920×1080 像素或更高

以下是 Visual Studio Community 2022 版本安装步骤。

(1) 启动安装程序，如图 1-3 所示。

图 1-3　启动安装程序界面

(2) 单击"继续"按钮，进入如图 1-4 所示的界面，显示下载及安装进度。

(3) 下载安装完成以后，进入如图 1-5 所示的界面，选择安装的选项，如图 1-6 所示。

图 1-4　显示下载及安装进度

图 1-5　安装选项选择界面

图 1-6　选择需要安装的模块

(4)单击"安装"按钮,进入如图 1-7 所示的界面。

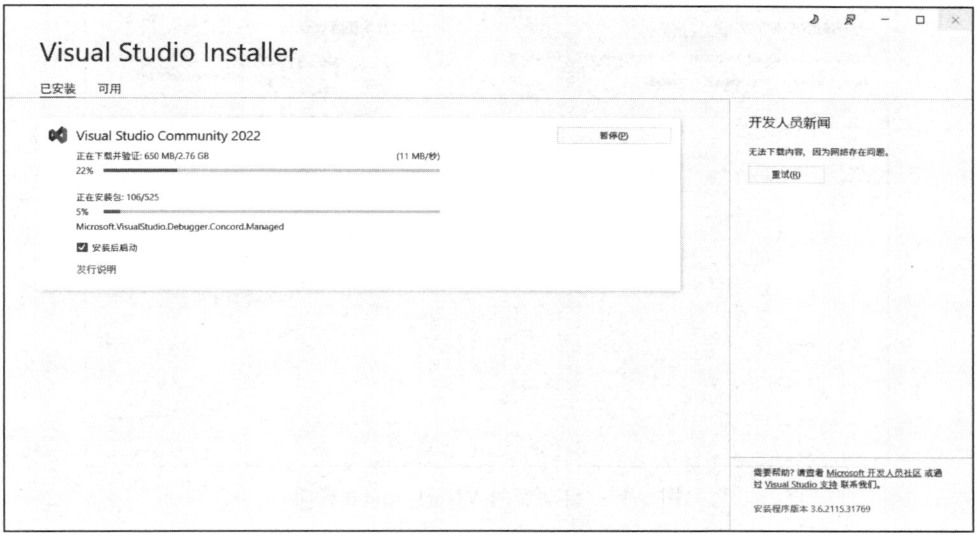

图 1-7　下载和安装界面

(5)安装完成后,会出现如图 1-8 所示的界面,选择是否重启操作系统。

图 1-8　安装成功

(6)重启操作系统之后,重新打开 Visual Studio,进入如图 1-9 所示的界面,从中选择"开发设置"和"颜色主题",进入图 1-10 所示的界面。

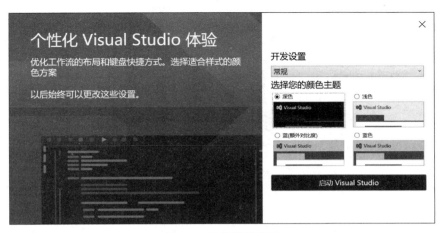

图 1-9　开发设置界面

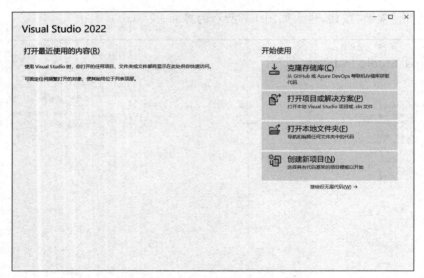

图 1-10　启动后的 Visual Studio 界面

1.1.3　了解 Visual Studio 2022 的菜单项和工具栏

Visual Studio 2022 将程序开发中用到的各种功能集成在一个公共的工作环境中，称为 IDE。该编程开发环境提供了各种控件、窗口和方法，用户可以方便地进行各种应用程序的开发，以及在各种开发界面中切换，可以在很大程度上节约开发时间。

1. Visual Studio 2022 中创建 C♯ Windows 应用程序

启动 Visual Studio 2022，初始界面如图 1-11 所示。

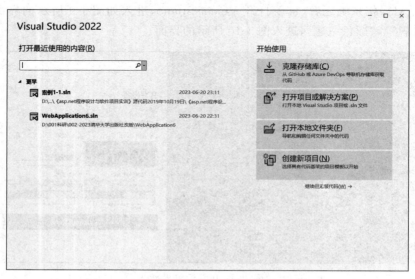

图 1-11　Visual Studio 2022 启动后的初始界面

在如图 1-11 所示的初始界面中选择"创建新项目",然后进入图 1-12 所示的创建新项目的界面。

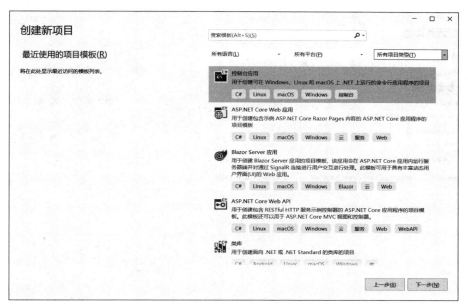

图 1-12　创建新项目

在图 1-12 的界面中,从"所有语言"下拉列表中选择"C♯",从"所有项目类型"下拉列表中选择"桌面",然后在出现的可以创建项目的模板里选择"Windows 窗体应用",如图 1-13 所示。

图 1-13　选择创建"Windows 窗体应用"模板

单击"下一步"按钮，进入如图1-14所示的配置新项目的界面，设置项目名称，选择项目保存位置，设置解决方案名称。

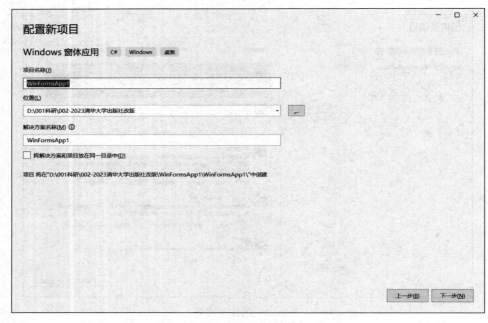

图1-14　配置新项目

单击"下一步"按钮，进入如图1-15所示的界面，选择框架版本，然后单击"创建"按钮，将完成项目的创建。

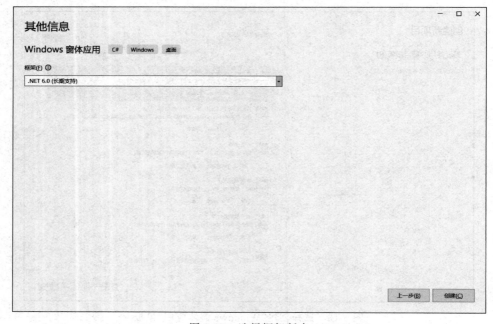

图1-15　选择框架版本

最后进入如图 1-16 所示的界面。

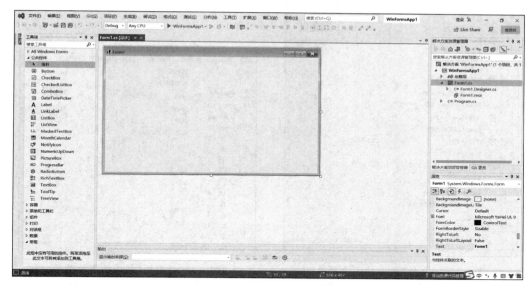

图 1-16　新建的 C# Windows 应用程序

2. Visual Studio 2022 的开发环境的组成

Visual Studio 2022 的开发环境主要由以下几部分组成：菜单、工具栏、窗体、工具箱、属性窗口和解决方案资源管理器等。

（1）菜单。

① "文件"菜单如图 1-17 所示。主要菜单项说明如下。

- "新建"：支持新建项目、仓库、文件等。
- "打开"：支持打开已有的项目/解决方案、文件等。
- "关闭"：关闭正在编写的项目。
- "关闭解决方案"：关闭正在编写的解决方案。
- "退出"：退出 Visual Studio 2022 编程环境。

② "编辑"菜单包含的主要菜单项有"转到""查找和替换""撤销""重做""剪切""复制""粘贴"等，如图 1-18 所示。

③ "视图"菜单如图 1-19 所示。主要菜单项说明如下。

- "代码"：打开代码编辑界面。
- "设计器"：打开设计器编辑界面。
- "解决方案资源管理器"：打开解决方案资源管理器窗口。
- "服务器资源管理器"：打开服务器和数据库相关内容的操作界面。
- "类视图"：打开类视图窗口。
- "工具箱"：打开工具箱窗口。
- "属性窗口"：打开控件的属性窗口。

图1-17 "文件"菜单的下拉菜单

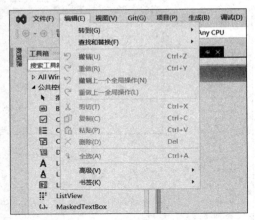
图1-18 "编辑"菜单的下拉菜单

图1-19 "视图"菜单的下拉菜单

④ Git 菜单如图 1-20 所示。

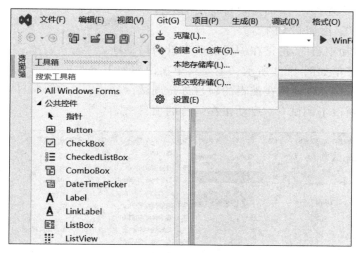

图 1-20　Git 菜单的下拉菜单

⑤ "项目"菜单如图 1-21 所示。主要菜单项说明如下。

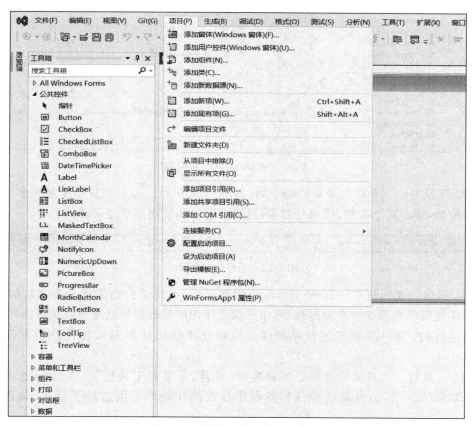

图 1-21　"项目"菜单的下拉菜单

- "添加窗体"：向已有的应用程序中添加新的窗体。
- "添加用户控件"：添加用户自定义的控件。
- "添加类"：添加 C♯ 的类。
- "设为启动项目"：将正在编辑的项目设为启动项。

⑥ "调试"菜单如图 1-22 所示。主要菜单项说明如下。
- "开始调试"：启动正在编辑的项目进行调试。
- "开始执行(不调试)"：启动正在运行的项目。

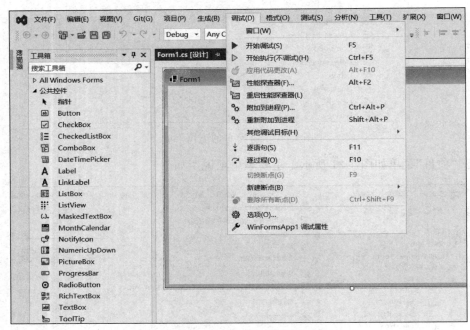

图 1-22 "调试"菜单的下拉菜单

(2) 工具栏。工具栏在菜单栏的下面，如图 1-23 所示。工具栏提供了常用命令的快速访问按钮，单击某个按钮，可执行对应的操作，效果和使用菜单是一样的。

图 1-23 工具栏的界面

(3) 窗体。在创建了一个 Windows 应用程序后，系统会自动生成一个默认的窗体，也就是应用程序界面。在开发过程中，用户编程使用的各种控件就是布局在窗体之上的，当程序运行时，用户所看到的就是窗体。应用程序的设计界面及相关功能如图 1-24 所示。

(4) 工具箱。工具箱中提供了各种控件、容器、菜单和工具栏、组件、对话框和数据等。在默认情况下，工具箱将控件和各种组件按照功能的不同进行了分类，如图 1-25 所示。

用户在编程过程中可以根据需要选择各种控件和组件。如果所需要的控件或者组件

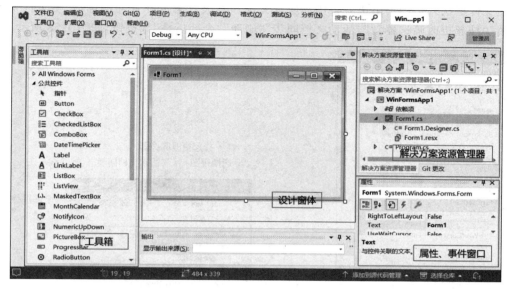

图 1-24 应用程序的设计界面及相关功能

在工具箱中找不到,可以在工具箱区域内右击,在出现的下拉菜单中选择"选择项"命令,打开"选择工具箱项"对话框,在该对话框中选择相应的控件或组件,如图 1-26 所示。

图 1-25 工具箱

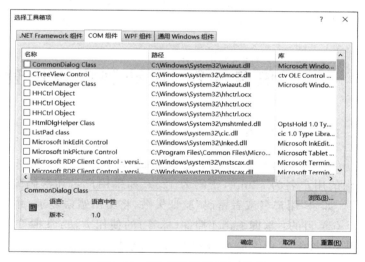

图 1-26 "选择工具箱项"对话框

(5)属性窗口。属性窗口包含选定对象(Form 窗体或控件)的属性、事件列表。在设计程序时可以通过修改对象的属性来设计界面的外观和相关值,这些属性值将是程序运行时各对象属性的初始值。属性窗口包括"按分类排序""字母顺序""属性""事件"等按钮,分别用于设置显示属性或者事件,以及显示时是按照分类还是按照字母顺序排序,如图 1-27 所示。

(6)解决方案资源管理器。解决方案资源管理器采用 Windows 资源管理器的界面,按照文件层次列出当前解决方案中的所有文件。解决方案资源管理器包括"主页""切换视图""挂起更改筛选器""与活动文档同步""刷新""全部折叠"等按钮,如图1-28所示。

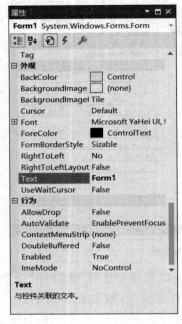

图1-27 属性窗口的界面

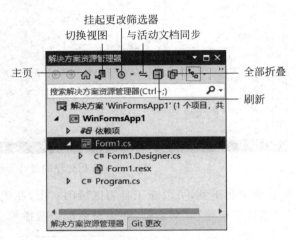

图1-28 解决方案资源管理器的界面

设计制作用户登录界面

任务1.2 设计制作用户登录界面

1. 要求和目的

(1) 要求:设计一个用户登录界面,对用户输入的"用户名"和"密码"进行验证,假设正确的用户名为admin,密码为123。如果用户名和密码验证成功后,将进入"登录后界面"。如果"用户名或者密码"验证失败,将给出错误提示,并要求重新登录。

(2) 目的:掌握Label控件(标签)的使用方法;掌握TextBox控件(文本框)的使用方法;掌握编写C#基本语句的方法;掌握简单Visual C# Windows应用程序的编写流程。

2. 设计步骤

(1) 设计界面。打开Visual Studio 2022编程环境,选择"文件"→"新建"→"项目"命令,创建一个名称为"1-2-1"的Visual C# Windows应用程序,如图1-29所示。

(2) 在该界面中选择C# Windows应用程序,然后单击"下一步"按钮,进入如图1-30所示的界面。

在该界面中输入项目名称,选择项目存放位置,然后单击"下一步"按钮,选择框架版

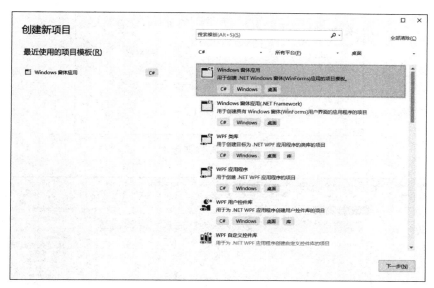

图 1-29　新建 C♯ Windows 应用程序

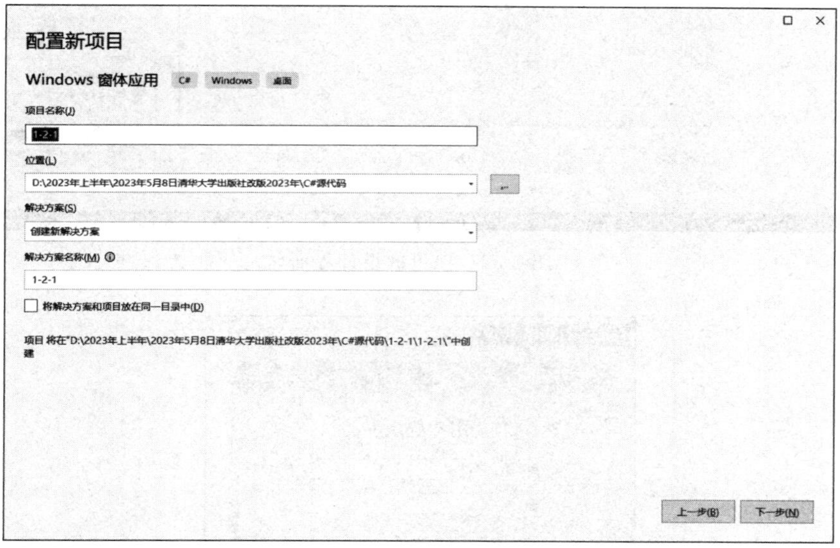

图 1-30　新建项目

本,如图 1-31 所示。

在图 1-31 界面中选择适合的框架版本,然后单击"创建"按钮,将创建一个应用程序,界面如图 1-32 所示。

首先将窗体的"Text 属性"改为"用户登录"。从工具箱中拖入 1 个 Label 控件,用于显示文本"用户登录界面",并设置 Label 控件的合适字体属性"Font 属性"。再拖入 2 个 Label 控件,分别用于显示文本"用户名""密码"。然后拖入 2 个 TextBox 控件,分别用作"用户名"和"密码"的输入框。设置显示密码的 TextBox 控件的"PasswordChar 属性"为"＊"。最后拖入 2 个 Button 控件,分别用作"登录"和"取消"按钮。设计好的界面如图 1-33 所示。

图 1-31　选择框架版本

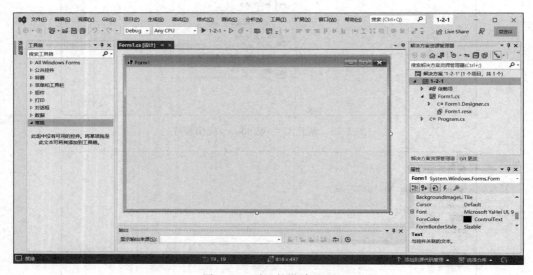

图 1-32　项目的设计界面

图 1-33　用户登录程序的设计界面

在解决方案资源管理器中右击项目名称,在弹出的菜单中选择"添加"命令的二级菜单项"窗体(Windows 窗体)"命令,如图 1-34 所示。选择该菜单命令后,将出现 1-35 所示的添加新项的界面。

在图 1-35 所示的"添加新项"窗口中选择"窗体(Windows 窗体)"类型,然后设置名称为 Form2,单击"添加"按钮,添加一个新的 Windows 窗体。

项目 1　设计制作用户登录界面

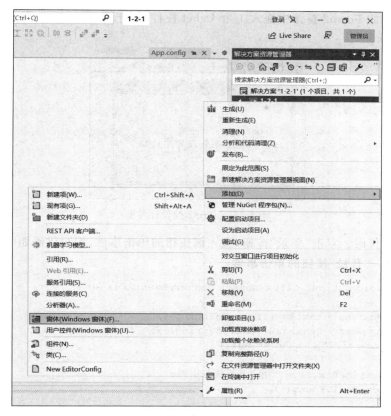

图 1-34　添加窗体(Windows 窗体)

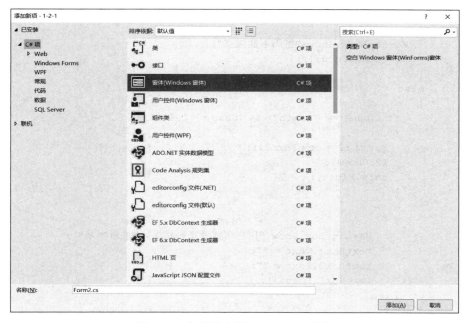

图 1-35　在项目中添加 Windows 窗体

17

在新添加的 Form2 窗体中拖入 1 个 Label 控件,用于显示文本"登录后管理界面",如图 1-36 所示。

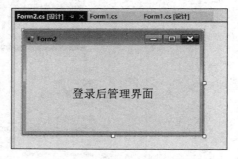

图 1-36 Form2 的设计界面

(3) 编写代码。双击"登录"按钮,进入该按钮的单击事件,编写代码如下。

代码 1-1 "登录"按钮的单击事件

```
private void button1_Click(object sender,EventArgs e)
{
    string name = textBox1.Text.ToString();
    string pass = textBox2.Text.ToString();
    if (name == "" || name == null)
    {
        MessageBox.Show("用户名不能为空");
        textBox1.Focus();
    }
    else
    {
        if (pass == "" || pass == null)
        {
            MessageBox.Show("密码不能为空");
            textBox2.Focus();
        }
        else
        {
            if ((name == "admin") && (pass == "123"))
            {
                Form2 f2 = new Form2();
                f2.Show();
                this.Hide();
            }
            else
            {
                MessageBox.Show("用户名或者密码错误,请重新登录");
                textBox1.Text = "";
                textBox2.Text = "";
                textBox1.Focus();
            }
        }
    }
}
```

双击"取消"按钮,进入该按钮的单击事件,编写代码如下。

代码 1-2 "取消"按钮的单击事件

```
private void button2_Click(object sender,EventArgs e)
{
    this.Close();
}
```

(4) 启动运行并调试应用程序。在 Visual Studio 2022 编程环境中,选择"调试"→"开始调试"命令,将应用程序运行起来,效果如图 1-37 所示。

在"用户登录"程序界面中输入"用户名"和"密码"进行测试,如果输入正确的"用户名"和"密码",将转到系统登录后的"管理界面",如图 1-38 所示。

图 1-37 "用户登录"程序运行界面

图 1-38 系统登录后的"管理界面"

如果在"用户登录"界面中输入错误的"用户名"或者"密码",则会弹出提示窗口,如图 1-39 所示。

3. 相关背景知识

(1) Form 类。这是.NET 系统中定义的窗体类(WinForm),它属于 System.Windows.Forms 命名空间。Form 类对象具有 Windows 应用程序窗口的最基本功能。它可以是对话框、单文档或多文档应用程序窗口的基类。Form 类对象还是一个容器,在 Form 窗体中可以放置其他控件,例如"菜单控件""工具条控件"等,还可以放置子窗体。Form 类的常用属性如表 1-2 所示。

图 1-39 "用户名或者密码错误"提示窗口

表 1-2 Form 类的常用属性

属 性 名 称	属 性 含 义
AutoScroll	布尔变量,表示窗口是否在需要时自动添加滚动条
FormBorderStyle	窗体边界的风格,如有无边界、单线、3D、是否可调整等
Text	字符串类对象,窗体标题栏中显示的标题
AcceptButton	记录用户按 Enter 键时的状态,相当于单击窗体中的按钮对象
CancelButton	记录用户按 Esc 键时的状态,相当于单击窗体中的按钮对象。AcceptButton 属性和本属性多用于对话框,例如打开文件对话框,用户按 Enter 键,相当于单击"确定"按钮

续表

属性名称	属性含义
MaxiMizeBox	确定窗体标题栏右侧最大化按钮是否可用,设置为 false 时按钮不可用
MiniMizeBox	确定窗体标题栏右侧最小化按钮是否可用,设置为 false 时按钮不可用。如果 MaxiMizeBox 和 MiniMizeBox 属性都设置为 false,将只有关闭按钮。在不希望用户改变窗体大小时,如对话框,将两者都设置为 false

Form 类的常用方法如表 1-3 所示。

表 1-3 Form 类的常用方法

方法名称	方法含义
Close()	关闭窗体,释放所有资源。如窗体为主窗体,执行此方法,程序结束
Hide()	隐藏窗体,但不破坏窗体,也不释放资源。可用 Show()方法重新打开窗体
Show()	显示窗体

Form 类的常用事件如表 1-4 所示。

表 1-4 Form 类的常用事件

事件名称	事件含义
Load	在窗体显示之前发生,可以在其事件处理函数中做一些初始化的工作

(2) Label(标签)控件。

Label 控件用来显示一行文本信息,但文本信息不能编辑,常用来输出标题、显示处理结果和标记窗体上的对象。Label 控件一般不用于触发事件。Label 控件的常用属性如表 1-5 所示。

表 1-5 Label 控件的常用属性

属性名称	属性含义
Text	显示的字符串
AutoSize	控件大小是否随字符串大小自动调整。默认值为 false,表示不调整
ForeColor	设置标签控件显示的字符串颜色
Font	字符串所使用的字体,包括所使用的字体名、字体的大小、字体的风格等

(3) Button(按钮)控件。用户单击按钮,触发单击事件,并在单击事件处理函数中完成相应的工作。Button 控件的常用属性和事件如表 1-6 所示。

表 1-6 Button 控件的常用属性和事件

名称	含义
属性 Text	按钮表面的标题
事件 Click	用户单击触发的事件,一般称作单击事件

(4) TextBox(文本框)控件。这是用户输入文本的区域。TextBox 控件的属性如表 1-7 所示。

表 1-7　TextBox 控件的属性

属 性 名 称	属 性 含 义
Text	用户在文本框中输入的字符串
MaxLength	单行文本框输入字符数的最大值
ReadOnly	布尔变量，为 true 时文本框不能编辑
PasswordChar	字符串类型，允许输入一个字符。用户在文本框中输入的所有字符都显示这个字符一般用来输入密码
MultiLine	布尔变量，为 true 时为多行文本框，为 false 时为单行文本框
ScrollBars	MultiLine＝true 时有效，有 4 种选择：0 表示无滚动条,1 表示有水平滚动条,2 表示有垂直滚动条,3 表示有水平和垂直滚动条
SelLength	可选中文本框中的部分或全部字符,本属性为所选择文本的字符数
SelStart	所选中文本的开始位置
SelText	所选中的文本
AcceptsReturn	该属性在 MultiLine＝true 时有效，且为布尔变量，为 true 时按 Enter 键则换行，为 false 时按 Enter 键相当于单击窗体中的默认按钮

TextBox 控件的事件如表 1-8 所示。

表 1-8　TextBox 控件的事件

事 件 名 称	事 件 含 义
TextChanged	文本框中的字符发生变化时触发的事件

(5) 命名空间。它提供了一种组织相关类和其他类型的方式。与文件或组件不同，命名空间是一种逻辑组合,而不是物理组合。C♯程序是利用命名空间组织起来的。命名空间既用作程序的"内部"组织系统,也用作"外部"组织系统(一种向其他程序公开自己拥有的程序元素的方法)。

项 目 小 结

本项目设计制作了一个用户登录模块,通过本项目的设计制作,让读者掌握了在 Visual Studio 2022 编程环境中编写 C♯ Windows 应用程序的方法及流程,以及了解简单控件的使用方法。

项 目 拓 展

　　读者可以根据本项目的设计情况,试着编写一个简单的猜数字对错的程序,即通过用户的输入,程序给出大或者小的提示,直到用户猜到正确的数字为止,并记录用户猜的次数。

素质提升案例:
王选的创新精神
和爱国情怀

项目 2　设计制作计算器程序

本项目将设计制作一个通用的计算器程序。通过本项目的设计制作,让读者掌握 C♯ 语言的基本数据类型、运算符与表达式的写法,以及基本语句的写法。以此来介绍 C♯ 开发 Windows 应用程序开发技术的结构、特点和开发流程。

知识目标
(1) 了解.NET 平台的基本结构;
(2) 了解 Windows 应用程序开发技术的原理;
(3) 掌握 VB.NET 简单语句的结构;
(4) 掌握 VB.NET 程序调试的流程。

能力目标
(1) 掌握创建 VB.NET 应用程序的方法;
(2) 掌握 VB.NET 基本输入/输出控件的使用方法;
(3) 掌握 VB.NET 创建计算器程序的设计流程;
(4) 掌握 VB.NET 基本语句的编写方法。

素质目标
(1) 引导学生逐步养成项目开发的逻辑思维;
(2) 潜移默化地引导学生树立社会主义核心价值观;
(3) 引导学生树立正确的技能观,推广服务于人民和社会的项目。

任务 2.1　设计基本计算语句

2.1.1　C♯ 常量与变量

1. 常量

常量是指在程序运行的过程中,其值保持不变的量。Visual C♯ 2008 的常量包括符号常量、数值常量、字符常量、字符串常量和布尔常量等。

符号常量一经声明就不能在任何时候改变其值。Visual C♯ 2008 中,采用 const 语句来声明常量,其语法格式如下:

const <数据类型><常量名> = <表达式> ...

对以上语法格式说明如下：

（1）＜常量名＞遵循标识符的命名规则，一般采用大写字母。

（2）表达式由数值、字符、字符串常量及运算符组成，也可以包括前面定义过的常量，但是不能使用函数调用。例如：

```
const int MIN = 100;                    //声明常量 MIN,代表 100,整型
const float PI = 3.14F;                 //声明常量 PI,代表 3.14,单精度型
const string STR = "2009010101";        //声明常量 STR,代表"2009010101",字符串型
```

（3）如果多个常量的数据类型是相同的，可在同一行中声明这些常量，声明时用逗号将它们隔开。例如：

```
const int NUM1 = 10, NUM2 = 100, NUM3 = 1000;
```

2. 变量

变量是在程序运行的过程中，其值可以改变的量，它表示数据在内存中的存储位置。每个变量都有一个数据类型，以确定哪些数据类型的数据能够存储在该变量中。

C# 是一种数据类型安全的语言，编译器总是保证存储在变量中的数据具有合适的数据类型。

在 C# 中，声明变量的语法格式如下：

＜数据类型＞＜变量名＞ = ＜表达式＞ ...

对以上语法格式说明如下：

（1）＜变量名＞遵循 C# 合法标识符的命名规则。

（2）=＜表达式＞为可选项，可以在声明变量时给变量赋一个初值（即变量的初始化），例如：

```
float x = 12.3;  //声明单精度型变量 x,并赋初值 12.3
```

等价于：

```
float x;
x = 12.3;
```

（3）一行可以声明多个相同类型的变量，且只需指定一次数据类型，变量与变量之间用半角逗号隔开，例如：

```
int num1 = 10, num2 = 100, num3 = 1000, num4 = 10000;
```

2.1.2 使用 C# 数据类型

1. 值类型和引用类型

C# 中的数据类型分为两种：值类型和引用类型。

在 C# 语言中，值类型变量存储的是数据类型所代表的实际数据，值类型变量的值（或实例）存储在栈（stack）中，赋值语句是传递变量的值。引用类型（如类就是引用类型）

的实例也叫对象,不存在栈中,而存储在可管理堆(managed heap)中,堆实际上是计算机系统中的空闲内存。引用类型变量的值存储在栈中,但存储的不是引用类型对象,而是存储引用类型对象的引用,即地址。与指针所代表的地址不同,引用所代表的地址不能被修改,也不能转换为其他类型地址,它是引用型变量,只能引用指定类对象,引用类型变量赋值语句是传递对象的地址。

例如,int 是值类型,这表示下面的语句会在内存的两个地方存储值 20。

```
i = 20; j = i;
```

如果变量是一个引用,就可以把其值设置为 null,表示它不引用任何对象。

```
y = null;
```

把基本类型(如 int 和 bool)规定为值类型,而把包含许多字段的较大类型(通常在有类的情况下)规定为引用类型,C#设计这种方式的原因是可以得到最佳性能。如果要把自己的类型定义为值类型,就应把它声明为一个结构。下面的实例说明引用类型和值类型的关系。

```
using System;
class MyClass                              //类为引用类型
{
    public int a=0;
}
class Test
{
    static void Main()
    {
        f1();
    }
    static public void f1()
    {
        int a1=1;                          //值类型变量 a1,其值 1 存储在栈(Stack)中
        int a2=a1;                         //将 a1 的值(为 1)传递给 a2,a2=1,a1 的值不变
        a2=2;                              //a2=2,a1 的值不变
        MyClass r1=new MyClass();          //引用变量 r1 存储 MyClass 类对象的地址
        MyClass r2=r1;                     //r1 和 r2 都代表是同一个 MyClass 类对象
        r2.a=2;                            //与语句 r1.a=2 等价
    }
}
```

2. C#的数据类型

C#的数据类型如表 2-1 所示。

表 2-1 C#的数据类型

C#数据类型	所属的.NET框架类	大小/位	说明
bool	System.Boolean	8	逻辑值,true 或者 false,默认值为 false
byte	System.Byte	8	无符号的字节,所存储的值的范围是 0~255,默认值为 0

续表

C#数据类型	所属的.NET框架类	大小/位	说明
sbyte	System.SByte	8	带符号的字节,所存储的值的范围是-128~127,默认值为0
char	System.Char	16	无符号的16位Unicode字符,默认值为'\0'
decimal	System.Decimal	128	不遵守四舍五入规则的十进制数,默认值为0.0m
double	System.Double	64	双精度的浮点类型,默认值为0.0d
float	System.Single	32	单精度的浮点类型,默认值为0.0f
int	System.Int32	32	带符号的32位整型,默认值为0
uint	System.UInt32	32	无符号的32位整型,默认值为0
long	System.Int64	64	带符号的64位整型,默认值为0
ulong	System.UInt64	64	无符号的64位整型,默认值为0
short	System.Int16	16	带符号的16位整型,默认值为0
ushort	System.UInt16	16	无符号的16位整型,默认值为0
string	System.String		指向字符串对象的引用,0~20亿个Unicode字符,默认值为null
object	System.Object	32	指向类实例的引用,默认值为null

2.1.3 使用C#运算符与表达式

使用C#运算符与表达式

1. 要求和目的

(1) 要求:编写一个控制台程序,能够计算1!+2!+3!+4!+…+n!的值,n从键盘输入。

(2) 目的:掌握控制台应用程序的创建方法;掌握运算符与表达式的编程方法。

2. 设计步骤

(1) 打开Visual Studio 2022编程环境,选择"文件"→"新建项目"命令,创建一个名称为2-1-3的C#控制台应用程序,如图2-1所示。编写程序如代码2-1所示。

代码2-1 计算代码

```
int i,a;
Console.WriteLine("请输入一个非负整数:");
a = Convert.ToInt32(Console.ReadLine());
if (a < 0)
    Console.WriteLine("请重新输入:");
else if (a == 1 || a == 0)
    Console.WriteLine("n!=1");
else
{
```

```
        i = a;
        while (i > 1)
        {
            a = a * (i - 1);
            i--;
        }
        Console.WriteLine(a);
    }
    Console.ReadLine();
```

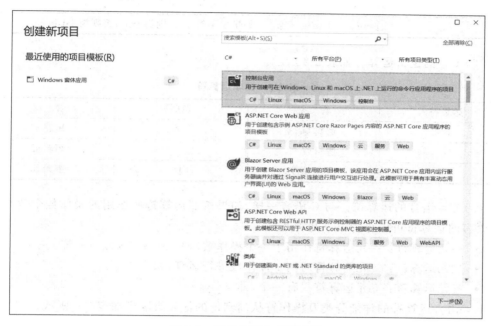

图 2-1　新建控制台应用程序

（2）在 Visual Studio 2022 编程环境中，选择"调试"→"开始调试"命令，将程序运行起来，程序运行结果如图 2-2 所示。

图 2-2　程序运行结果

3. 相关背景知识

（1）C♯的关系运算符如表 2-2 所示。

表 2-2　关系运算符

运算符	操 作	结果（假设 x,y 是某种相应类型的操作数）
>	x>y	如果 x 大于 y，则为 true；否则为 false
>=	x>=y	如果 x 大于等于 y，则为 true；否则为 false
<	x<y	如果 x 小于 y，则为 true；否则为 false
<=	x<=y	如果 x 小于等于 y，则为 true；否则为 false
==	x==y	如果 x 等于 y，则为 true；否则为 false
!=	x!=y	如果 x 不等于 y，则为 true；否则为 false

（2）C#的逻辑运算符如表 2-3 所示。

表 2-3　逻辑运算符

运算符	含　义	运算符	含　义
&	逻辑与	&&	短路与
|	逻辑或	||	短路或
^	逻辑异或	!	逻辑非

（3）C#语言的运算符。与 C 语言一样，如果按照运算符所作用的操作数个数来分，C#语言的运算符可以分为以下几种类型。

- 一元运算符：一元运算符作用于一个操作数，如 -x、++x、x-- 等。
- 二元运算符：二元运算符对两个操作数进行运算，如 x+y。
- 三元运算符：三元运算符只有一个，即 x?y:z。

C#语言运算符的详细分类及操作符从高到低的优先级顺序如表 2-4 所示。

表 2-4　操作符优先级

类　别	操　作　符
初级操作符	(x)　x.y　f(x)　a[x]　x++　x--　new　typeof　sizeof　checked　unchecked
一元操作符	+　-　!　~　++x　-x　(T)x
乘除操作符	*　/　%
加减操作符	+　-
移位操作符	<<　>>
关系操作符	<　>　<=　>=　is　as
等式操作符	==　!=
逻辑与操作符	&
逻辑异或操作符	^
逻辑或操作符	|
条件与操作符	&&
条件或操作符	||
条件操作符	?:
赋值操作符	=　*=　/=　%=　+=　-=　<<=　>>=　&=　^=　|=

(4) 赋值运算符如表 2-5 所示。

表 2-5 赋值运算符

运算符	赋值表达式示例	结果(设变量 a 的初始值为 2)
=	a=8(把值 8 赋给变量 a)	a=8
+=	a+=8	a=10(相当于 a=a+8)
-=	a-=8	a=-6(相当于 a=a-8)
*=	a*=8	a=16(相当于 a=a*8)
/=	a/=2	a=1(相当于 a=a/2)

2.1.4 编写基本流控制语句

1. 要求和目的

(1) 要求：编写一个程序，能够产生一个 0~100 的随机数。让用户猜数字，根据用户输入的数字大小，给出提示，直到用户猜出正确的数字为止。

(2) 目的：掌握条件判断语句的使用方法；掌握随机数函数的使用方法；掌握循环控制语句的使用方法。

2. 设计步骤

(1) 打开 Visual Studio 2022 编程环境，选择"新建"→"新建项目"命令，新建一个名称为 2-1-4 的 C#控制台应用程序，然后编写程序如代码 2-2 所示。

代码 2-2 判断数字大小

```
Random ra = new Random();
int rndInt = ra.Next(1,100);
Console.WriteLine("请输入一个整数(范围为 1~100)");
Console.WriteLine("如果要退出,请输入 0!");
int inputInt = int.Parse(Console.ReadLine());
if (inputInt >= 1 & inputInt <= 100)
{
    while (!(inputInt == 0))
    {
        if (inputInt == rndInt)
        {
            Console.WriteLine("恭喜你,猜对了!");
            Console.WriteLine("继续输入 Y,退出输入 N!");
            string inputNext = Console.ReadLine();
            if (inputNext == "Y")
                rndInt = ra.Next(1,100);
            else
                return;
        }
```

```
            else if (inputInt < rndInt)
                Console.WriteLine("你猜小了!");
            else
                 Console.WriteLine("你猜大了!");
             inputInt = System.Convert.ToInt32(Console.ReadLine());
        }
    }
    else
    {
        Console.WriteLine("你的输入有误！请输入一个整数(范围为 1~100)");
        inputInt = int.Parse(Console.ReadLine());
    }
```

（2）在 Visual Studio 2022 编程环境中，选择"调试"→"开始调试"命令，将程序运行起来，效果如图 2-3 所示。

（3）在界面中输入数字进行测试，运行效果如图 2-4 所示。

图 2-3　程序运行界面

图 2-4　程序测试界面

3. 相关背景知识

（1）条件语句。程序设计具有三种控制流程，这三种控制流程的运行情况如图 2-5 所示。

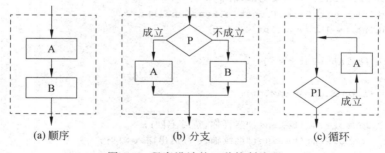

图 2-5　程序设计的三种控制流程

（2）if 条件语句。if 语句是用于实现单条件（即只有一个条件）选择结构的语句，其特点是：当给定条件（条件表达式）为真时，执行条件为真的语句组（以下称为"语句组 1"）；如果为假，则执行条件为假的语句组（以下称为"语句组 2"）。

对 if 语句说明如下：

① 语句组 1、语句组 2 可以为空（空则表示不做任何处理），然而当两个语句组都为空时就失去了选择的意义。

② 为养成良好的源代码书写习惯，如果必须设立空分支，应该将空分支作为条件为假的分支（即语句组 1 非空）。

根据上面的说明可以看出，单条件的 if 语句应当有两种形式：一个分支的 if 语句和两个分支的 if 语句（if...else 语句）。

(3) 一个分支的 if 语句。只具有一个分支的 if 语句的语法格式如下：

```
if (<条件表达式>)
{
    <语句组>
}
```

对以上语法格式说明如下：

① ＜条件表达式＞可以是关系表达式或逻辑表达式，表示执行的条件，运算结果是一个 bool 值（true 或 false）。

② ＜语句组＞可以是一条语句，也可以是多条语句。当只有一条语句时，花括号（{}）可以省略，但并不提倡这么做。

一个分支的 if 语句使用示例如下：

```
if (n % 2 == 0)
{
    MessageBox.Show(n.ToString() + "是偶数");
}
```

(4) 两个分支的 if 语句。具有两个分支的 if...else 语句的语法格式如下：

```
if (<条件表达式>)
{
    <语句组 1>
}
else
{
    <语句组 2>
}
```

对以上语法格式说明如下：

① 同样＜条件表达式＞可以是关系表达式或逻辑表达式，表示执行的条件。

② 当＜条件表达式＞的值为 true（成立）时，执行＜语句组 1＞；反之，当＜条件表达式＞的值为 false（不成立）时，执行＜语句组 2＞。

两个分支的 if 语句使用示例如下：

```
if (n % 2 == 0)
{
    MessageBox.Show(n.ToString() + "是偶数");
}
else
```

```
        MessageBox.Show(n.ToString() + "是奇数");
    }
```

(5) if 语句的嵌套。if 语句的嵌套是指<语句组 1>或<语句组 2>中又包含 if 语句的情况，其形式如下：

```
if (<条件表达式 1>)
{
    if (<条件表达式 2>)
}
else
{
}
```

嵌套的 if 语句的执行过程与前面介绍的类似，嵌套的层数一般没有具体的规定，但是一般来说超过 10 层的嵌套就很少见了。

(6) 嵌套格式 else if。如果程序中出现了多层的 if 语句嵌套，会使得程序结构很不清晰，从而使代码的可读性很差。在这种情况下，应该使用 if 语句的嵌套格式 else if 来编写代码，这样可以使程序简明易懂。

if 语句的嵌套格式 else if 语法格式如下：

```
if (<条件表达式 1>)
    <语句组 1>
[else if (<条件表达式 2>)
    <语句组 2>]
[else if (<条件表达式 n>)
    <语句组 n>]
[else
    <语句组 n+1>]
```

对以上语法格式说明如下：

① else 子句与 else if 子句都是可选项，可以放置多个 else if 子句，但必须放置在 else 子句之前。

② 执行过程：先测试<条件表达式 1>，如成立，执行<语句组 1>；否则依次测试 else if 的条件，若成立则执行相应的语句组；如果都不成立，则执行 else 子句的<语句组 n+1>。

嵌套格式 else if 语句使用示例如下：

```
if (n % 2 == 0)
{
    MessageBox.Show(n.ToString() + "是偶数");
}
else if (n % 2 == 1)
{
    MessageBox.Show(n.ToString() + "是奇数");
}
else
{
```

```
            MessageBox.Show(n.ToString() + "既不是偶数,也不是奇数");
}
```

（7）switch 语句。使用 if 语句的嵌套可以实现多分支选择,但仍然不够快捷。为此,C#提供了多分支选择语句 switch 来实现,其语法格式如下：

```
switch (<表达式>)
{
    case <常量表达式 1>:
        <语句组 1>
        break;
    case <常量表达式 2>:
        <语句组 2>
        break;
    case <常量表达式 n>:
        <语句组 n>
        break;
    [default:
        <语句组 n + 1>
        break;]
}
```

对以上语法格式说明如下：

① ＜表达式＞为必选参数,一般为变量。

② ＜常量表达式＞是用于与＜表达式＞匹配的参数,只可以是常量表达式,不允许使用变量或者有变量参与的表达式。

③ ＜语句组＞不需要使用花括号({})括起来,而是使用 break 语句来表示每个 case 子句的结尾。

④ default 子句为可选项。

（8）多分支 switch 语句的执行过程如下：

① 首先计算＜表达式＞的值。

② 用＜表达式＞的值与 case 后面的＜常量表达式＞去逐个匹配,若发现相等,则执行相应的语句组。

③ 如果＜表达式＞的值与任何一个＜常量表达式＞都不匹配,在有 default 子句的情况下,则执行 default 后面的＜语句组 n＋1＞;若没有 default 子句,则跳出 switch 语句,执行 switch 语句后面的语句。

switch 语句使用示例如下：

```
switch (n % 2)
{
    case 0:
        MessageBox.Show(n.ToString() + "是偶数");
        break;
    case 1:
        MessageBox.Show(n.ToString() + "是奇数");
        break;
    default:
```

```
            MessageBox.Show(n.ToString() + "既不是偶数,也不是奇数");
            break;
}
```

(9) for 循环语句。在一般的程序设计语言中,for 语句用于确定循环次数的循环结构,但在 C、C++ 和 C# 中,for 语句是最灵活的一种循环语句。它不仅能用于确定循环次数的循环,也可以用于不确定循环次数的循环。

通常情况下,for 语句按照指定的次数执行循环体,循环执行的次数由一个变量来控制,通常把这种变量称为循环变量。for 语句的语法格式如下:

```
for ([<表达式 1>]; [<表达式 2>]; [<表达式 3>])
{
    <循环体>
}
```

对以上语法格式说明如下:

① <表达式 1>、<表达式 2>、<表达式 3>均为可选项,但其中的分号(;)不能省略。

② <表达式 1>仅在进入循环之前执行一次,通常用于循环变量的初始化,如 i=0,其中 i 为循环变量。

③ <表达式 2>为循环控制表达式,当该表达式的值为 true 时执行循环体,而为 false 时跳出循环。通常是循环变量的一个关系表达式,如 i<=10。

④ <表达式 3>通常用于修改循环变量的值,如 i++。

⑤ <循环体>即重复执行的操作块。

for 语句的使用示例如下:

```
int i;
int sum = 0;
for (i = 0; i <= 10; i ++)
{
    sum += i;
}
```

(10) while 循环语句。与 for 语句一样,while 语句也是 C# 的一种基本的循环语句,它常常用来解决根据条件执行循环而不关心循环次数的问题。while 语句的语法格式如下:

```
while (<表达式>)
{
    <循环体>
}
```

对以上语法格式说明如下:

① <表达式>为循环条件,一般为关系表达式或逻辑表达式。如 i<=10、n%3==0 && n%7==0(表示 n 既能被 3 整除又能被 7 整除)。

② <循环体>即反复执行的操作块。

将上面介绍的 for 语句使用示例改写成如下 while 语句。

```
int i = 0;
int sum = 0;
while (i <= 10)
{
    sum += i;
    i ++;
}
```

(11) do...while 循环语句。do...while 语句类似于 while 语句,是 while 语句的变形,两者的区别在于 while 语句把循环条件的判断置于循环体执行之前,而 do...while 语句则把循环条件放在循环体执行之后。do...while 语句的语法格式如下:

```
do
{
    <循环体>
} while (<表达式>);
```

对以上语法格式说明如下:
① <循环体>即反复执行的操作块。
② <表达式>为循环条件,一般为关系表达式或逻辑表达式。
③ 在"while(<表达式>)"之后,应加上一个分号(;),否则将发生编译错误。
将上面介绍的 for 语句使用示例改写成如下 do...while 语句。

```
int i = 0;
int sum = 0;
do
{
    sum += i;
    i ++;
} while (i <= 10);
```

任务 2.2　设计制作简单计算器程序

设计制作简单计算器程序

2.2.1　创建计算器界面

1. 要求和目的

(1) 要求:设计一个计算器,具有简单的运算功能,能进行两个操作数的"+""-""*""/"运算。计算器的运行效果如图 2-6 所示。

(2) 目的:掌握 Label 控件的使用方法;掌握 ComboBox 控件的使用方法;掌握 Button 控件的使用方法;掌握 TextBox 控件的使用方法。

2. 设计步骤

新建一个名称为 2-2-1 的 Visual C♯ Windows 应用程序,依次在界面上拖入 5 个

图 2-6　计算器运行界面

Label 控件，分别用于"计算器""操作数 1""操作数 2""运算符"和"结果"，并设置合适的字体及位置。拖入 3 个 TextBox 控件，分别用于"接收操作数"和"显示结果"，其中，TextBox 控件的"ReadOnly 属性"设置为 true，即该文本框为只读。最后拖入 1 个 Button 控件，用于"计算"功能。计算器界面设计好之后，如图 2-7 所示。

图 2-7　计算器设计界面

3. 相关背景知识

ComboBox 控件中有一个文本框，可以输入字符；其右侧有一个向下的箭头，单击此箭头可以打开一个列表框，可以从列表框选择希望输入的内容。

ComboBox 控件的常用属性如表 2-6 所示。

表 2-6　ComboBox 控件的常用属性

属 性 名 称	属 性 含 义
DropDownStyle	确定下拉列表组合框类型。为 Simple 表示文本框可编辑,列表部分永远可见;为 DropDown 是默认值,表示文本框可编辑,必须单击箭头才能看到列表部分;为 DropDownList 表示文本框不可编辑,必须单击箭头才能看到列表部分
Items	存储 ComboBox 中的列表内容,是 ArrayList 类对象,元素是字符串
MaxDropDownItems	下拉列表能显示的最大条目数(1~100),如果实际条目数大于此数,将出现滚动条
Sorted	表示下拉列表框中条目是否以字母顺序排序,默认值为 false,表示不允许
SelectedItem	所选择条目的内容,即下拉列表中选中的字符串。如一个也没选,该值为空。其实,Text 属性也是所选择条目的内容
SelectedIndex	编辑框所选列表条目的索引号,列表条目索引号从 0 开始。如果编辑框未从列表中选择条目,该值为 −1

ComboBox 控件的常用事件如表 2-7 所示。

表 2-7　ComboBox 控件的常用事件

事 件 名 称	事 件 含 义
SelectedIndexChanged	被选索引号改变时发生的事件

2.2.2　编写计算器程序的代码

1. 要求和目的

(1) 要求:编写一段代码,用于实现计算器的功能。在"操作数"填写上两个数字,并选择"运算符",单击"计算"按钮之后,可以在"结果文本框"中显示计算结果。

(2) 目的:掌握数据类型转换的方法;掌握条件判断语句的编写方法;掌握文本框控件属性的设置方法。

2. 设计步骤

(1) 双击"计算"按钮,进入该按钮的单击事件,编写代码如下。

代码 2-3　计算代码

```
private void button1_Click(object sender,EventArgs e)
{
    double a1 = double.Parse(textBox1.Text);
    double a2 = double.Parse(textBox2.Text);
    double a3 = 0;
    if (comboBox1.Text.ToString() == "+")
    {
```

```
        a3 = a1 + a2;
    }
    if (comboBox1.Text.ToString() == "-")
    {
        a3 = a1 - a2;
    }
    if (comboBox1.Text.ToString() == "*")
    {
        a3 = a1 * a2;
    }
    if (comboBox1.Text.ToString() == "/")
    {
        a3 = a1 / a2;
    }
    textBox3.Text = a3.ToString();
}
```

（2）在编写好代码之后，需要对代码进行测试，在 Visual Studio 2022 编程环境中，选择"调试"→"开始调试"命令，将程序运行起来，并进行测试。

3. 相关背景知识

（1）C♯异常处理。和许多面向对象语言一样，C♯也能处理可预见的异常，比如在非正常条件（如丢失网络连接、文件丢失）下的异常。

当应用程序遇到异常情况，程序将"抛"出一个异常，并终止当前方法，直到发现一个异常处理，那个堆栈才会清空。这意味着如果当前运行方法没有处理异常，那么将终止当前方法，并调用其他方法，这样会得到一个处理异常的机会。如果没有调用方法处理它，那么该异常最终会被 CLR(common language runtime，公共语言运行库)处理，它将终止程序。

可以使用 try…catch 块来检测具有潜在危险的代码，并使用操作系统或者其他代码捕捉任何异常目标。catch 块用来实现异常处理，它包含一个执行异常事件的代码块，理想情况下，如果捕捉并处理了异常，那么应用程序可以修复这个问题并继续运行下去。即使应用程序不能继续运行，也可以捕捉这些异常，并显示有意义的错误信息，使应用程序安全终止。同时，也有机会将这些错误书写入日志中。

如果在方法中有一段代码无论是否碰到异常都必须运行（例如，释放已经分配的资源，关闭一个打开的文件），那么可以把代码放在 finally 块中，这样在存在异常的代码中也能保证其运行。

（2）结构化异常处理。.NET 框架提供一种标准的错误报告机制，称为结构化异常处理。这种机制依赖于应用中报告错误的异常。在.NET 中，异常是一些提供错误信息的类，以某种方式编写代码，监视异常的发生，然后以一种适当的方法处理异常。

在进行 C♯异常处理时，需要在代码中关注：可能导致异常的代码段（这也通常称为抛出异常），当执行代码过程中发生异常时将要执行的代码段（这也通常称为捕获异常），以及异常处理后要执行的代码段（可选）（这也通常称为结束块）。

（3）异常类。在.NET 框架中的异常类都派生自 SystemException 类。这个类的大部分常用成员如下：

HelpLink 是一个链接到帮助文件的链接，该帮助文件提供异常的相关信息。

Message 是指明一个错误细节的文本。

Source 是导致异常的对象或应用的名称。

StackTrace 是堆栈中调用的方法列表。

TargetSite 是抛出异常的方法名称。

另外，C♯中使用 Try…Catch…Finally 块处理一个异常。

Try 语句指明在执行过程中需要监视抛出异常的代码块。Catch 语句指明了在执行了 Try 代码块后应该执行的代码块，这个代码块无论异常是否发生都会执行，实际上，它常用于可能要求清理的代码。

2.2.3　使用异常调试语句改进计算器代码

1. 要求和目的

（1）要求：改进计算器在上面的程序代码，以增强程序的健壮性和稳定性。能够对非数字操作数进行提示。

（2）目的：了解 C♯异常处理语句的作用；掌握 C♯异常处理语句的编写方法。

2. 设计步骤

（1）打开 Visual Studio 2022 编程环境，打开项目 2-2-1。在 Visual Studio 2022 编程环境中，选择"调试"→"开始调试"命令，运行程序，如图 2-8 所示。

图 2-8　程序运行界面

（2）在操作数中分别输入字符 a 和 b，然后选择操作符，单击"计算"按钮，程序出错时会停止运行，会出现如下提示，如图 2-9 所示。

（3）在程序中引入异常调试语句，以增强代码的健壮性和安全性。改进的代码如下。

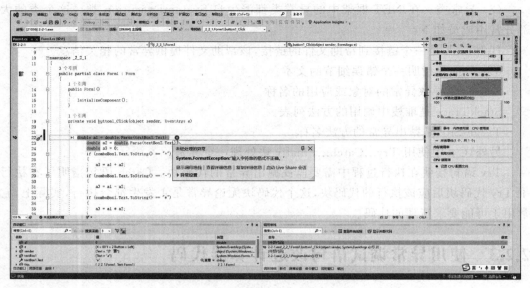

图 2-9 程序异常提示

代码 2-4 改进的计算代码

```
private void button1_Click(object sender,EventArgs e)
{
   try
   {
      double a1 = double.Parse(textBox1.Text);
      double a2 = double.Parse(textBox2.Text);
      double a3 = 0;
      if (comboBox1.Text.ToString() == "+")
      {
         a3 = a1 + a2;
      }
      if (comboBox1.Text.ToString() == "-")
      {
         a3 = a1 - a2;
      }
      if (comboBox1.Text.ToString() == " * ")
      {
         a3 = a1 * a2;
      }
      if (comboBox1.Text.ToString() == "/")
      {
         a3 = a1 / a2;
      }
      textBox3.Text = a3.ToString();
   }
   catch(Exception ex)
   {
```

```
        MessageBox.Show(ex.ToString());
    }
}
```

（4）运行程序，在界面中输入测试数据。

单击"计算"按钮，程序不会出错，会出现提示界面，程序会继续运行，如图 2-10 所示。

图 2-10　出错提示界面

3. 相关背景知识

（1）异常处理。异常处理又称为错误处理，是代替处理错误代码方法的新方法。

异常处理将接收和处理错误代码分离开。这个功能厘清了编程者的思绪，也增强了代码的可读性，方便了维护者的阅读和理解。异常处理功能提供了处理程序运行时出现的任何意外或异常情况的方法。异常处理使用 try、catch 和 finally 关键字来尝试处理可能未成功的操作，并在事后清理资源。

异常处理通常是防止未知错误产生所采取的处理措施。异常处理的好处是开发人员不用再绞尽脑汁去考虑各种错误，这为处理某一类错误提供了一种很有效的方法，使编程效率大大提高。异常可以由 CLR、第三方库或使用 throw 关键字的应用程序代码生成。

（2）异常具有的特点。

① 在应用程序遇到异常情况（如被零除的情况或内存不足的警告）时就会产生异常。

② 发生异常时，控制流立即跳转到关联的异常处理程序（如果存在）。

③ 如果给定异常没有异常处理程序，则程序将停止执行，并显示一条错误信息。

④ 可能导致异常的操作通过 try 关键字来执行。

⑤ 异常处理程序是在异常发生时执行的代码块。在 C♯中，catch 关键字用于定义异常处理程序。

⑥ 程序可以使用 throw 关键字显式地引发异常。

⑦ 异常对象包含有关错误的详细信息，其中包括调用堆栈的状态以及有关错误的文本说明。

⑧ 即使引发了异常，finally 块中的代码也会执行，从而使程序可以释放资源。

（3）try…catch…finally 语句。

① 处理异常。不带参数的 catch 和 catch(Exception)是有区别的，catch(Exception)

可以捕获所有以 Exception 类派生的异常，而不带参数的 catch 可以捕获所有异常，不管异常是不是从 Exception 类派生。与 catch 配套的 catch 和 finally 是可选的，但二者必选其一。一个 try 可对应多个 catch，但一个 try 只能对应一个 finally。不论 try 中是否发生异常，finally 中的语句一定会被执行。

② 异常传播。如果异常发生后没有被相应的 catch 捕获，那么异常将沿着调用堆栈逐渐向上传递，直到遇到合适的 catch 语句或传递到最底层的调用方法为止。如都没有找到相应的 catch，则异常交付.NET 的 CLR，CLR 会弹出一个对话框来显示异常信息。

③ 抛出异常 throw。

语法格式如下：

throw 变量名；

该变量名必须是 Exception 异常或由 Exception 派生的类型。

语法格式如下：

throw；

这个 throw 语句只有一个 throw 关键字，只能用在 catch 语句块中，该语句的意思是抛出当前 catch 语句所捕获的异常。

④ 自定义异常。

遵循原则：避免使用层次较深的异常类继承层次结构；自定义异常类必须继承 System.Exception 类或其他几种基本常见异常类；自定义异常类名称要以 Exception 结尾；自定义异常类应该可以序列化。

自定义异常类应该至少实现与 Exception 类相同的以下 4 个构造函数。

- public MyException(){}
- public MyException(string message){}
- public MyException(string message,Exception inner){}
- protected MyException(System.Runtime.Serialization.SerializationInfo info, System.Runtime.Serialization.StreamingContext context){}

任务 2.3　设计通用计算器程序

2.3.1　设计通用计算器界面

通用计算器的设计界面如图 2-11 所示。通用计算器界面中有一个显示操作数和结果的文本框，以及数字键和操作符键。

通用计算器界面的设计步骤为：首先拖入 1 个 TextBox 控件，再依次拖入 Button 控件，分别作为"操作符键"和"数字键"按钮。

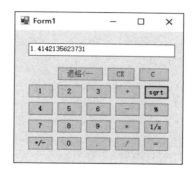

图 2-11　通用计算器的设计界面

2.3.2　编写通用计算器代码

（1）首先定义窗体的公共变量，代码如下。

代码 2-5　定义窗体的公共变量

```
string str,opp,opp1;
double num1,num2,result;
```

（2）编写"数字键"的单击事件，数字键 0～9 的事件都是一个，编写代码如下。

代码 2-6　"数字键"的单击事件

```
private void number(object sender,EventArgs e)
{
    Button b = (Button)(sender);
    str = b.Text;
    if (textBox1.Text == "0")
    {
        textBox1.Text = str;
    }
    else
        textBox1.Text = textBox1.Text + str;
}
```

（3）编写"＋、－、＊、/"操作符键的单击事件，编写代码如下。

代码 2-7　"＋、－、＊、/"操作符键的单击事件

```
private void operational(object sender,EventArgs e)
{
    Button b = (Button)(sender);
    if (b.Text == "+")
    {
        num1 = double.Parse(textBox1.Text);
        textBox1.Text = "";
        opp = "+";
        opp1 = "";
    }
```

```csharp
            else if (b.Text == "-")
            {
              num1 = double.Parse(textBox1.Text);
              textBox1.Text = "";
              opp = "-";
              opp1 = "";
            }
            else if (b.Text == "*")
            {
              num1 = double.Parse(textBox1.Text);
              textBox1.Text = "";
              opp = "*";
              opp1 = "";
            }
            else if (b.Text == "/")
            {
              num1 = double.Parse(textBox1.Text);
              textBox1.Text = "";
              opp = "/";
              opp1 = "";
            }
            else if (b.Text == "=")
            {
              if (opp1 != "=")
              {
                num2 = double.Parse(textBox1.Text);
              }
              if (opp == "+")
              {
                num1 = num1 + num2;
                textBox1.Text = "" + num1.ToString();
              }
              else if (opp == "-")
              {
                num1 = num1 - num2;
                textBox1.Text = "" + num1.ToString();
              }
              else if (opp == "*")
              {
                num1 = num1 * num2;
                textBox1.Text = "" + num1.ToString();
              }
              else if (opp == "/")
              {
                if (num2 == 0)
                {
                  textBox1.Text = "除数不能为零";
                }
                else
```

```
            {
                num1 = num1 / num2;
                textBox1.Text = "" + num1.ToString();
            }
        }
        opp1 = "=";
    }
}
```

（4）编写操作符键"退格＜－－、CE、C、sqrt、％、1/x、＋/－、."等按钮的单击事件，编写代码如下。

代码 2-8 "退格＜－－、CE、C、sqrt、％、1/x、＋/－、."按钮的单击事件

```
private void operation(object sender,EventArgs e)
{
    Button b = (Button)(sender);
    if (b.Text == "+/-")
    {
        num1 = double.Parse(textBox1.Text);
        result = num1 * (-1);
        textBox1.Text = result.ToString();
    }
    else if (b.Text == ".")
    {
        str = textBox1.Text;
        int index = str.IndexOf(".");
        if (index == -1)
        {
            textBox1.Text = str + ".";
        }
    }
    else if (b.Text == "退格<--")
    {
        if (textBox1.Text != "")
        {
            str = textBox1.Text;
            str = str.Substring(0,str.Length - 1);
            textBox1.Text = str;
        }
    }
    else if (b.Text == "CE")
    {
        textBox1.Text = "0";
    }
    else if (b.Text == "C")
    {
        result = num1 = num2 = 0;
        str = null;
        opp = null;
        textBox1.Text = "0";
```

```
        }
        else if (b.Text == "sqrt")
        {
          num1 = double.Parse(textBox1.Text);
          result = Math.Sqrt(num1);
          textBox1.Text = result.ToString();
        }
        else if (b.Text == "1/x")
        {
          num1 = double.Parse(textBox1.Text);
          result = 1 / num1;
          textBox1.Text = result.ToString();
        }
        else if (b.Text == "%")
        {
            num1 = double.Parse(textBox1.Text);
            result = num1 / 100;
            textBox1.Text = result.ToString();
        }
        opp1 = "";
    }
```

2.3.3 运行并测试通用计算器

在 Visual Studio 2022 编程环境中，选择"调试"→"开始调试"命令，将程序运行起来，并输入对应的内容，效果如图 2-12 所示。

在计算器程序中，输入数据进行测试，如计算 2 的平方根，结果如图 2-13 所示。

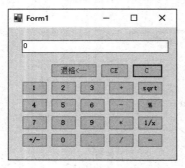

图 2-12　计算器程序运行界面

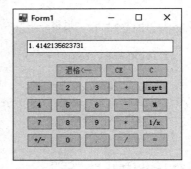

图 2-13　测试计算器程序

项 目 小 结

本项目设计制作了一个计算器程序，通过本项目的设计制作，让读者掌握 C# 应用程序的编写流程及调试方法。本项目还介绍了 C# 常量变量、基本数据类型、运算符和表达式以及 WinForm 控件和 C♯ 基本流控制语句的使用方法。

项 目 拓 展

读者可以根据本项目的设计制作方法，设计制作一个"科学计算器"，功能如图 2-14 所示。

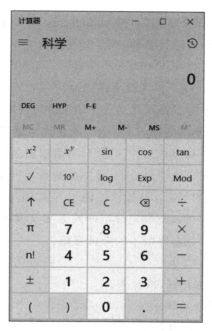

图 2-14 "科学计算器"界面

素质提升案例：
姚期智追求卓越及
勇于奉献的精神

项目 3 设计制作考试系统

考试系统是现代教育技术中常用的一种考试形式。考试系统通过计算机软件生成考试题目,考生对生成的考试题目进行答卷,答卷交卷后由考试系统自动判断答题的对错,并自动给出分数。

本项目使用C♯设计一个简单的考试系统,设计包括"选择题""判断题"和"填空题"等考试题型。考生答题后,本考试系统将对答题情况进行判断,并给出相应的分数。

简单考试系统的功能和使用流程如下:首先是生成考试试卷;考试界面包括"单项选择题""多项选择题""判断题"和"填空题"等题型,考生根据题目情况进行答题,答题后,单击"交卷"按钮交卷;考试系统自动评出分数,并把分数显示出来。

本考试系统的设计重点为练习C♯控件的使用方法,并不涉及数据库知识,所以在考试题目设置上,采用固定的题目以及事先设定好的答案。读者可以在学习完本书后面数据库相关项目之后,自行设计数据库版本的考试系统。

知识目标

(1) 了解单选、复选控件的属性及特点;

(2) 了解富文本控件属性及特点;

(3) 了解工具条控件的属性及特点;

(4) 了解菜单控件的属性和特点;

(5) 掌握C♯基本语句的语法格式。

能力目标

(1) 掌握单选、复选控件的使用方法;

(2) 掌握工具条控件的使用方法;

(3) 掌握C♯基本语句的编程方法;

(4) 掌握考试系统的设计思路和调试流程;

(5) 掌握考试系统测试和发布的方法。

素质目标

(1) 培养学生发现问题、分析问题和解决问题的能力;

(2) 培养学生良好的IT职业素养和道德规范;

(3) 提高学生在沟通表达、自我学习和团队协作方面的能力。

任务 3.1　使用基本控件创建考试系统界面

3.1.1　使用 RadioButton 控件

使用
RadioButton
控件

1. 要求和目的

（1）要求：使用 RadioButton 控件设计制作考试系统的单选题。

（2）目的：掌握 RadioButton 控件属性的设置方法；掌握 RadioButton 控件与 GroupBox 控件配合使用的方法。

2. 设计步骤

（1）设计界面。打开 Visual Studio 2022 编程环境，创建一个名称为 3-1-1 的项目。设计一个单项选择题，有题目内容和 4 个选择项，还有一个"交卷"的按钮，如图 3-1 所示。

图 3-1　单项选择题的设计界面

单项选择题的设计步骤为：首先拖入 1 个 Label 控件，用于显示"简单考试系统"；再拖入 1 个 GroupBox 控件，设置该 GroupBox 控件的 Text 属性为"单项选择题"；然后拖入 1 个 Label 控件，用于显示"题目内容"；拖入 4 个 RadioButton 控件，用于显示"选择项"；最后拖入 1 个 Button 控件，用作"交卷"按钮。

（2）编写代码。双击"交卷"按钮，进入该按钮的单击事件，编写代码如下。

代码 3-1　"交卷"按钮的单击事件

```
private void button1_Click(object sender,EventArgs e)
{
```

```
if (radioButton1.Checked)
{
    MessageBox.Show("您的答案是正确的。");
}
else
{
    MessageBox.Show("您的答案是错误的,正确答案是 A。");
}
```

3. 相关背景知识

下面介绍 RadioButton 控件和 GroupBox 控件。

RadioButton 是单选按钮控件,多个 RadioButton 控件可以为一组,这一组内的 RadioButton 控件只能有一个被选中,即按钮之间相互制约。GroupBox 控件是一个容器类控件,在其内部可放其他控件,表示其内部的所有控件为一组,其属性 Text 可用来表示此组控件的标题。如把 RadioButton 控件放到 GroupBox 控件中,表示这些 RadioButton 控件是一组。例如,制作性别选项时,可用 RadioButton 控件和 GroupBox 控件来实现"男""女"的二选一。

GroupBox 控件常用属性只有一个 Text 属性,用于指定 GroupBox 控件顶部的标题。RadioButton 控件的属性如表 3-1 所示。

表 3-1 RadioButton 控件的属性

属 性 名 称	属 性 含 义
Text	单选按钮控件旁边的标题
Checked	布尔变量,为 true 表示按钮被选中,为 false 表示不被选中

RadioButton 控件的事件如表 3-2 所示。

表 3-2 RadioButton 控件的事件

事 件 名 称	事 件 含 义
CheckedChanged	单选按钮选中或不被选中状态改变时产生的事件
Click	单击单选按钮控件时产生的事件

使用 CheckBox 控件

3.1.2 使用 CheckBox 控件

1. 要求和目的

(1) 要求:使用 CheckBox 控件设计制作考试系统的多选题。

(2) 目的:掌握 CheckBox 控件属性的设置方法;掌握 CheckBox 控件编写程序的方法。

2. 设计步骤

（1）打开 Visual Studio 2022 编程环境，创建一个名称为 3-1-2 的项目。设计一个"多项选择题"，有题目内容和四个选择项，还有一个"交卷"的按钮，如图 3-2 所示。

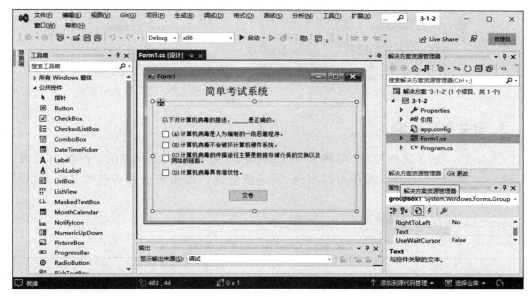

图 3-2　多项选择题

多项选择题界面的设计步骤为：首先拖入 1 个 Label 控件，用来显示"简单考试系统"；拖入 1 个 GroupBox 控件，设置该控件的 Text 属性为"多项选择题"；然后拖入 1 个 Label 控件，用于显示题目内容；拖入 4 个 CheckBox 控件，用于显示"题目的选项"；最后拖入 1 个 Button 控件，用作"交卷"按钮。

（2）双击"交卷"按钮，进入该按钮的单击事件，编写代码如下。

代码 3-2　"交卷"按钮的单击事件

```
private void button1_Click(object sender,EventArgs e)
{
   if (checkBox1.Checked & checkBox3.Checked & checkBox4.Checked
   & !checkBox2.Checked)
   {
      MessageBox.Show("恭喜您,选择正确。");
   }
   else
   {
      MessageBox.Show("您的选择是错误的,正确答案是 ACD。");
   }
}
```

（3）在 Visual Studio 2022 编程环境中，选择"调试"→"调试"命令，将程序运行起来，并对考试系统进行测试，效果如图 3-3 和图 3-4 所示。

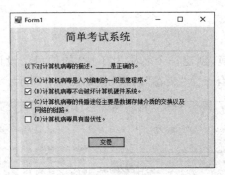
图 3-3 多项选择题

图 3-4 错误答案的提示

3. 相关背景知识

CheckBox 是多选框控件,可将多个 CheckBox 控件放到 GroupBox 控件内形成一组,这一组内的 CheckBox 控件可以多选、不选或全选。可用来选择一些可共存的特性,比如个人爱好。

CheckBox 控件的属性如表 3-3 所示。

表 3-3 CheckBox 控件的属性

属性名称	属性含义
Text	多选框控件旁边的标题
Checked	布尔变量,为 true 表示多选框被选中,为 false 表示不被选中

CheckBox 控件的事件如表 3-4 所示。

表 3-4 CheckBox 控件的事件

事件名称	事件含义
Click	单击多选框控件时产生的事件
CheckedChanged	多选框选中或不被选中状态改变时产生的事件

3.1.3 使用 RichTextBox 控件

使用 RichTextBox 控件

1. 要求和目的

(1) 要求:设计一个应用程序,能够设置 RichTextBox 控件的字体样式。
(2) 目的:掌握 RichTextBox 控件的使用方法;掌握 fontDialog 控件的使用方法。

2. 设计步骤

(1) 打开 Visual Studio 2022 编程环境,创建一个名称为 3-1-4 的应用程序。在窗体界面中拖入 1 个 RichTextBox 控件和 1 个 fontDialog 控件,最后拖入 1 个 Button 控件,如图 3-5 所示。

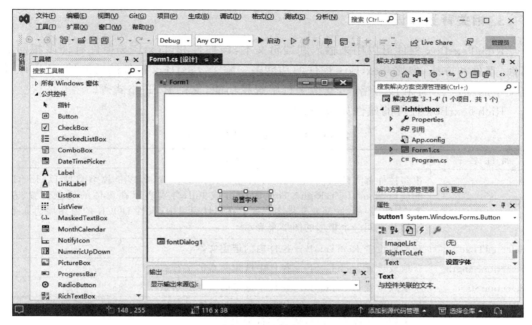

图 3-5　设计界面

（2）双击"设置字体"按钮，进入该按钮的单击事件，编写代码如下。

代码 3-3　"设置字体"按钮的单击事件

```
private void button1_Click(object sender,EventArgs e)
{
    fontDialog1.ShowDialog();
    richTextBox1.Font = fontDialog1.Font;
}
```

（3）在 Visual Studio 2022 编程环境中，选择"调试"→"开始调试"命令，运行程序，效果如图 3-6 和图 3-7 所示。

图 3-6　"字体"对话框

图 3-7　设置字体之后的效果

3. 相关背景知识

RichTextBox 控件可以用来输入和编辑文本，该控件和 TextBox 控件有许多相同的属性、事件和方法，但比 TextBox 控件的功能多。除了 TextBox 控件的功能外，还可以设定文字的颜色、字体和段落格式，支持字符串查找功能，支持 RTF 格式等。

RichTextBox 控件的属性如表 3-5 所示。

表 3-5 RichTextBox 控件的属性

属性名称	属性含义
Dock	很多控件都有此属性，它设定控件在窗体中的位置，可以是枚举类型 DockStyle 的成员 None、Left、Right、Top、Bottom 或 Fill，分别表示在窗体的任意位置、左侧、右侧、顶部、底部或充满客户区。在属性窗口中，属性 DOCK 的值用周边 5 个矩形及中间一个矩形的图形来表示
SelectedText	获取或设置 RichTextBox 控件内的选定文本
SelectionLength	获取或设置 RichTextBox 控件中选定文本的字符数
SelectionStart	获取或设置 RichTextBox 控件中选定的文本起始点
SelectionFont	如果已选定文本，获取或设置选定文本字体；如果未选定文本，获取当前输入字符采用字体或设置以后输入字符采用字体
SelectionColor	如果已选定文本，获取或设置选定文本的颜色；如果未选定文本，获取当前输入字符采用的颜色或设置以后输入字符采用的颜色
Lines	记录 RichTextBox 控件中所有文本的字符串数组，每两个回车之间的字符串是数组的一个元素
Modified	指示用户是否已修改控件的内容，为 true 表示已修改

RichTextBox 控件的事件如表 3-6 所示。

表 3-6 RichTextBox 控件的事件

事件名称	事件含义
SelectionChange	RichTextBox 控件内的选定文本更改时发生的事件
TextChanged	RichTextBox 控件内的文本内容改变时发生的事件

RichTextBox 控件的方法如表 3-7 所示。

表 3-7 RichTextBox 控件的方法

方法名称	方法含义
Clear()	清除 RichTextBox 控件中用户输入的所有内容，即清空属性 Lines
Copy()、Cut()、Paste()	实现 RichTextBox 控件的复制、剪切、粘贴功能
SelectAll()	选择 RichTextBox 控件内的所有文本
Find()	实现查找功能。从第二个参数指定的位置查找第一个参数指定的字符串，并返回找到的第一个匹配字符串的位置。返回负值，表示未找到匹配字符串。第三个参数指定查找的一些附加条件，可以是枚举类型 RichTextBoxFinds 的成员，如 MatchCase（区分大小写）、Reverse（反向查找）等。允许有 1~3 个参数

续表

方法名称	方法含义
SaveFile()	保存文件。它有 2 个参数,第一个参数为要存文件的全路径和文件名,第二个参数是文件类型,可以是纯文本(RichTextBoxStreamType.PlainText)、Rtf 格式流(RichTextBoxStreamType.RichText)、采用 Unicode 编码的文本流(RichTextBoxStreamType.UnicodePlainText)
LoadFile()	读文件,参数同 SaveFile()方法。注意存取文件的类型必须一致
Undo()	撤销 RichTextBox 控件中的上一个编辑操作
Redo()	重新应用 RichTextBox 控件中上次撤销的操作

3.1.4 使用 LinkLabel 控件

使用 LinkLabel 控件

1. 要求和目的

（1）要求：建立一个到网站地址的 LinkLabel 控件超级链接。

（2）目的：掌握 LinkLabel 控件属性的设置方法；掌握 LinkLabel 控件编程的方法。

2. 设计步骤

（1）打开 Visual Studio 2022 编程环境,新建一个名称为 3-1-5 的项目。在窗体界面中拖入 3 个 Label 控件,然后拖入 2 个 LinkLabel 控件并设置这 2 个 LinkLabel 控件的 Text 属性分别为"http://www.163.com"和"http://www.sina.com"。程序设计界面如图 3-8 所示。

图 3-8　LinkLabel 控件的设计界面

（2）编写第一个 LinkLabel 控件的单击事件,代码如下。

代码 3-4　LinkLabel 控件的单击事件

```
private void linkLabel1_Click(object sender,EventArgs e)
```

```
        linkLabel1.LinkVisited = true;
        System.Diagnostics.Process.Start("http://www.163.com");
    }
```

(3) 编写第二个 LinkLabel 控件的单击事件，代码如下。

代码 3-5　　LinkLabel 控件的单击事件

```
    private void linkLabel2_Click(object sender,EventArgs e)
    {
        linkLabel1.LinkVisited = true;
        System.Diagnostics.Process.Start("http://www.sina.com");
    }
```

3. 相关背景知识

(1) LinkLabel 控件是 Label 控件的派生类，和 Label 控件不同的是，LinkLabel 显示的字符有下画线。可以为 LinkLabel 控件的 LinkClicked 事件增加事件处理函数，当光标指向 LinkLabel 控件，光标形状变为手形，单击该控件会调用这个事件处理函数，可以打开文件或网页。

(2) LinkLabel 控件常用的属性如表 3-8 所示。

表 3-8　LinkLabel 控件常用的属性

属 性 名 称	属 性 含 义
LinkColor	用户未访问过的链接的字符颜色，默认为蓝色
VisitedLinkColor	用户访问链接后的字符颜色
LinkVisited	如果已经访问过该链接，则为 true；否则为 false
LinkArea	是一个结构，变量 LinkArea.Start 表示字符串中开始加下画线的字符位置，LinkArea.Length 表示字符串中加下画线字符的个数

(3) LinkLabel 控件常用的事件如表 3-9 所示。

表 3-9　LinkLabel 控件常用的事件

事 件 名 称	事 件 含 义
LinkClicked	单击控件 LinkLabel 事件
Click	单击控件 LinkLabel 事件

3.1.5　使用 toolStrip 控件

使用 toolStrip 控件

1. 要求和目的

(1) 要求：设计一个应用程序，使用 toolStrip 控件完成特定功能。

(2) 目的：掌握工具条控件的使用方法；掌握工具条控件的编程方法。

2. 设计步骤

打开 Visual Studio 2022 编程环境,创建一个名称为 3-1-6 的应用程序。在窗体界面上拖入一个 toolStrip 控件。利用工具条添加新项的下拉式列表,可以为工具条添加多种成员,常用的是按钮与分隔符。新添加按钮时,默认的对象名为 toolStripButton i。可以修改此对象名,如改为 openButton。默认的按钮图片为 ▥ ,可以通过"属性"窗口"外观"栏中的 Image 属性或直接右击该按钮,在弹出的菜单中选择"设置图像…"命令来修改(装入或创建)按钮图片,如图 3-9 和图 3-10 所示。

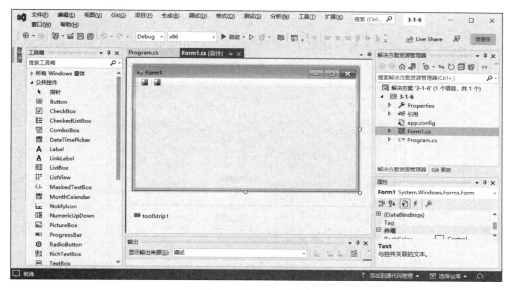

图 3-9 toolStrip 控件

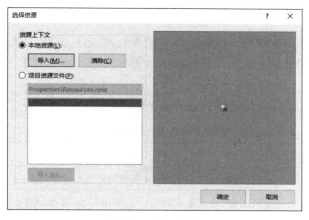

图 3-10 设置图片

添加两个 toolStripButton 按钮和一个 toolStripSeparator 分隔控件,然后添加两个 toolStripButton 按钮的单击事件,代码分别如下。

代码 3-6　toolStripButton 按钮的单击事件

```
private void toolStripButton1_Click(object sender,EventArgs e)
{
    MessageBox.Show("欢迎使用按钮 1");
}
```

代码 3-7　toolStripButton 按钮的单击事件

```
private void toolStripButton2_Click(object sender,EventArgs e)
{
    MessageBox.Show("欢迎使用按钮 2");
}
```

在 Visual Studio 2022 编程环境中,选择"调试"→"开始调试"命令,运行程序,效果如图 3-11 所示。

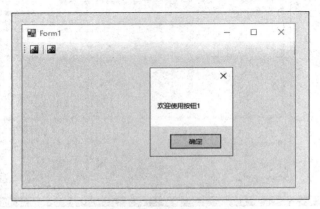

图 3-11　程序运行效果

3. 相关背景知识

(1) PictureBox 控件常用于图形设计和图像处理程序,又称为图形框,该控件可显示和处理的图像文件格式有:位图文件(.bmp)、图标文件(.ico)、GIF 文件(.gif)和 JPG 文件(.jpg)。

(2) PictureBox 控件常用的属性如表 3-10 所示。

表 3-10　PictureBox 控件常用的属性

属　性　名	属 性 说 明
Image	指定要显示的图像,一般为 Bitmap 类对象
SizeMode	指定如何显示图像,枚举类型,默认为 Normal,图形框和要显示的图像左上角重合,只显示图形框相同大小部分,其余不显示;为 CentreImage,将图像放在图形框中间,四周多余部分不显示;为 StretchImage,调整图像大小使之适合图片框

(3) PictureBox 控件常用的方法如表 3-11 所示。

表 3-11　PictureBox 控件常用的方法

方　法　名	方　法　说　明
CreateGraphics()	建立 Graphics 对象
Invalidate()	要求控件对参数指定区域重画，如无参数，则为整个区域
Update()	Invalidate()方法并不能使控件立即重画指定区域，只有使用 Update()方法才能立即重画指定区域

3.1.6　使用 ListBox 控件

使用 ListBox 控件

1. 要求和目的

（1）要求：设计一个使用 ListBox 控件计算平均值的程序。

（2）目的：掌握 ListBox 控件的属性的设置方法；掌握 ListBox 控件的事件的编程方法。

2. 设计步骤

（1）打开 Visual Studio 2022 编程环境，建立一个名称为 3-1-7 的项目。在窗体界面中拖入 1 个 TextBox 控件、1 个 ListBox 控件和 3 个 Button 控件，设计效果如图 3-12 所示。

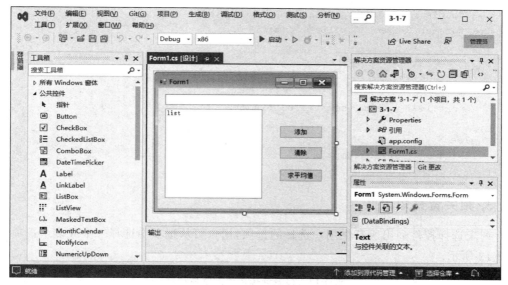

图 3-12　"计算平均值"的设计界面

（2）双击"添加"按钮，进入该按钮的单击事件，编写代码如下。

代码 3-8　"添加"按钮的单击事件

```
private void button1_Click(object sender,EventArgs e)
```

```
    {
       if (text.Text != string.Empty)
       {
          try
          {
             list.Items.Add(double.Parse(text.Text));
          }
          catch (FormatException) { }
          text.Text = string.Empty;
       }
    }
```

(3) 双击"清除"按钮,进入该按钮的单击事件,编写代码如下。

代码 3-9　"清除"按钮的单击事件

```
private void button2_Click(object sender,EventArgs e)
{
    list.Items.Clear();
}
```

(4) 双击"求平均值"按钮,进入该按钮的单击事件,编写代码如下。

代码 3-10　"求平均值"按钮的单击事件

```
private void button3_Click(object sender,EventArgs e)
{
    if (list.Items.Count != 0)
    {
       double sum = 0,count = 0;
       foreach (object o in list.Items)
       {
          sum += ((double)o);
          count++;
       }
       text.Text = (sum / count).ToString();
    }
    else
       text.Text = string.Empty;
}
```

3. 相关背景知识

列表选择控件列出所有供用户选择的选项,用户可从选项中选择一个或多个选项,如表 3-12 所示。

表 3-12　列表选择控件的常用属性

属 性 名 称	属 性 含 义
Items	存储 ListBox 中的列表内容,是 ArrayList 类对象,元素是字符串
SelectedIndex	所选择的条目的索引号,第一个条目索引号为 0。如允许多选,该属性返回任意一个选择的条目的索引号;如一个也没选,该值为−1

续表

属 性 名 称	属 性 含 义
SelectedIndices	返回所有被选条目的索引号集合,是一个数组类对象
SelectedItem	返回所选择的条目的内容,即列表中选中的字符串。如允许多选,该属性返回选择的索引号最小的条目;如一个也没选,该值为空
SelectedItems	返回所有被选条目的内容,是一个字符串数组
SelectionMode	确定可选的条目数,以及选择多个条目的方法。属性值可以是 none(可以不选或选一个)、one(必须而且必选一个)、MultiSimple(多选)或 MultiExtended(用组合键多选)
Sorted	表示条目是否以字母顺序排序,默认值 false 表示不允许

列表选择控件的常用方法如表 3-13 所示。

表 3-13 列表选择控件的常用方法

方 法 名 称	方 法 含 义
GetSelected()	参数是索引号,如该索引号被选中,返回值为 true

列表选择控件的常用事件如表 3-14 所示。

表 3-14 列表选择控件的常用事件

事 件 名 称	事 件 含 义
SelectedIndexChanged	当索引号(即选项)被改变时发生的事件

3.1.7 使用 menuStrip 控件

使用
menuStrip
控件

1. 要求和目的

(1) 要求:设计制作一个菜单程序,设置菜单项和快捷键访问,如图 3-13 所示。

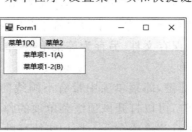

图 3-13 菜单程序

(2) 目的:掌握菜单项的设计方法;掌握菜单项快捷键的设计方法;掌握菜单项事件的设计方法。

2. 设计步骤

(1) 打开 Visual Studio 2022 编程环境,新建一个名称为 3-1-8 的项目。在窗体界面中拖入一个 menuStrip 菜单控件，并设置菜单项和菜单快捷键，设计界面如图 3-14 所示。

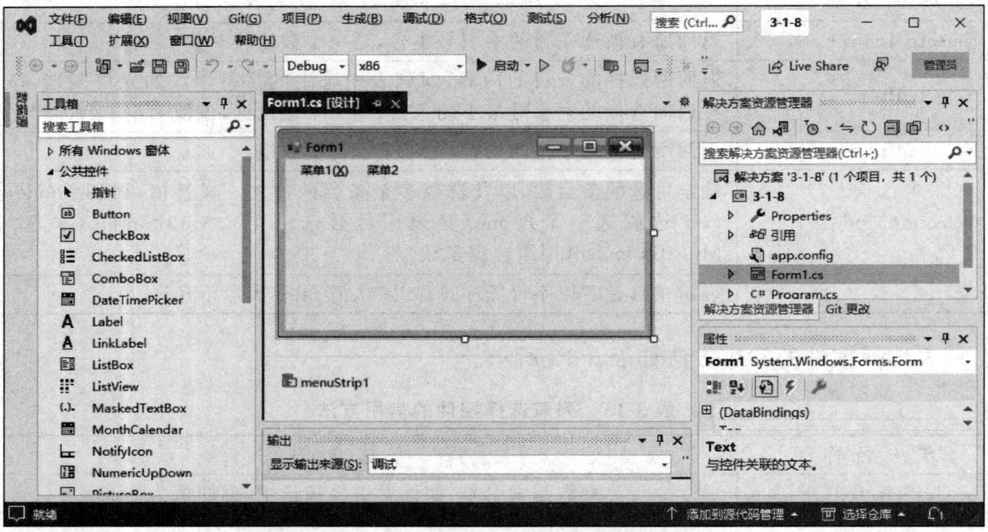

图 3-14 菜单控件的设计界面

（2）双击"菜单项 1-1"，编写该菜单项的事件，代码如下。

代码 3-11 "菜单项 1-1"的事件

```
private void 菜单项11ToolStripMenuItem_Click(object sender,EventArgs e)
{
    MessageBox.Show("菜单项 1-1");
}
```

3. 相关背景知识

（1）菜单的组成及功能。在界面中拖入一个主菜单控件 MenuStrip 到窗体中，可以为窗体增加一个主菜单。主菜单一般包括若干顶级菜单项，如文件、编辑、帮助等。单击顶级菜单项，可以出现弹出菜单，弹出菜单中包含若干菜单项，如单击文件顶级菜单项，其弹出菜单一般包括打开文件、保存文件、另存为等菜单项，单击菜单项，可以执行菜单项命令。有的菜单项还包括子菜单。

所有菜单项都可以有快捷键，即菜单项中带有下画线的英文字符，当按住 Alt 键后，再按顶级菜单项的快捷键字符，可以打开该顶级菜单项的弹出菜单。弹出菜单出现后，按菜单项的快捷键字符，可以执行菜单项命令。增加快捷键的方法是在菜单项的标题中，在要设定快捷键英文字符的前边增加一个字符 &，例如，菜单项的标题为"打开文件（&O）"，菜单项的显示效果为"打开文件（O）"。菜单项可以有加速键，一般在菜单项标题的后面显示，例如，菜单项打开文件的快捷键一般是 Ctrl+O。不打开菜单，按住 Ctrl 键后，再按 O 键，也可以执行打开文件命令。设定快捷键的方法是修改菜单项的 ShortCut 属性。

（2）菜单控件常用的属性和事件。菜单控件常用的属性如表 3-15 所示。

表 3-15 菜单控件常用的属性

属性名称	属性含义
Checked	布尔变量，true 表示菜单项被选中，其后有标记√
ShortCut	指定的快捷键，可以从下拉列表中选择
ShowShortCut	布尔变量，true（默认值）表示显示快捷键，false 表示不显示
Text	菜单项标题。如为字符"-"，为分隔线。当在指定字符前加 &，如颜色（&c），表示增加快捷键，即用 Alt＋C 组合键可以访问"颜色"菜单

菜单控件常用的事件如表 3-16 所示。

表 3-16 菜单控件常用的事件

事件名称	事件含义
Click	单击菜单项事件

设计制作
考试系统

任务 3.2　设计制作考试系统

3.2.1　考试系统需求分析和功能设计

考试系统总体功能和程序运行流程如图 3-15 所示。

本项目制作的简单考试系统主要功能为：首先生成考试试题，考试试题以客观题目为主。题目类型包括"单项选择题""多项选择题""判断题"和"填空题"。生成考试试题后，考生答题。考生根据题目的情况，对选择题采用"单选"和"多选"的不同方式进行答题，对填空题采用输入答案填空的方式进行答题。考生答题之后，单击"交卷"按钮，进行交卷，交卷之后，由考试系统进行自动判分，并计算出分数，最后显示出考生所得分数。

在设计该考试系统时，将充分利用本项目中所介绍的各种控件，以制作出功能完善、使用方便的考试系统。

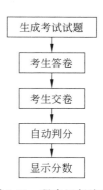

图 3-15　程序运行流程

3.2.2　设计考试系统界面

打开 Visual Studio 2022 编程环境，新建一个名称为 3-2-1 的项目。首先设计单项选择题，在窗体中依次拖入几个 Label 控件，用来显示"简单考试系统""一、单项选择题"等提示信息。

设计单项选择题的界面。拖入 1 个 GroupBox 控件，设置该控件的"Text 属性"为空。在该控件上拖入 1 个 Label 控件，用于显示一个单项选择题的题目内容，然后拖入 4 个 RadioButton 控件，分别作为该单项选择题的 4 个单选项，如图 3-16 所示。

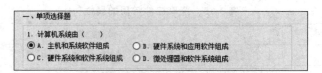

图 3-16　单项选择题

设计"多项选择题"的界面。拖入 1 个 GroupBox 控件,设置该控件的"Text 属性"为空。在该控件上拖入 1 个 Label 控件,用于显示一个多项选择题的题目;然后拖入 4 个 CheckBox 控件,分别作为该多项选择题的 4 个多选项,如图 3-17 所示。

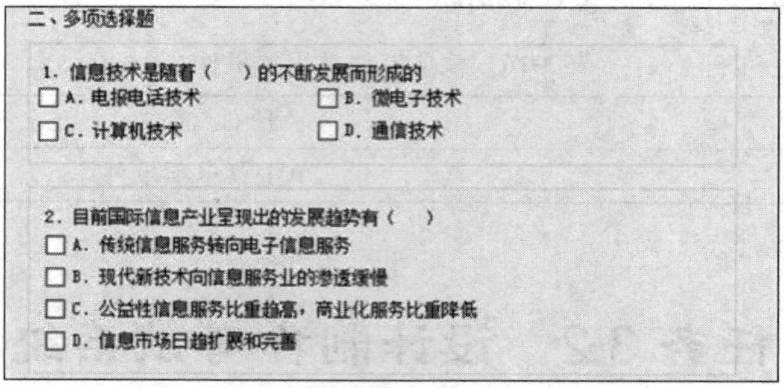

图 3-17　多项选择题

设计"判断题"的界面。拖入 1 个 GroupBox 控件,设置该控件的"Text 属性"为空。在该控件上拖入 1 个 Label 控件,用于显示一个判断题的题目;然后拖入 2 个 RadioButton 控件,分别用于显示"对"和"错"选项,如图 3-18 所示。

图 3-18　判断题

设计"填空题"的界面。首先拖入 Label 控件,用于显示题目;拖入 TextBox 控件,用于显示文本内容的"填空文本框",如图 3-19 所示。

图 3-19　填空题

这样考试系统的界面设计就完成了,如图 3-20 所示。

3.2.3　编写考试系统代码

在设计完考试系统的界面之后,接下来编写考试系统的代码,以实现考试系统的功能。本考试系统的核心功能是对考生所选的答案进行判断,并给出分数。所以,编程的重

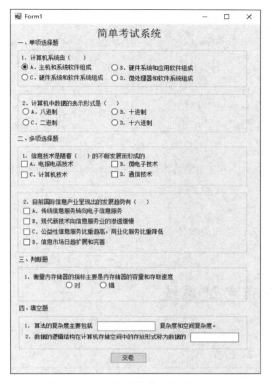

图 3-20　考试系统的运行界面(1)

点也在于对考试系统中各种控件的状态的判断。

双击"交卷"按钮,进入考试系统的编程界面,在该按钮的单击事件中,添加代码如下。

代码 3-12　"交卷"按钮的事件

```
private void button1_Click(object sender,EventArgs e)
{
    int s=0;
    if (radioButton1.Checked)
    {
       s += 10;
    }
    if (radioButton7.Checked)
    {
       s += 10;
    }
    if (!checkBox1.Checked & checkBox2.Checked & checkBox3.Checked & checkBox4.Checked)
    {
       s += 15;
    }
    if (checkBox5.Checked & !checkBox6.Checked & !checkBox7.Checked & checkBox8.Checked)
    {
```

```
        s += 15;
    }
    if (radioButton9.Checked)
    {
        s += 10;
    }
    if (textBox1.Text == "时间")
    {
        s += 20;
    }
    if (textBox2.Text == "存储结构" || textBox2.Text == "物理结构")
    {
        s += 20;
    }
    MessageBox.Show("您的成绩是" + s + "分");
}
```

3.2.4　测试并发布考试系统

在Visual Studio 2022编程环境中，选择"调试"→"开始调试"命令，运行程序，并输入对应的内容，效果如图3-21所示。

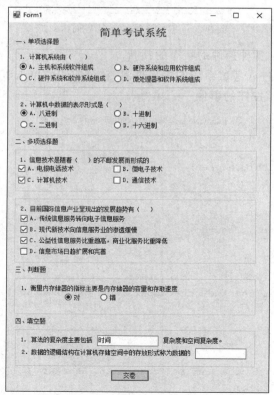

图3-21　考试系统的运行界面(2)

在界面中单击选项回答对应的题目,然后单击"交卷"按钮,会出现"所得分数"的提示界面,如图 3-22 所示。

图 3-22 所得分数提示

项 目 小 结

本项目设计制作了一个考试系统,通过考试系统的设计制作,让读者掌握了基本 Windows 控件的使用方法,包括单选按钮、复选按钮、下拉菜单、富文本框、工具条、列表框等控件使用方法。

项 目 拓 展

读者可以根据本项目设计制作的方法,设计制作一个用户调查系统,能够对用户进行调查,并统计调查结果。

素质提升案例:
任正非的企业家
精神与民族担当

项目 4　设计制作图书管理系统

图书馆是高等院校的重要组成部分,是教师和学生获取知识的重要场所。随着校园网的发展,各高等院校的图书馆都开始使用"图书管理系统"对读者信息、图书信息及借阅情况进行管理。本项目将设计制作一个图书管理系统,读者通过本项目的设计与制作,将学会 C♯进行数据库系统开发的方法。主要是掌握使用 ADO.NET 操作 SQL Server 数据库并进行数据库编程的方法。本项目通过图书管理系统的制作,让读者掌握图书管理系统的制作技术,同时让读者了解网络安全、信息安全相关概念,更好践行社会主义核心价值观,自觉维护国家安全、网络安全和数据安全。

知识目标

(1) 了解 SQL Server 数据库管理系统的基本结构；

(2) 了解 SQL Server 数据库管理系统的特点；

(3) 了解 ADO.NET 数据库操作对象的属性和特点。

能力目标

(1) 掌握 SQL Server 数据库管理系统常用的操作方法；

(2) 掌握图书管理系统的结构设计方法；

(3) 掌握 ADO.NET 操作数据库的编程步骤和方法。

素质目标

(1) 培养学生良好的 IT 职业素养和道德规范；

(2) 潜移默化地引导学生树立社会主义核心价值观；

(3) 引导学生树立实事求是、严肃认真、一丝不苟的学习和工作态度。

安装并使用
SQL Server
2022 数据库

任务 4.1　安装并使用 SQL Server 2022 数据库

安装 SQL Server 2022 数据库管理系统的方法如下。

1. 要求和目的

(1) 要求：安装 SQL Server 2022,在安装过程中,将登录方式设置为 Windows 身份验证。

(2) 目的：掌握安装 SQL Server 2022 的方法；掌握设置 SQL Server 2022 选项的方法。

2. 安装步骤

启动 SQL Server 2022 Evaluation Edition 的安装文件,界面如图 4-1 所示。

图 4-1 SQL Server 2022 Evaluation Edition 启动界面

在该界面中选择"基本"安装选项,进入如图 4-2 所示的界面。

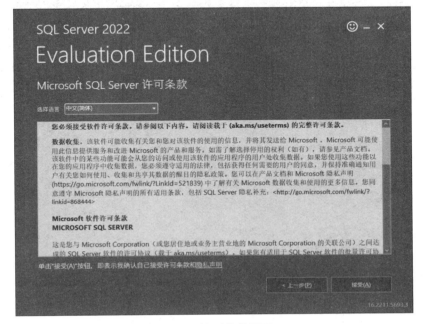

图 4-2 许可条款界面

在该界面中单击"接受"按钮,进入如图 4-3 所示的界面。

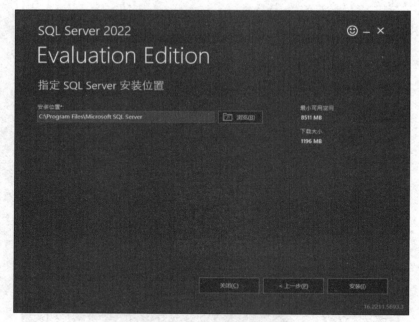

图 4-3 选择文件安装位置

在该界面中选择安装路径,然后单击"安装"按钮,进入如图 4-4 所示的界面。

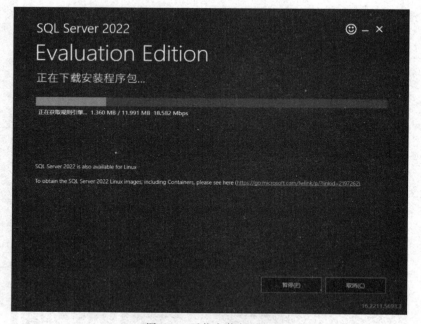

图 4-4 下载安装包界面

该界面显示下载安装文件的进度,下载完成,进入如图 4-5 所示的安装界面。
安装完成后,进入安装成功提示界面,如图 4-6 所示。

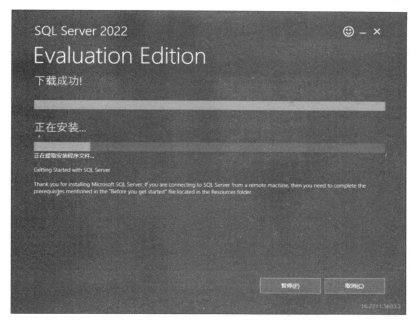

图 4-5　安装进度界面

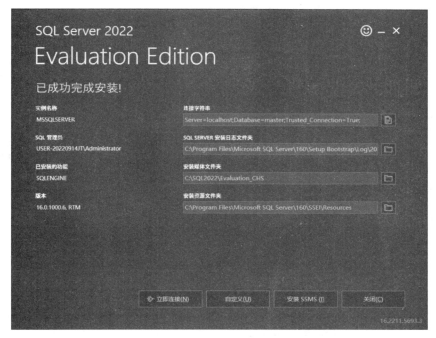

图 4-6　安装成功提示

单击"安装 SSMS"按钮,打开下载 SQL Server Management Studio 的网址,如图 4-7 所示。

下载 SQL Server Management Studio 完成后进行安装,如图 4-8 所示。

图 4-7　下载 SQL Server Management Studio 的界面

图 4-8　安装 SQL Server Management Studio 界面

在该界面中单击"安装"按钮，进入安装进度界面，安装完成的界面如图 4-9 所示。

单击"重新启动"按钮，以完成安装。重启系统后，打开 SQL Server Management Studio，进入如图 4-10 所示的界面。

选择连接服务器的选项，单击"连接"按钮，进入 SQL Server 数据库操作与管理界面，如图 4-11 所示。

图 4-9 安装成功提示界面

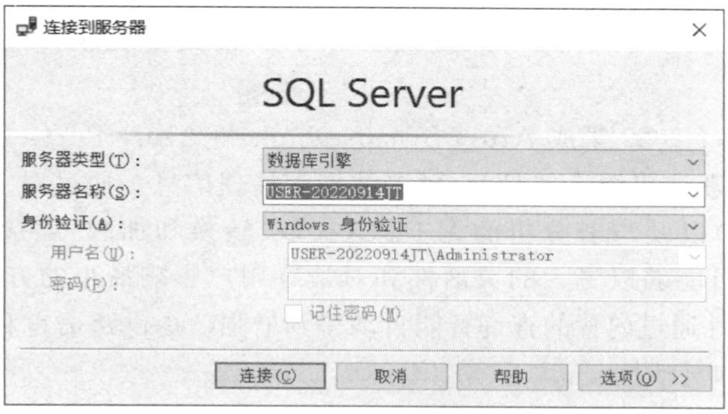

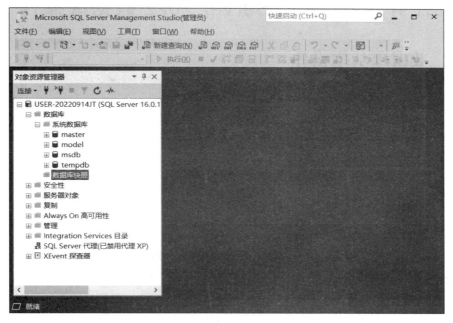

图 4-10 连接 SQL Server 服务器的界面

图 4-11 数据库操作管理界面

3. 相关背景知识

（1）SQL Server 介绍。美国微软公司推出的一种关系型数据库系统。SQL Server 数据库是一个可扩展的、高性能的、为分布式客户机/服务器计算所设计的数据库管理系统，实现了与 Windows NT 的有机结合，提供了基于事务的企业级信息管理系统方案。其主要特点如下：

- 高性能设计，可充分利用 Windows NT 的优势。
- 系统管理先进，支持 Windows 图形化管理工具，支持本地和远程的系统管理和配置。
- 强大的事务处理功能，采用各种方法保证数据的完整性。
- 支持对称多处理器结构、存储过程、ODBC，并具有自主的 SQL 语言。

SQL Server 以其内置的数据复制功能、强大的管理工具、与 Internet 的紧密集成和开放的系统结构，为广大的用户、开发人员和系统集成商提供了一个出众的数据库平台。

（2）SQL Server 2022 集成 Azure Synapse Link 和 Azure Purview，让客户能大规模地从自己的数据中获取更深入的见解、预测数据和治理信息。通过对 Azure SQL 托管实例的灾难恢复（DR）以及与云分析的无 ETL（提取、转换和加载）连接，云集成得到了增强，使数据库管理员能够以更大的灵活性和对最终用户影响最小的方式来管理其数据资产。性能和可伸缩性通过内置的查询智能自动得到增强。提供跨语言和平台（包括 Linux、Windows）的选项和灵活性。

任务 4.2　SQL Server 2022 数据库操作

4.2.1　数据库基本操作

1. 要求和目的

（1）要求：建立一个名称为 db1 和 db2 的数据库，通过菜单向导方式和 SQL 语句两种方式建立。

（2）目的：掌握使用菜单向导的方式创建数据库的方法；掌握使用 SQL 语句的方式创建数据库的方法。

2. 设计步骤

（1）打开 SQL Server Management Studio，输入正确的服务器名称，从"身份验证"选项中选择"Windows 身份验证"，单击"连接"按钮，如图 4-12 所示。连接数据库服务器之后，会进入数据库管理界面，如图 4-13 所示。

（2）在数据库管理界面中，右击"数据库"，选择"新建数据库"命令，如图 4-14 所示。

图 4-12　连接数据库界面

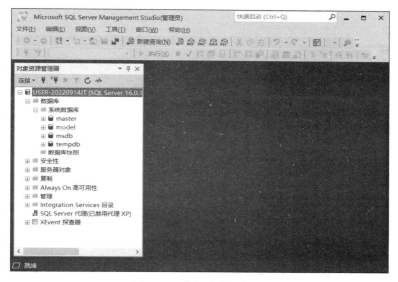

图 4-13　数据库管理界面

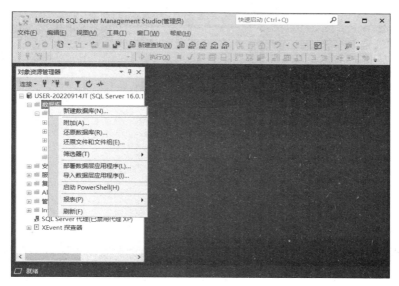

图 4-14　"新建数据库"命令

（3）在出现的"数据库创建界面"上，在数据库名称部分，输入 db1，然后单击"确定"按钮，将创建一个名称为 db1 的数据库，如图 4-15 所示。

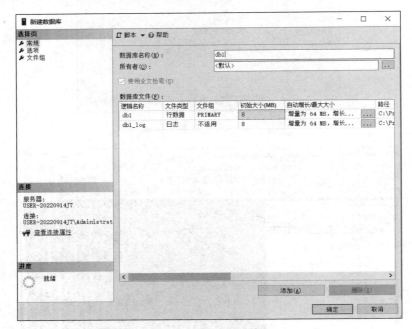

图 4-15　新建数据库界面

（4）单击数据库管理界面左上角的"新建查询"按钮，将会出现 SQL Server 执行 SQL 语句的界面，如图 4-16 所示。

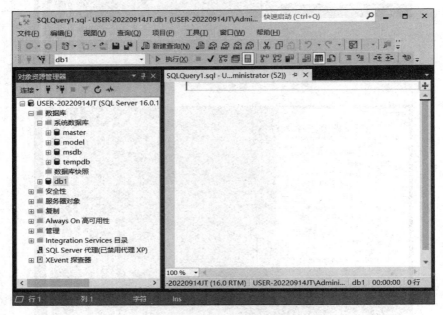

图 4-16　新建查询界面

（5）在右侧的 SQL 语句区域输入 CREATE DATABASE db2，然后单击"执行"按钮，将创建一个名称为 db2 的数据库，如图 4-17 所示。

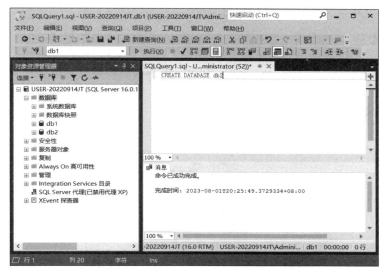

图 4-17 使用 SQL 语句创建数据库

3. 相关背景知识

下面介绍数据库的基本概念。数据库系统提供了一种将信息集合在一起的方法。数据库主要由三部分组成：数据库管理系统（DBMS），是针对所有应用的，如 Access。数据库本身包含了按一定的结构组织在一起的相关数据。数据库应用程序是针对某一具体数据库应用编制的程序，用来获取、显示和更新数据库存储的数据，方便用户使用。这里讲的就是如何编写数据库应用程序。

常见的数据库系统有 MySQL、Access、Oracle、SQL Server、Sybase 等。数据库管理系统主要有四种类型：文件管理、层次数据库、网状数据库和关系数据库。目前最流行且应用最广泛的是关系数据库，以上所列举的数据库系统都是关系数据库。关系数据库以行和列的形式来组织信息，一个关系数据库由若干表组成，一个表就是一组相关的数据按行排列，例如一个通信录就是这样一个表，表中的每一列叫作一个字段，通信录中的姓名、地址、电话都是字段。字段包括字段名及具体的数据，每个字段都有相应的描述信息，例如数据类型、数据宽度等。表中每一行称为一条记录。

由于 ADO.NET 的使用，设计单层数据库或多层数据库应用程序使用的方法基本一致，极大方便了程序设计，因此，这里讨论的内容也适用于后边的 Web 应用程序设计。

4.2.2 数据表的基本操作

1. 要求和目的

数据表的
基本操作

（1）要求：建立一个名称为 Table_1 的数据表，通过菜单向导方式和 SQL 语句两种方式建立。

（2）目的：掌握使用菜单向导的方式创建数据表的方法；掌握使用 SQL 语句的方式创建数据表的方法。

2. 设计步骤

（1）打开 SQL Server Management Studio，输入正确的服务器名称，"身份验证"选项中选择"Windows 身份验证"，单击"连接"按钮，如图 4-18 所示。连接数据库服务器之后，会进入数据库管理界面，如图 4-19 所示。

图 4-18 连接到服务器界面

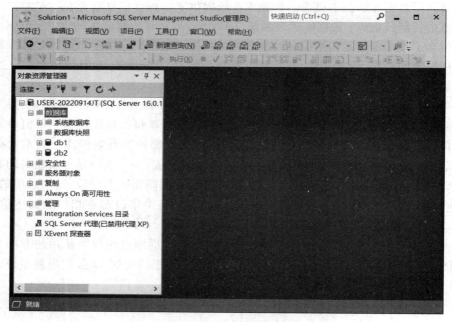

图 4-19 数据库管理界面

（2）在数据库管理界面中展开 db1 数据库，在"表"选项中右击，从快捷菜单中选择"新建"→"表"命令，如图 4-20 所示。

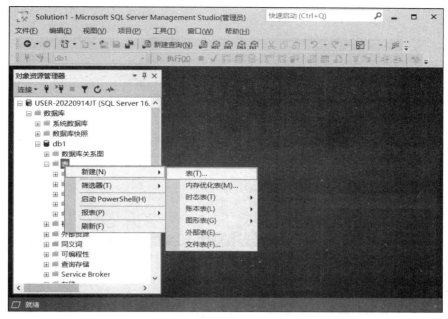

图 4-20 新建数据表的界面

(3) 在出现的数据表创建界面上依次设置列名、数据类型、是否允许 Null 值,如图 4-21 所示。

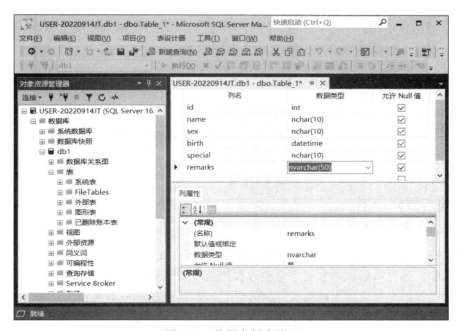

图 4-21 数据表创建界面

(4) 单击"保存"按钮,将会出现保存数据表的界面,可以在这个界面中设置表的名称,如图 4-22 所示。然后单击"确定"按钮,就完成了数据表的创建。

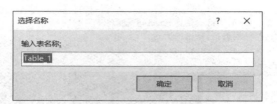

图 4-22　新建查询界面

（5）在右侧的 SQL 语句区域输入 CREATE TABLE Table_2,然后单击"执行"按钮,将创建一个名称为 Table_2 的数据表,如图 4-23 所示。

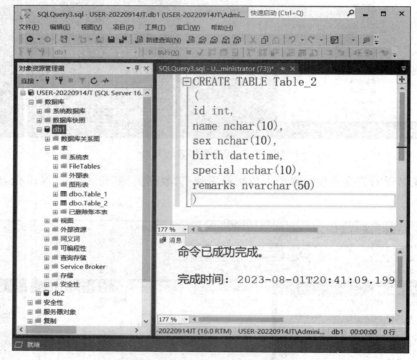

图 4-23　使用 SQL 语句创建数据表

3. 相关背景知识

下面介绍数据库的分类。数据库可分为本地数据库和远程数据库。本地数据库一般不能通过网络访问,本地数据库往往和数据库应用程序在同一系统中,本地数据库也称为单层数据库。远程数据库通常位于远程计算机上,用户通过网络来访问远程数据库中的数据。远程数据库可以采用两层、三层和四层结构,两层模式一般采用 C/S 模式,即客户端和服务器模式。三层模式一般采用 B/S 模式,用户用浏览器访问 Web 服务器,Web 服务器用 CGI、ASP、PHP、JSP 等技术访问数据库服务器,生成动态网页并返回给用户。四层模式是在 Web 服务器和数据库服务器中增加一个应用服务器。利用 ADO.NET 可以开发数据库应用程序。

由于 ADO.NET 的使用,设计单层数据库或多层数据库应用程序使用的方法基本一致,极大方便了程序设计,因此,这里讨论的内容也适用于后边的 Web 应用程序设计。

4.2.3 使用基本 SQL 语句

1. 要求和目的

(1) 要求:使用 SQL 语句实现学生数据表的数据的添加、删除、修改和查询操作。

(2) 目的:掌握 SQL Server 2022 新建查询的使用方法;掌握添加、删除、修改和查询操作 SQL 语句编写方法。

2. 设计步骤

(1) 打开 SQL Server 2022 数据库,单击"新建查询"按钮,打开新建查询界面,如图 4-24 所示。

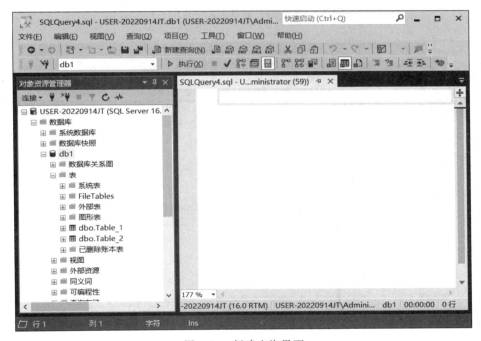

图 4-24　新建查询界面

(2) 使用查询语句。查询 db1 数据库中的 table1 数据表,并返回所有字段,效果如图 4-25 所示。SQL 语句如下:

```
select * from Table_1
```

选择部分列并指定它们的显示次序,查询结果集合中数据的排列顺序与选择列表中所指定的列名排列顺序相同,如图 4-26 所示。SQL 语句如下:

```
select name,sex from table_1 order by id desc
```

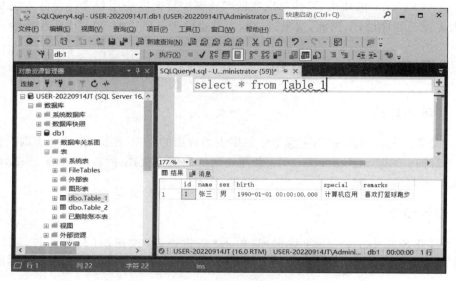

图 4-25 显示全部字段

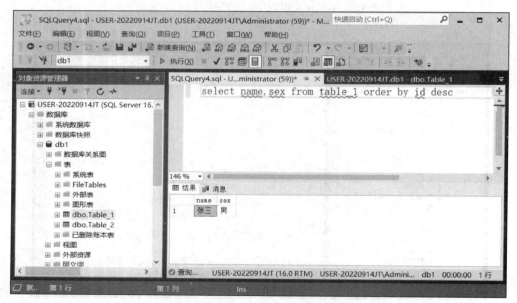

图 4-26 查询部分字段并排序

更改列标题,在选择列表中,可重新指定列标题。定义格式为:列标题=列名。如果指定的列标题不是标准的标识符格式,应使用引号定界符,如图4-27所示。SQL语句如下:

select 姓名=name,性别=sex from table_1

使用where子句设置查询条件,可以过滤掉不需要的数据行。where子句可包括各种条件运算符,如比较运算符(大小比较)有＞、＞=、=、、!＞、!=10 and。

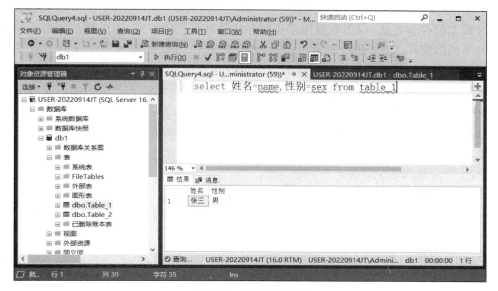

图 4-27　更换列标题

如图 4-28 所示是查询姓名为"张三"的数据。

```
select * from table_1 where name='张三'
```

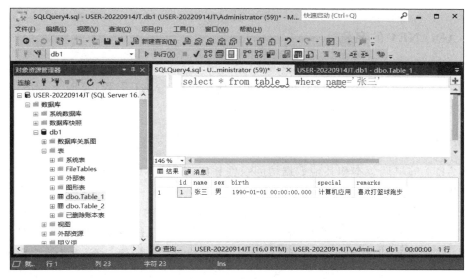

图 4-28　条件查询

3. 相关背景知识

SQL(structured query language,结构化查询语言)是一种数据库查询和程序设计语言,用于存取数据以及查询、更新和管理关系数据库系统,同时也是数据库脚本文件的扩展名。

SQL 是高级的非过程化编程语言，允许用户在高层数据结构上工作。它不要求用户指定对数据的存放方法，也不需要用户了解具体的数据存放方式，所以具有完全不同底层结构的不同数据库系统，可以使用相同的 SQL 语言作为数据输入与管理的 SQL 接口。它以记录集合作为操作对象，所有 SQL 语句接受集合作为输入，返回集合作为输出，这种集合特性允许一条 SQL 语句的输出作为另一条 SQL 语句的输入，所以 SQL 语句可以嵌套，这使它具有极大的灵活性和强大的功能。在多数情况下，在其他语言中需要一大段程序实现的功能只需要一个 SQL 语句就可以达到目的，这也意味着用 SQL 语言可以写出非常复杂的语句。

SQL 语言包含四个部分。

- 数据定义语言（DDL），如 create、drop、alter 等语句。
- 数据操作语言（DML），如 insert（插入）、update（修改）、delete（删除）语句。
- 数据查询语言（DQL），如 select 语句。
- 数据控制语言（DCL），如 grant、revoke、commit、rollback 等语句。

任务 4.3　使用 ADO.NET 操作 SQL Server 2022

4.3.1　了解 ADO.NET

1. ADO.NET 的名称

ADO.NET 的名称起源于 ADO（ActiveX data objects），这是一个广泛的类组，用于在以往的 Microsoft 技术中访问数据。之所以使用 ADO.NET 名称，是因为 Microsoft 希望表明这是在.NET 编程环境中优先使用的数据访问接口。

2. ADO.NET 的优点

与 ADO 的早期版本和其他数据访问组件相比，ADO.NET 提供了若干好处，这些好处分成以下几个类别。

（1）互操作性。ADO.NET 应用程序可以利用 XML 的灵活性和广泛接受性。由于 XML 是用于在网络中传输数据集的格式，因此可以读取 XML 格式的任何组件都可以处理数据。实际上，接收组件根本不必是 ADO.NET 组件：传输组件可以只是将数据集传输给其目标，而不考虑接收组件的实现方式。目标组件可以是 Visual Studio 应用程序或无论用什么工具实现的其他任何应用程序。唯一的要求是接收组件能够读取 XML。作为一项工业标准，XML 正是在考虑这种互操作性的情况下设计的。

（2）可维护性。在已部署系统的生存期中，适度地更改是可能的，但由于十分困难，所以很少尝试进行实质的结构更改。这是很遗憾的，因为在事件的自然过程中，这种实质上的更改会变得很有必要。例如，当自己部署的应用程序越来越受用户欢迎时，增加的性能负荷可能需要进行结构更改。随着已部署的应用程序服务器上的性能负荷的增长，系统资源会变得不足，并且响应时间或吞吐量会受到影响。面对该问题，软件设计者可以选择将服务器的业务逻辑处理和用户界面处理划分到单独计算机上的单独层上。实际上，应用程序服务器层将替换为两层，缓解了系统资源缺乏。

该问题并不是要设计三层应用程序。相反，它是要在应用程序部署以后增加层数。如果原始应用程序使用数据集以 ADO.NET 实现，则该转换很容易进行。请记住，当用两层替换单个层时，将安排这两层交换信息。由于这些层可以通过 XML 格式的数据集传输数据，所以通信相对较容易。

（3）可编程性。Visual Studio 中的 ADO.NET 数据组件以不同方式封装数据访问功能，加快编程速度并减少犯错概率。例如，数据命令提取生成和执行 SQL 语句或存储过程的任务。

同样，由这些设计器工具生成的 ADO.NET 数据类导致类型化数据集，这可以通过已声明类型的编程访问数据。另外，已声明类型的数据集的代码更安全，原因在于它提供对类型的编译时检查。例如，假定 AvailableCredit 表达为货币值，如果程序员误向 AvailableCredit 分配了字符串值，环境会在编译时向程序员报告该错误。当使用未声明类型的数据集时，程序员直到运行时才会知道该错误。

（4）性能。对于不连接的应用程序，ADO.NET 数据库提供的性能优于 ADO 不连接的记录集。当使用 COM 封送在层间传输不连接的记录集时，会因将记录集内的值转换为 COM 可识别的数据类型而导致显著的处理开销。在 ADO.NET 中，这种数据类型转换则没有必要。

（5）可伸缩性。因为 Web 可以极大增加对数据的需求，所以可缩放性变得很关键。Internet 应用程序具有无限的潜在用户供应。尽管应用程序可以很好地为十几个用户服务，但它可能不能向成百上千个（或成千上万个）用户提供同样好的服务。使用数据库锁和数据库连接之类资源的应用程序不能很好地为大量用户服务，因为用户对这些有限资源的需求最终将超出其供应。

ADO.NET 通过鼓励程序员节省有限资源来实现可缩放性。由于所有 ADO.NET 应用程序都使用对数据的不连接访问，因此它不会在较长持续时间内保留数据库锁或活动数据库连接。

3. ADO.NET 的结构

ADO.NET 结构由以下三部分组成。

（1）表示层。ADO.NET 利用 XML 的力量来提供对数据的断开式访问。ADO.NET 的设计与 .NET Framework 中 XML 类的设计是并进的，它们都是同一个结构的组件。ADO.NET 和 .NET Framework 中的 XML 类集中于 DataSet 对象。无论 XML 源是文件还是 XML 流，都可以用来填充 DataSet。无论 DataSet 中数据的数据源是什么，DataSet 都可以作为符合万维网联合会（W3C）标准的 XML 进行编写，并且将其架构包含为 XML 架构定义语言（XSD）架构。由于 DataSet 固有的序列化格式为 XML，因此是在层间移动数据出色的媒介，这使 DataSet 成为在远程向 XML Web 服务发送数据和架构上下文以及从 XML Web 服务接收数据和架构上下文的最佳选择。

（2）中间层。中间层存储了大量的访问数据的组件。

（3）数据层。数据层直接与数据库接触，操作数据库。

ADO.NET 的体系结构如图 4-29 所示。

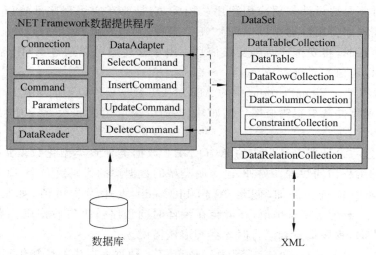

图 4-29 ADO.NET 的体系结构

4．.NET Framework 数据提供程序

.NET Framework 数据提供程序用于连接到数据库、执行命令和检索结果。可以直接处理检索到的结果，或将其放到 DO.NET DATASET 对象，以便与来自多个源的数据或在层之间进行远程处理的数据组合在一起，以特殊方式向用户公开。.NET Framework 数据提供程序是轻量的，它在数据源和代码之间创建了一个最小层，以便在不以功能为代价的前提下提高性能。

.NET Framework 数据提供程序包括 4 种不同的数据提供程序，支持多种数据库的访问。

（1）SQL Server .NET Framework 数据提供程序：提供对 SQL Server 7.0 或更高版本的数据访问，它位于 system.data.sqlclient 命名空间内。

（2）OLE DB .NET Framework 数据提供程序：适用于 OLE DB 公开的数据源，它位于 system.data.oledb 命名空间内。

（3）ODBC .NET Framework 数据提供程序：适用于 ODBC 公开的数据源，它位于 system.data.odbc 命名空间内。

（4）ORACLE .NET Framework 数据提供程序：适用于 Oracle 数据源，位于 system.dataoracleclient 命名空间内。

5．ADO.NET 包含的类

（1）SqlConnection 类。用于连接 SQL Server 数据库。连接帮助指明数据库服务器、数据库名字、用户名、密码和连接数据库所需要的其他参数。Connection 对象会被

Command 对象使用，这样就能够知道是在哪个数据库上面执行命令。

与数据库交互的过程意味着程序必须指明想要发生的数据操作，这些操作是靠 Command 对象执行的。可以使用 Command 对象来发送 SQL 语句给数据库。Command 对象使用 Connection 对象来指出与哪个数据库进行连接。也可以能够单独使用 Command 对象来直接执行命令，或者将一个 Command 对象的引用传递给 SqlDataAdapter。

（2）Command 对象。成功与数据建立连接后，就可以用 Command 对象来执行查询、修改、插入、删除等命令；Command 对象常用的方法有 ExecuteReader()、ExecuteScalar()、ExecuteNonQuery()。插入数据可用 ExecuteNOnQuery() 方法来执行插入命令。

（3）sqlDataReader 类。许多数据操作只是读取一串数据。DataReader 对象允许获得从 Command 对象的 select 语句得到的结果。考虑性能的因素，从 DataReader 返回的数据都是快速的且只是"向前"的数据流，这意味着只能按照一定的顺序从数据流中取出数据。这对于速度来说是有好处的，但是如果需要操作数据，更好的办法是使用 DataSet。

（4）DataSet 对象。DataSet 对象是数据在内存中的表示形式。它包括多个 DataTable 对象，而 DataTable 包含列和行，就像一个普通的数据库中的表。也可以定义表之间的关系来创建主从关系。DataSet 是在特定的场景下使用——帮助管理内存中的数据并支持对数据的断开操作。DataSet 是被所有 Data Provider 使用的对象，因此它并不像 Data Provider 一样需要特别的前缀。

（5）SqlDataAdapter 类。某些时候使用的数据主要是只读的，并且很少需要将其改变至底层的数据源。同样一些情况要求在内存中缓存数据，以此来减少并不改变的数据被数据库调用的次数。DataAdapter 通过断开模型来帮助完成对以上情况的处理。当在一单批次的对数据库的读写操作持续改变返回至数据库时，DataAdapter 填充 DataSet 对象。DataAdapter 包含对连接对象以及当对数据库进行读取或者写入的时候自动地打开或者关闭连接的引用。另外，DataAdapter 包含对数据的 select、insert、update 和 delete 操作的 Command 对象引用。

4.3.2 使用 Connection 对象

使用 Connection 对象

1. 要求和目的

（1）要求：设计一个应用程序，测试与数据库的连接是否正常，并给予提示。

（2）目的：掌握 Connection 对象属性设置的方法；掌握 Connection 对象编程的方法。

2. 设计步骤

（1）打开 Visual Studio 2022 编程环境，创建一个名称为 4-3-2 的项目。在窗体界面中拖入 1 个 Button 控件，设置该控件的 Text 属性为测试数据库连接，如图 4-30 所示。

（2）首先定义窗体的公共变量，编写代码如下：

图 4-30　设计界面

代码 4-1　定义窗体的公共变量

```
private static SqlConnection mySqlConnection;
private static string ConnectionString = "";
private static bool IsCanConnectioned = false;
```

(3) 双击"测试数据库连接"按钮，进入该按钮的单击事件，编写代码如下。

代码 4-2　"测试数据库连接"按钮的单击事件

```
private void button1_Click(object sender,EventArgs e)
{
    //获取数据库连接字符串
    ConnectionString = "Data Source=.;Initial Catalog=db01;Integrated Security=SSPI";
    //创建连接对象
    mySqlConnection = new SqlConnection(ConnectionString);
    try
    {
      //打开数据库
      mySqlConnection.Open();
      IsCanConnectioned = true;
    }
    catch
    {
      //打开不成功,则连接不成功
      IsCanConnectioned = false;
    }
    if (mySqlConnection.State == ConnectionState.Closed || mySqlConnection.State == ConnectionState.Broken)
    {
        MessageBox.Show("数据库连接不成功!");
    }
    else
    {
        MessageBox.Show("数据库连接成功!");
    }
}
```

3. 相关背景知识

(1) SqlConnection 常用的属性如表 4-1 所示。

表 4-1　SqlConnection 常用的属性

属性	说明
ConnectionString	返回或设置用于打开 SQL Server 数据库的字符串
ConnectionTimeout	返回在尝试建立连接时终止尝试并生成错误之前所等待的时间
Database	返回当前数据库或连接打开后要使用的数据库的名称(只读)
DataSource	返回要连接的 SQL Server 实例的名称(只读)
PacketSize	返回用来与 SQL Server 的实例通信的网络数据包的大小(以字节为单位)。这个属性只适用于 SqlConnection 类型(只读)

(2) Sqlconnection 常用的方法如表 4-2 所示。

表 4-2 Sqlconnection 常用的方法

方　　法	说　　明
Open()	用连接字符串属性指定的属性打开数据库连接
CreateCommand()	创建并返回一个与 SqlConnection 关联的 SqlCommand 对象
Close()	关闭与数据库的连接

(3) 数据库连接字符串常用的参数及描述如表 4-3 所示。

表 4-3 数据库连接字符串常用的参数及描述

参　　数	描　　述
Provider	用于设置或返回连接提供程序的名称
Connection Timeout	在终止尝试并产生异常前,等待连接到服务器的连接时间长度(以秒为单位),默认值是 15 秒
Initial Catalog 或 Database	数据库的名称
Data Source 或 Server	连接打开时使用的 SQL Server 名称,或者是 Microsoft Access 数据库的文件名
Password 或 pwd	SQL Server 账户的登录密码
User ID 或 uid	SQL Server 登录账户
Integrated Security	此参数决定连接是否是安全连接。可能的值有 true、false 和 SSPI(SSPI 是 true 的同义词)
Persist Security Info	设置为 false 时,如果连接是打开的或曾经处于打开状态,那么安全敏感信息(如密码)不会作为连接的一部分返回。设置属性值为 true 可能有安全风险,false 是默认值

(4) SqlConnection 类构造函数说明如表 4-4 所示。

表 4-4 SqlConnection 类构造函数

函 数 定 义	参数说明	函 数 说 明
SqlConnection()	不带参数	创建 SqlConnection 对象
SqlConnection(string connectionstring)	连接字符串	根据连接字符串,创建 SqlConnection 对象

使用第 1 种构造函数:

```
String ConnectionString ="server=(local); Initial Catalog =stu;";
SqlConnection conn=new SqlConnection();
conn.ConnectionString=ConnectionString;
conn.Open();
```

使用第 2 种构造函数:

```
String cnn="server=(local); Initial Catalog =stu;";
SqlConnection conn=new SqlConnection(cnn);
conn.Open();
```

显然使用第2种方法输入的代码要少一点,但是两种方法执行的效率并没有什么不同。另外,如果需要重用Connection对象去使用不同的身份连接不同的数据库时,使用第1种方法则非常有效。

以下代码演示使用连接字符串创建数据库连接的一般方式。

```
//连接 Access 数据库
string connStr="Provider= Microsoft.Jet.OleDB.4.0;Data Source=D:\db1.mdb"
//根据字符串创建 OleDbConnection 连接对象
OleDbConnection objConnection=new OleDbConnection(strConnect);
//打开数据源连接
if(objConnection.State==ConnectionState.Closed)
{
    objConnection.Open();
}
//使用结束后关闭数据源连接
if(objConnection.State==ConnectionState.Open)
{
    objConnection.Close();
}
```

在这段代码里的业务逻辑如下:

① 创建连接字符串,从中可以看出 Connection 对象是使用 OleDB 类型的 Data Provider,连接到 D 盘下 db1.mdb 的 Access 数据库中。

② 根据连接字符串,创建 Connection 类型的对象,这里用到了 OleDbConnection。

③ 打开数据源的连接。

④ 执行数据库的访问操作代码。

⑤ 关闭数据源连接。

4.3.3 使用 SqlCommand 对象与 SqlDataReader 对象

使用 SqlCommand 对象与 SqlDataReader 对象

1. 要求和目的

(1) 要求:建立一个应用程序,使用 SqlCommand 对象和 SqlDataReader 对象读取数据库内容。

(2) 目的:掌握 SqlCommand 对象的使用方法;掌握 SqlDataReader 对象的使用方法。

2. 设计步骤

(1) 打开 Visual Studio 2022 编程环境,创建一个名称为 4-3-3 的项目。编写窗体的 Form_Load 事件,代码如下。

代码 4-3 窗体的 Form_Load 事件

```
private void Form1_Load(object sender,EventArgs e)
{
```

```csharp
//定义输出消息
string message="";
//新建连接对象
SqlConnection conn=new SqlConnection();
conn.ConnectionString="Data Source=.;Initial Catalog=db1;Integrated Security=SSPI";
//拼接命令字符串
string selectQuery="select * from table_1";
//新建命令对象
SqlCommand cmd=new SqlCommand(selectQuery,conn);
conn.Open();
//关闭阅读器时将自动关闭数据库连接
SqlDataReader reader=cmd.ExecuteReader(CommandBehavior.CloseConnection);
//循环读取信息
while (reader.Read())
{
    message+="序号:"+reader[0].ToString()+" ";
    message+="姓名:"+reader[1].ToString()+" ";
    message += "性别:" + reader[2].ToString() + " ";
    message += "出生年月:" + reader[3].ToString() + " ";
    message+="\n";
}
message += "\n";
//关闭数据阅读器
//无须关闭连接,它将自动被关闭
reader.Close();
//测试数据连接是否已经关闭
if(conn.State==ConnectionState.Closed)
{
    message+="数据连接已经关闭\n";
}
MessageBox.Show(message);
}
```

（2）在 Visual Studio 2022 编程环境中选择"调试"→"开始调试"命令，运行程序，效果如图 4-31 所示。

3. 相关背景知识

（1）应用程序连接数据库的步骤。设计一个数据库应用程序可以采用连接和不连接方式。所谓连接方式，是数据库应用程序运

图 4-31　程序运行效果

行期间一直保持和数据库连接，数据库应用程序通过 SQL 语句直接对数据库操作，例如，查找记录，删除记录，修改记录。所谓不连接方式，是数据库应用程序把数据库中感兴趣的数据读入并建立一个副本，数据库应用程序对副本进行操作，必要时将修改的副本存回数据库。设计一个不连接方式数据库应用程序一般包括以下基本步骤。

① 建立数据库，包括若干个表，在表中填入数据。

② 建立和数据库的连接。

③ 从数据库中取出感兴趣的数据并存入数据集 DataSet 对象，包括指定表和表中满足条件的记录。DataSet 对象被建立在内存中，可以包含若干表，可以认为是数据库在内存中的一个子集。然后断开和数据库的连接。

④ 用数据绑定的方法显示这个子集的数据，供用户浏览、查询、修改。

⑤ 把修改的数据存回源数据库。

设计一个连接方式数据库应用程序一般包括以下基本步骤。

① 建立数据库，包括若干个表，在表中填入数据。

② 建立和数据库的连接。

③ 使用查询、修改、删除、更新等 Command 对象直接对数据库操作。

(2) Command 对象的常用属性。Command 对象的常用属性有 Connection、ConnectionString、CommandType、CommandText。

① Connection 属性：用来获得或设置该 Command 对象的连接数据源。比如某 SqlConnection 类型的 conn 对象连在 SQL Server 服务器上，又有一个 Command 类型的对象 cmd，可以通过 cmd.Connection＝conn 来让 cmd 在 conn 对象所指定的数据库上操作。

不过，通常的做法是直接通过 Connection 对象来创建 Command 对象，而 Command 对象不宜通过设置 Connection 属性来更换数据库，所以上述做法并不推荐。

② ConnectionString 属性：用来获得或设置连接数据库时用到的连接字符串，用法和上述 Connection 属性相同。同样，不推荐使用该属性来更换数据库。

③ CommandType 属性：用来获得或设置 CommandText 属性中的语句是 SQL 语句、数据表名或存储过程。

CommandType 属性的取值如表 4-5 所示。

表 4-5 CommandType 属性的取值

属 性 值	说 明
CommandType 设置成为 Text 或不设置	CommandText 属性的值是一个 SQL 语句
CommandType 设置成为 TableDirect	CommandText 属性的值是一个要操作的数据表的名
CommandType 设置成为 StoredProcedure	CommandText 属性的值是一个存储过程
不显示设置 CommandType 的值	CommandType 默认为 Text

CommandType 枚举值如表 4-6 所示。

表 4-6 CommandType 枚举值

值	说 明
StoredProcedure	指示 CommandType 属性的值为存储过程的名称
TableDirect	指示 CommandType 属性的值为一个或多个表的名称。只有 OLE DB 的.NET Framework 数据提供程序才支持 TableDirect
Text	指示 CommandType 属性的值为 SQL 文本命令（默认）

④ CommandText 属性：根据 CommandType 属性的不同取值，可以使用 CommandText 属性获取或设置 SQL 语句、数据表名（仅限于 OLE DB 数据库提供程序）或存储过程。

(3) Command 对象的常用方法。在不同的数据提供者的内部，Command 对象的名称是不同的，在 SQL Server Data Provider 里叫 SqlCommand，而在 OLE DB Data Provider 里叫 OleDbCommand。

下面将详细介绍 Command 类型对象的常用方法，包括构造函数，执行不带返回结果集的 SQL 语句方法，执行带返回结果集的 SQL 语句方法和使用查询结果填充 DataReader 对象的方法。

构造函数用来构造 Command 对象。对于 SqlCommand 类型的对象，SqlCommand 类构造函数说明如表 4-7 所示。

表 4-7 SqlCommand 类构造函数

函 数 定 义	参 数 说 明	函 数 说 明
SqlCommand()	不带参数	创建 SqlCommand 对象
SqlCommand(string cmdText)	cmdText 为 SQL 语句字符串	根据 SQL 语句字符串创建 SqlCommand 对象
SqlCommand(string cmdText, SqlConnection connection)	cmdText 为 SQL 语句字符串；connection 为连接到的数据源	根据数据源和 SQL 语句创建 SqlCommand 对象
SqlCommand(string cmdText, SqlConnection connection, SqlTransaction transaction)	cmdText 为 SQL 语句字符串；connection 为连接到的数据源；transaction 为事务对象	根据数据源和 SQL 语句和事务对象创建 SqlCommand 对象

① 第一个构造函数不带任何参数。

```
SqlCommand cmd=new SqlCommand();
cmd.Connection=ConnectionObject;
cmd.CommandText=CommandText;
```

上面的代码段使用默认的构造函数创建一个 SqlCommand 对象，然后把已有的 Connection 对象 ConnectionObject 和命名文本 CommandText 分别赋给了 Command 对象的 Connection 属性和 CommandText 属性。

例如，CommandText 可以从数据库检索数据的 SQL select 语句。

```
string CommandText="select * from studentInfo";
```

除此之外，许多关系数据库，例如 SQL Server 和 Oracle，都支持存储过程。可以把存储过程的名称指定为命名文本。例如，编写 GetAllStudent 存储过程并命名为文本。

```
string CommandText="GetAllStudent";
cmd.CommandType=CommandType.StoredProcedure;
```

② 第二个构造函数可以接收一个命令文本。

```
SqlCommand cmd=newe SqlCommand(CommandText);
cmd.Connection=ConnectionObject;
```

上面的代码实例化了一个 Command 对象，并使用给定命令文本对 Command 对象的 CommandText 属性进行了初始化。然后使用已有的 Connection 对象对 Command 对象的 Connection 属性进行了赋值。

③ 第三个构造函数接收一个 Connection 和一个命名文本。

```
SqlCommand cmd=newe SqlCommand(CommandText,ConnectionObject);
```

注意这两个参数的顺序,第一个为 string 类型的命令文本,第二个为 Connection 对象。

④ 第四个构造函数接收 3 个参数,第三个参数是 SqlTransaction 对象,这里不做讨论。

另外,Connection 对象提供了 CreateCommand()方法,该方法将实例化一个 Command 对象,并将其 Connection 属性赋值为建立该 Command 对象的 Connection 对象。

无论在什么情况下,当把 Connection 对象赋值给 Command 对象的 Connection 属性时,并不需要 Connection 对象是打开的。但是,如果连接没有打开,则在命令执行之前必须首先打开连接。

(4) SqlCommand 提供了 4 个执行方法:ExecuteNonQuery()、ExecuteScalar()、ExecuteReader()、ExecuteXmlReader()。

命令对象提供的用于执行命令的方法及其含义如表 4-8 所示。

表 4-8 执行命令的方法及其含义

方法	含义
Cancel()	试图取消命令的执行
ExecuteNonQuery()	针对连接执行 SQL 语句并返回受影响的行数
ExecuteScalar()	执行查询,并返回查询所返回的结果集中第一行的第一列。忽略额外的列或行
ExecuteReader()	执行查询,将查询结果返回到数据读取器(DataReader)中
ExecuteXmlReader()	执行查询,将查询结果返回到一个 XmlReader 对象中

① ExecuteNonQuery()方法。用来执行 insert、update、delete 等非查询语句和其他没有返回结果集的 SQL 语句,并返回执行命令后影响的行数。如果 update 和 delete 命令所对应的目标记录不存在,返回 0。如果出错,返回 -1。

```
String cnstr="server=(local);database=student;Integrated Security=true";
SqlConnection cn=new SqlConnection(cnstr);
cn.Open();
string sqlstr="update student set name='Jone' where name='Bill' ";
SqlCommand cmd=new SqlCommand(sqlstr,cn);
cmd.ExecuteNonQuery();
cn.Close();
```

ExecuteNonQuery()方法的返回值是一个整数,代表操作所影响到的行数。

② ExecuteScalar()方法。在许多情况下,需要从 SQL 语句返回一个结果,例如客户表中记录的个数、当前数据库服务器的时间等。ExecuteScalar()方法就适用于这种情况。

ExecuteScalar()方法执行一条 SQL 命令,并返回结果集中的首行首列(执行返回单个值的命令)。如果结果集大于一行一列,则忽略其他部分。根据该特性,这个方法通常用来执行包含 count、sum 等聚合函数的 SQL 语句。

下面的代码读取数据库中 student 表的记录个数,并输出到控制台上。

```
String cnstr="server=(local);database=student; Integrated Security=true";
SqlConnection cn=new SqlConnection(cnstr);
cn.Open();
string sqlstr="select count(*) from student";
SqlCommand cmd=new SqlCommand(sqlstr,cn);
object count=cmd.ExecuteScalar();
Console.WriteLine(count.ToString());
cn.Close();
```

ExecuteScalar()方法的返回值类型是 Object,根据具体需要,可以将它转换为合适的类型。

③ ExecuteReader()方法。ExecuteReader()方法执行命令,并使用结果集填充 DataReader 对象。

ExecuteReader()方法用于执行查询操作,它返回一个 DataReader 对象,通过该对象可以读取查询所得的数据。

ExecuteReader()方法在 Command 对象中用得比较多,通过 DataReader 类型的对象,应用程序能够获得执行 SQL 查询语句后的结果集。该方法的两种定义如下:

ExecuteReader():不带参数,直接返回一个 DataReader 结果集。

ExecuteReader(CommandBehavior behavior):根据 behavior 的取值类型决定 DataReader 的类型。

如果 behavior 取值是 CommandBehavior.SingleRow 这个枚举值,则说明返回的 ExecuteReader 只获得结果集中的第一条数据;如果取值是 CommandBehavior.SingleResult,则说明只返回在查询结果中多个结果集里的第一个。

一般来说,应用代码可以随机访问返回的 ExecuteReader 列,但如果 behavior 取值为 CommandBehavior.SequentialAccess,则说明对于返回的 ExecuteReader 对象只能顺序读取它包含的列。也就是说,一旦读过该对象中的列,就再也不能返回去阅读了。这种操作是以方便性为代价换取读数据时的高效率,需谨慎使用。

```
String cnstr="server=(local);database=student; Integrated Security=true";
SqlConnection cn=new SqlConnection(cnstr);
cn.Open();
string sqlstr="select * from student";
SqlCommand cmd=new SqlCommand(sqlstr,cn);
SqlDataReader dr=cmd.ExecuteReader();
while(dr.Read())
{
    String name=dr["姓名"].ToString();
    Console.WriteLine(name);
}
dr.Close();
```

```
cn.Close();
```

这段代码从数据库的 student 表中读取全部数据,并把该表的"姓名"字段的数据全部输出到控制台上。

④ ExecuteXmlReader()方法。这是 SqlCommand 特有的方法,OleDbCommand 无此方法。该方法执行将返回 XML 字符串的命令。它将返回一个包含所返回的 XML 的 System.Xml.XmlReader 对象。

(5) Command 对象的应用距离。在下面这段代码里,首先根据连接字符串创建一个 SqlConnecdon 连接对象,并用此对象连接数据源;然后创建一个 SqlCommand 对象,并用此对象的 ExecuteNonQuery()方法执行不带返回结果集的 SQL 语句。

```
//连接字符串
private static string strConnect=" data source=localhost;
uid=sa;pwd=aspent;database=LOGINDB"
//根据连接字符串创建 SqlConnection 连接句柄
SqlConnetion objConnection =new SqlConnection(strConnect);
//数据库命令
SqlCommand objCommand =new SqlCommand( " ",objConnection);
//设置 sql 语句
objCommand.CommandText= " INSERT INTO USERS " + " (USERNAME,NICKNAME,USERPASSWORD,
USEREMAIL,USERROLE,CREATDATE,LASTMODIFYDATE) " + " VALUES " +" (@ USERNAME,
@NICKNAME,@USERPASSWORD,@USEREMAIL,@USERROLE,@CREATDATE,@LASTMODIFYDATE)";
//以下省略设置各值的语句
...
try
{
    //打开数据库连接
    if( objConnection.State == ConnectionState. Closed )
    {
        objConnection.Open();
    }
    //获取运行结果,插入数据
    objCommand.ExecuteNonQuery();
    //省略后继动作
    ...
}
catch(SqlException e)
{
    Response.Write(e.Message.ToString());
}
finally
{
    //关闭数据库连接
    if(objConnection.State == ConnectionState.Open)
    {
        objConnection.Close();
    }
}
```

这段代码是连接数据库并执行操作的典型代码。其中,操作数据库的代码均在 try...

catch...finally 结构中,因此代码不仅能正常地操作数据库,还能在发生异常的情况下抛出异常。另外,不论是否发生异常,也不论发生了哪种数据库操作的异常,finally 块里的代码均会被执行,所以,一定能保证代码在访问数据库后关闭连接。

而在下面的代码里,将使用 Command 对象执行查询类的 SQL 语句,并将结果集赋给 DataRead 对象。

```
private static string strConnect=" data source=localhost;
uid=sa;pwd=aspent;database=LOGINDB"
SqlConnetion objConnection =new SqlConnection(strConnect);
SqlCommand objCommand =new SqlCommand( " ",objConnection);
//设置 SQL 语句
objCommand.CommandText= "SELECT * FROM USERS ";
try
{
    //打开数据库连接
    if( objConnection.State == ConnectionState.Closed )
       objConnection.Open();
    //获取运行结果
    SqlDataReader result=objCommand.ExecuteReader();
    //省略后继动作
    ...
}
catch(SqlException e)
{
    Response.Write(e.Message.ToString());
}
finally
{
    //关闭数据库连接
    if(objConnection.State == ConnectionState.Open)
    {
        objConnection.Close();
    }
}
```

这里用到 DataReader 对象来获得结果集,如果仅仅想返回查询结果集的第一行第一列的值,可以将"SqlDataReader result = objCommand.ExecuteReader();"改成"objCommand.ExecuteScalar().ToString();"。

4.3.4　使用 DataSet 对象

1. 要求和目的

(1) 要求:设计制作一个读取数据库的程序,能够显示数据表的内容。

(2) 目的:掌握 Sqlconnection 连接对象的用法;掌握 DataSet 对象的用法;掌握 bindingSource 和 dataGridView 控件的用法。

2. 设计步骤

（1）打开 Visual Studio 2022 编程环境，新建一个名称为 4-3-4 的项目。在窗体界面中拖入一个 dataGridView 控件，将该控件的 dock 属性设置为 Fill。然后拖入一个 bindingSource 控件，如图 4-32 所示。

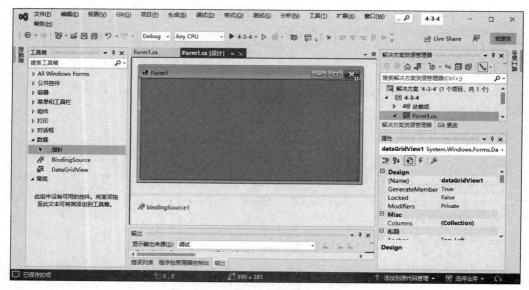

图 4-32　设计界面

（2）首先定义窗体的公共变量，代码如下。

代码 4-4　定义窗体的公共变量

```
private SqlConnection con;
private SqlDataAdapter da;
private DataSet ds;
```

（3）编写窗体的 Form_Load 事件，代码如下。

代码 4-5　窗体的 Form_Load 事件

```
private void Form1_Load(object sender, EventArgs e)
{
  string ConnString = "Data Source=.;Initial Catalog=db1;Integrated Security=SSPI;";
  SqlConnection con = new SqlConnection(ConnString);
  con.Open();
  string cmdstring = " Select * from table_1 order by id asc";
  SqlDataAdapter da = new SqlDataAdapter(cmdstring,con);
  DataSet ds = new DataSet();
  da.Fill(ds);
  bindingSource1.DataSource = ds.Tables[0];
  dataGridView1.DataSource = bindingSource1;
}
```

（4）在 Visual Studio 2022 编程环境中，选择"调试"→"开始调试"命令，运行程序，如图 4-33 所示。

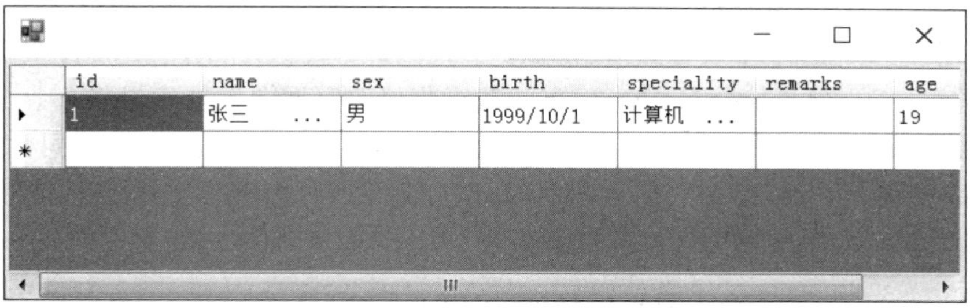

图 4-33　程序运行效果

3. 相关背景知识

（1）DataSet 介绍。数据集 DataSet 是断开与数据源的连接时可以被使用的数据记录在内存中的缓存，可以把数据集 DataSet 看作是内存中的数据库，它在应用程序中对数据的支持功能十分强大。DataSet 一经创建，就能在应用程序中充当数据库的位置，为应用程序提供数据支持。

数据集 DataSet 的数据结构可以在.NET 开发环境中通过向导完成，也可以通过代码来增加表、数据列、约束以及表之间的关系。数据集 DataSet 中的数据既可以来自数据源，也可以通过代码直接向表中增加数据行。数据集 DataSet 类似一个客户端内存中的数据库，可以在这个数据库中增加、删除数据表，可以定义数据表结构和表之间的关系，可以增加、删除表中的行。

数据集 DataSet 不考虑其中的表结构和数据是来自数据库、XML 文件还是程序代码，因此数据集 DataSet 不维护到数据源的连接，这缓解了数据库服务器和网络的压力。可以将数据集 DataSet 的特点总结为四点。

① 使用数据集对象 DataSet 无须与数据库直接交互。
② DataSet 对象是存储从数据库检索到的数据的对象。
③ DataSet 对象是零个或多个表对象的集合，这些表对象由数据行和列、约束和有关表中数据关系的信息组成；
④ DataSet 对象既可容纳数据库的数据，也可以容纳非数据库的数据源。

（2）在不连接的数据模型中，每次数据库应用程序需要处理下一条记录时都连接回数据库是不可行的，这样做会大大消除使用不连接数据的优越性。解决方案是临时存储从数据库检索的记录，然后使用该临时集。这便是数据集的概念。数据集 DataSet 是从数据库检索的记录的缓存。数据集 DataSet 中包含一个或多个表（这些表基于源数据库中的表），并且还可以包含有关这些表之间的关系，以及对表包含数据的约束信息。数据集 DataSet 的数据通常是源数据库内容的子集，可以用与操作实际数据库十分类似的方式操作数据集 DataSet，但操作时，将保持与源数据库的不连接状态，使数据库可以自由执行其他任务。

因为数据集 DataSet 是数据库数据的私有子集，所以它不一定反映源数据库的当前状态，因此，需要经常更新数据集 DataSet 中的数据。可以修改数据集 DataSet 中的数据，然后把这些修改写回到源数据库。为了从源数据库获取数据和将修改写回源数据库，请使用数据适配器 DataAdapter 对象。数据适配器 DataAdapter 对象包含更新数据集 DataSet 和将修改写回源数据库的方法。DataAdapter.Fill() 方法执行更新数据集 DataSet 操作。DataAdapter.Update() 方法执行将修改写回源数据库操作。

尽管数据集是作为从数据库获取的数据的缓存，但数据集与数据库之间没有任何实际关系。数据集是容器，它用数据适配器的 SQL 命令或存储过程填充。

（3）DataSet 对象常用的属性方法和事件。DataSet 对象常用的属性如表 4-9 所示。

表 4-9　DataSet 对象常用的属性

属 性 名	属 性 说 明
CaseSensitive	用于控制 DataTable 中的字符串比较是否区分大小写
DataSetName	当前 DataSet 的名称。如果不指定，则该属性值设置为"NewDataSet"。如果将 DataSet 内容写入 XML 文件，DataSetName 是 XML 文件的根节点名称
DesignMode	如果在设计时使用组件中的 DataSet，DesignMode 返回 true，否则返回 false
HasErrors	表示 DataSet 中的 DataRow 对象是否包含错误。如果将一批更改提交给数据库并将 DataAdapter 对象的 ContinueUpdateOnError 属性设置为 true，则在提交更改后必须检查 DataSet 的 HasErrors 属性，以确定是否有更新失败
Relations	返回一个 DataRelationCollection 对象
Tables	检查现有的 DataTable 对象

DataSet 对象常用的方法如表 4-10 所示。

表 4-10　DataSet 对象常用的方法

方 法 名	方 法 说 明
AcceptChanges() 和 RejectChanges()	接受或放弃 DataSet 中所有的挂起更改。调用 AcceptChanges() 方法时，RowState 属性值为 Added 或 Modified 的所有行的 RowState 属性都将被设置为 UnChanged，任何标记为 Deleted 的 DataRow 对象将从 DataSet 中删除。调用 RejectChanges() 方法时，任何标记为 Added 的 DataRow 对象将会被从 DataSet 中删除，其他修改过的 DataRow 对象将返回前一状态
Clear()	清除 DataSet 中所有的 DataRow 对象。该方法比释放一个 DataSet 并接着创建一个相同结构的新 DataSet 要快
Copy() 和 Clone()	使用 Copy() 方法会创建与原 DataSet 具有相同结构和相同行的新 DataSet。使用 Clone() 方法会创建具有相同结构的新 DataSet，但不包含任何行
GetChanges()	返回与原 DataSet 对象具有相同结构的新 DataSet，并且还包含原 DataSet 中所有挂起更改的行
GetXml() 和 GetXmlSchema()	使用 GetXml() 方法得到由 DataSet 的内容与它的架构信息转换为 XML 格式后的字符串。如果只希望返回架构信息，可以使用 GetXmlSchema() 方法
HasChange()	表示 DataSet 中是否包含挂起更改的 DataRow 对象

续表

方 法 名	方 法 说 明
Merge()	从另一个 DataSet、DataTable 或现有 DataSet 中的一组 DataRow 对象中载入数据
ReadXml()和 WriteXml()	使用 ReadXml()方法从文件、TextReader、数据流或者 XmlReader 中将 XML 数据载入 DataSet 中
Reset()	将 DataSet 返回为未初始化状态。如果想放弃现有 DataSet 并且开始处理新的 DataSet,使用 Reset()方法比创建一个 DataSet 的新实例好

DataSet 对象常用的事件如表 4-11 所示。

表 4-11　DataSet 对象常用的事件

事 件 名	事 件 说 明
MergeFailed	在 DataSet 的 Merge()方法发生一个异常时触发该事件

任务 4.4　设计制作图书管理系统

4.4.1　图书管理系统整体功能设计

图书馆作为一种信息资源的集散地,图书和用户借阅资料繁多,包含很多的信息数据的管理。根据调查得知,图书馆以前对信息管理的主要方式是基于文本、表格等纸介质的手工处理,对于图书借阅情况(如借书天数、超过限定借书时间的天数)的统计和核实等往往采用对借书卡的人工检查进行,对借阅者的借阅权限,以及借阅天数等用人工计算、手抄进行。数据信息处理工作量大,容易出错。由于数据繁多,容易丢失,且不易查找。总的来说,缺乏系统规范的信息管理手段。尽管有的图书馆有计算机,但是尚未用于信息管理,没有发挥它的效力,资源闲置比较突出。因此,需要设计一套规范、高效的图书管理系统,以提高图书管理效率。

本项目将设计制作一套图书管理系统,功能包括用户管理、图书管理和借阅管理。其中图书管理包括入库管理、更新管理和图书检索。

图书管理系统的功能结构如图 4-34 所示。

本项目包含的功能界面具体如下:

(1) 关于我们界面 AboutBox.cs。

(2) 添加图书信息界面 frmAddBook.cs。

(3) 图书封面管理界面 frmBookPic.cs。

(4) 借阅图书界面 frmIssueBook.cs。

(5) 系统登录界面 frmLogin.cs。

(6) 系统管理主界面 FrmMain.cs。

(7) 图书检索界面 frmSearchBook.cs。

（8）图书更新界面 frmUpdateBook.cs。

本项目的工程文件列表如图 4-35 所示。

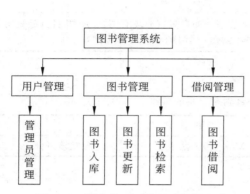

图 4-34　图书管理系统的功能结构　　　　图 4-35　项目工程文件列表

4.4.2　图书管理系统数据库设计

1. 数据库设计

本系统采用 SQL Server 2022 作为后台数据库，数据库名为 book。本系统的数据库包括 3 个数据表，分别为图书信息数据表 bookinfo、借阅信息数据表 IssueInfo、用户信息数据表 userinfo。数据表的列表结构如图 4-36 所示。

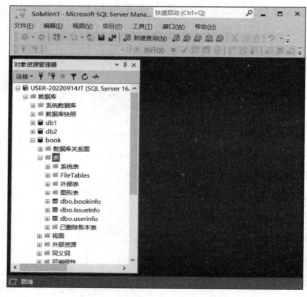

图 4-36　数据表的列表结构

2. 数据表设计

（1）图书信息数据表 bookinfo 的设计界面如图 4-37 所示。

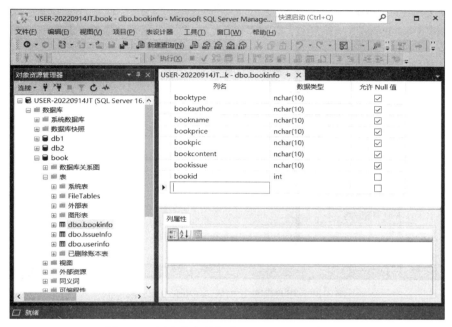

图 4-37　图书信息数据表 bookinfo 的设计界面

（2）图书借阅信息数据表 IssueInfo 的设计界面如图 4-38 所示。

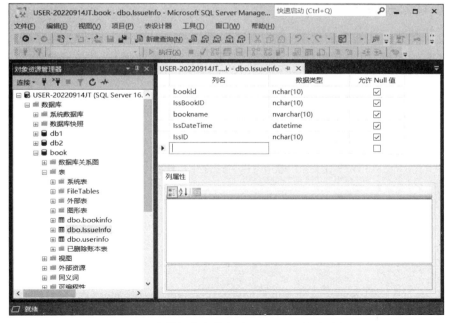

图 4-38　图书借阅信息数据表 IssueInfo 的设计界面

(3) 用户信息数据表 userinfo 的设计界面如图 4-39 所示。

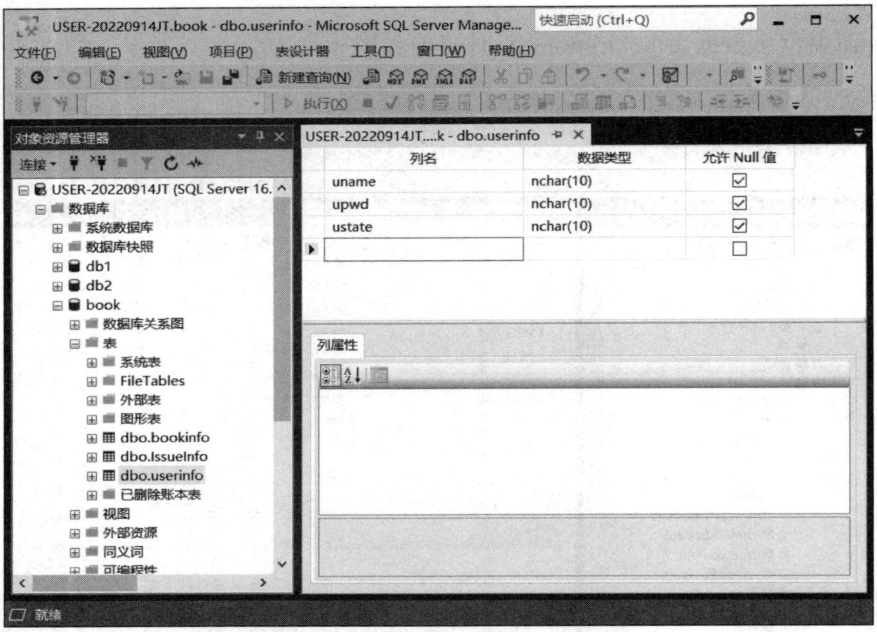

图 4-39 用户信息数据表 userinfo 的设计界面

4.4.3 图书管理系统详细设计

1. 设计公共类

在设计具体的功能界面之前,首先需要对系统的公共类进行设计。本系统中设计了一个数据库访问类,用于对数据库的查询、修改、删除和修改操作,类名是 DataAccess.cs。该类的代码如下。

代码 4-6 系统公共数据库访问类

```
class DataAccess
{
private static string ConnectString = "Data Source=localhost;Initial Catalog=Book;Integrated Security=true";//数据库连接字符串
///<summary>
///根据表名获取数据集的表
///</summary>
///<param name="table"></param>
///<returns></returns>
public static DataTable GetDataSetByTableName(string table)
{
    using (SqlConnection con = new SqlConnection(ConnectString))
    //创建数据库连接对象
    {
```

```csharp
            string sql = "select * from " + table + "";       //查询 SQL 语句
            try
            {
                SqlDataAdapter adapter = new SqlDataAdapter(sql,con);
                //创建适配器对象
                DataSet ds = new DataSet();                   //创建数据集对象
                adapter.Fill(ds,"table");                     //填充数据集
                return ds.Tables[0];                          //返回数据表
            }
            catch (SqlException ex)
            {
                //异常处理
                throw new Exception(ex.Message); ;
            }
        }
    }
    ///<summary>
    ///根据 SQL 语句获取数据集对象
    ///</summary>
    ///<param name="sql"></param>
    ///<returns></returns>
    public static DataSet GetDataSetBySql(string sql)
    {
        using (SqlConnection con = new SqlConnection(ConnectString))
        //创建数据库连接对象
        {
            SqlDataAdapter adapter = new SqlDataAdapter(sql,con);  //创建适配器对象
            DataSet ds = new DataSet();                            //创建数据集对象
            try
            {
                adapter.Fill(ds);                                  //填充数据集
                return ds;                                         //返回数据集
            }
            catch (SqlException ex)
            {
                throw new Exception(ex.Message);
            }
        }
    }
    ///<summary>
    ///根据 id 值获取 DataReader 对象
    ///</summary>
    ///<param name="id"></param>
    ///<returns></returns>
    public static SqlDataReader GetDataReaderByID(int id)
    {
        using (SqlConnection con = new SqlConnection(ConnectString))
        {
            string sql = "select * from bookinfo where bookid=" + id;     //SQL 语句
```

```csharp
            try
            {
                SqlCommand comm = new SqlCommand(sql,con);         //创建 Command 对象
                con.Open();                                        //打开连接
                SqlDataReader reader = comm.ExecuteReader();       //创建 DataReader 对象
                reader.Read();                                     //读取数据
                return reader;                                     //返回 DataReader
            }
            catch (SqlException ex)
            {
                throw new Exception(ex.Message);
            }
        }
    }
    ///<summary>
    ///更新数据
    ///</summary>
    ///<param name="sql"></param>
    ///<returns></returns>
    public static bool UpdateDataTable(string sql)
    {
        using (SqlConnection con = new SqlConnection(ConnectString))
        {
            try
            {
                con.Open();                                        //打开连接
                SqlCommand comm = new SqlCommand(sql,con);         //创建 Command 对象
                if (comm.ExecuteNonQuery() > 0)                    //执行更新
                {
                    return true;
                }
                else
                {
                    return false;
                }
            }
            catch (SqlException ex)
            {
                throw new Exception(ex.Message);
            }
        }
    }
    ///<summary>
    ///根据数据集和 SQL 语句更新数据库
    ///</summary>
    ///<param name="ds"></param>
    ///<param name="sql"></param>
    public static void UpdateDataSet(DataSet ds,string sql)
    {
```

```
using (SqlConnection con = new SqlConnection(ConnectString))
{
    try
    {
        SqlDataAdapter adapter = new SqlDataAdapter(sql,con);   //创建适配器
        SqlCommandBuilder builder = new SqlCommandBuilder(adapter);
        //根据适配器自动生成表单
        adapter.Update(ds,"table");                              //更新数据库
    }
    catch (SqlException ex)
    {
        throw new Exception(ex.Message);
    }
}
```

2. 设计制作用户登录界面

用户登录界面的设计步骤为：拖入 3 个 Label 控件，分别作为"用户名""密码"和"用户类型"。拖入 2 个 TextBox 控件，其中作为密码的 TextBox 控件的"PasswordChar 属性"设置为"*"。最后拖入 2 个 Button 控件，分别作为"登录"和"取消"按钮。设计界面如图 4-40 所示。

图 4-40　用户登录的设计界面

双击"登录"按钮，进入该按钮的单击事件，编写代码如下。

代码 4-7　"登录"按钮的单击事件

```
private void btnLogin_Click(object sender,EventArgs e)
```

```
{
    //验证通过
    if (Validate())
    {
        string state = this.cboUserType.Text;
        int num;
        if (state.Equals("管理员"))           //判断用户角色
            num = 1;
        else
            num = 2;
        //定义查询语句
        string sql = string.Format("select * from userinfo where uname='{0}'and upwd='{1}' and ustate={2}", this.txName.Text.Trim(), this.txtPwd.Text.Trim(), num);
        DataSet ds = DataAccess.GetDataSetBySql(sql);
        if (ds.Tables[0].Rows.Count > 0)
        {
            MessageBox.Show("登录成功");
            this.Visible = false;
            FrmMain fm = new FrmMain();
            fm.Show();
        }
        else
            MessageBox.Show("用户名或密码错误");
    }
}
```

代码4-7中调用了Validate()方法,编写该方法的代码如下。

代码4-8 Validate()方法

```
//验证方法
private bool Vaildate()
{
    if (this.txName.Text != string.Empty && this.txtPwd.Text != string.Empty)
        return true;
    else
        MessageBox.Show("用户名或密码不能为空");
    return false;
}
```

编写登录窗体的Form_Load事件,代码如下。

代码4-9 窗体的Form_Load事件

```
private void frmLogin_Load(object sender, EventArgs e)
{
    this.cboUserType.SelectedIndex = 0;
}
```

3. 设计制作管理主界面

在用户登录界面,输入正确的"用户名"和"密码"之后,会登录到"管理主界面"。管理主界面的设计界面如图 4-41 所示。

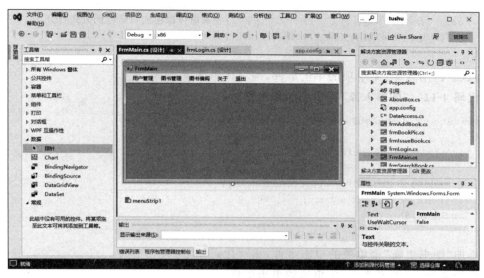

图 4-41　管理主界面的设计界面

管理主界面的设计步骤为：首先拖入一个 menuStrip 菜单控件，设置菜单项如表 4-12 所示。

表 4-12　菜单项

一级菜单项	二级菜单项
用户管理	管理员登录
	退出
图书管理	图书入库
	图书更新
	图书检索
图书借阅	图书借阅
关于	无
退出	无

首先添加窗体的公共变量，编写代码如下。

代码 4-10　窗体的公共变量

public static DialogResult result;

添加"管理员登录"菜单项的单击事件，编写代码如下。

代码 4-11　"管理员登录"菜单项的单击事件

```
private void 用户登录 ToolStripMenuItem_Click(object sender,EventArgs e)
{
    //检测该窗口是否处于打开状态
    if (this.checkchildfrm("frmLogin") == true)
```

```
        return;                          //窗口已经打开,返回
    frmLogin user = new frmLogin();      //实例化登录窗体
    user.ShowDialog();                   //登录窗体以模式对话框的方式打开
    //判断是否登录成功,登录成功,则启用相应的菜单和按钮
}
```

添加"图书入库"菜单项的单击事件,编写代码如下。

代码 4-12　"图书入库"菜单项的单击事件

```
private void mnuAddBook_Click(object sender,EventArgs e)
{
    if (this.checkchildfrm("frmAddBook") == true)
        return;
    frmAddBook objbook = new frmAddBook();
    objbook.MdiParent = this;
    objbook.Show();
}
```

添加"图书更新"菜单项的单击事件,编写代码如下。

代码 4-13　"图书更新"菜单项的单击事件

```
private void mnuUpdateBook_Click(object sender,EventArgs e)
{
    if (this.checkchildfrm("frmUpdateBook") == true)
        return;
    frmUpdateBook objbook = new frmUpdateBook();
    objbook.MdiParent = this;
    objbook.Show();
}
```

添加"图书检索"菜单项的单击事件,编写代码如下。

代码 4-14　"图书检索"菜单项的单击事件

```
private void 图书检索ToolStripMenuItem_Click(object sender,EventArgs e)
{
    if (this.checkchildfrm("frmSearchBook") == true)
        return;
    frmSearchBook book = new frmSearchBook();
    book.MdiParent = this;
    book.Show();
}
```

添加"图书借阅"菜单项的单击事件,编写代码如下。

代码 4-15　"图书借阅"菜单项的单击事件

```
private void 图书ToolStripMenuItem_Click(object sender,EventArgs e)
{
    if (this.checkchildfrm("frmIssueBook") == true)
        return;
    frmIssueBook issuebook = new frmIssueBook();
    issuebook.MdiParent = this;
    issuebook.Show();
}
```

4. 设计制作"图书入库"界面

"图书入库"的功能是显示现有的图书信息，并可以添加新的图书信息，设计界面如图 4-42 所示。图书入库界面的设计步骤为：首先拖入 2 个 GroupBox 控件，分别作为"插入详细信息"和"图书详细信息显示"。在插入详细信息部分，拖入几个 Label 控件，分别作为"类别""书名""作者""价格""封面""内容简介"和"指定访问码"。在图书详细信息部分拖入 1 个 dataGridView 控件；最后拖入 2 个 Button 控件，分别作为"插入"和"退出"按钮。

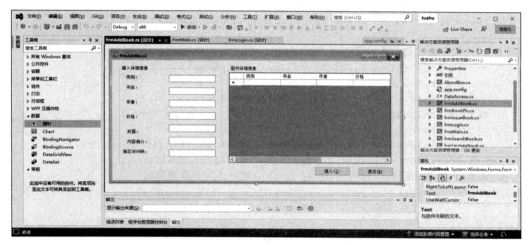

图 4-42 "图书入库"的设计界面

单击 dataGridView 控件右上角的智能标签，选择编辑列，编辑 dataGridView 控件的列，如图 4-43 所示。

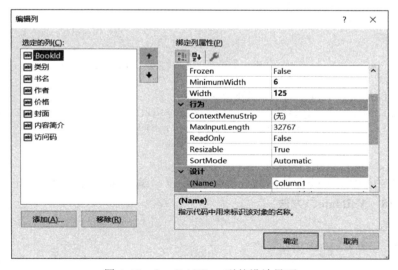

图 4-43 dataGridView 列的设计界面

111

首先编写窗体的 Form_Load 事件，编写代码如下。

代码 4-16　窗体的 Form_Load 事件

```csharp
private void frmAddBook_Load(object sender,EventArgs e)
{
    DataSet ds = DataAccess.GetDataSetBySql("select * from BookInfo");
    this.dataGridView1.DataSource = ds.Tables[0];
}
```

双击"插入图书信息"的按钮，进入该按钮的单击事件，编写代码如下。

代码 4-17　"插入图书信息"按钮的单击事件

```csharp
private void btnInsertBkDt_Click(object sender,EventArgs e)
{
    //定义变量接收控件的值
    string booktype = this.txtType.Text.ToString();
    string bookname = this.txtName.Text.ToString();
    string bookauthor = this.txtAuthor.Text.ToString();
    Double bookprice = Convert.ToDouble(this.txtPrice.Text);
    string bookpic = this.txtPic.Text.ToString();
    string bookcontent = this.txtContent.Text.ToString();
    int bookissue = Convert.ToInt32(this.txtIssue.Text);
    //如果数据验证通过,则调用 DataAccess 类的方法实现添加功能
    if (Validate())
    {
        //SQL 语句
        string sql = string.Format("insert into bookinfo values('{0}','{1}','{2}',{3}','{4}','{5}',{6})", booktype, bookauthor, bookname, bookprice, bookpic, bookcontent, bookissue);
        if (DataAccess.UpdateDataTable(sql))      //调用更新方法
        {
            MessageBox.Show("添加成功","提示",MessageBoxButtons.OK);
        }
        else
        {
            MessageBox.Show("添加失败","提示",MessageBoxButtons.OK);
        }
        //DataGridView 控件显示数据
        DataSet ds = DataAccess.GetDataSetBySql("select * from BookInfo");
        this.dataGridView1.DataSource = ds.Tables[0];
    }
}
```

代码 4-17 中调用了验证数据的方法 Vaildate()，编写该方法的代码如下。

代码 4-18　Vaildate()方法

```csharp
//数据验证
private bool Vaildate()
{
    if (this.txtType.Text != string.Empty && this.txtName.Text != string.Empty
        && this.txtAuthor.Text != string.Empty && this.txtContent.Text != string.
```

```
Empty && this.txtIssue.Text != string.Empty && this.txtPrice.Text != string.
Empty)
    return true;
else
    MessageBox.Show("请输入完整的信息");
return false;
}
```

5. 设计制作"图书更新"界面

"图书更新"功能的设计界面如图 4-44 所示。"图书更新"界面的功能是显示"图书详细信息",并对"图书信息"进行更新。

图 4-44 "图书更新"的设计界面

"图书更新"界面的设计步骤为:首先拖入 2 个 GroupBox 控件,分别作为"图书详细信息"和"更新图书信息"。在图书详细信息部分,拖入 1 个 DataGridView 控件;然后拖入 1 个 Button 控件,作为"保存修改"按钮。在"更新图书信息"部分,拖入几个 Label 控件和几个 TextBox 控件,分别作为"图书编号""图书价格""图书类型""图书封面""图书名字""图书内容""图书作者""访问码";最后拖入 4 个 Button 控件,分别作为"更新封面""更新""删除"和"关闭"按钮。

首先定义窗体的公共变量,编写代码如下。

代码 4-19 窗体的公共变量

```
DataSet ds = new DataSet();
```

编写窗体的 Form_Load 事件,编写代码如下。

代码 4-20 窗体的 Form_Load 事件

```
private void frmUpdateBook_Load(object sender, EventArgs e)
{
    string sql = "select * from bookinfo";
    ds = DataAccess.GetDataSetBySql(sql);
```

```
            this.dgvBookInfo.DataSource = ds.Tables[0];
            this.txtbID.Enabled = false;
}
```

编写 DataGridView 控件的 CellClick 事件的代码如下。

代码 4-21　DataGridView 控件的 CellClick 事件

```
private void dgvBookInfo_CellClick(object sender,DataGridViewCellEventArgs e)
{
    //获得当前单击时的行索引号
    int index = this.dgvBookInfo.CurrentCell.RowIndex;
    //通过索引号获得值并赋予相应的文本框显示
    this.txtbID.Text = this.dgvBookInfo.Rows[index].Cells[0].Value.ToString().Trim();
    this.txtbType.Text = this.dgvBookInfo.Rows[index].Cells[1].Value.ToString().Trim();
    this.txtbName.Text = this.dgvBookInfo.Rows[index].Cells[2].Value.ToString().Trim();
    this.txtAuthor.Text = this.dgvBookInfo.Rows[index].Cells[3].Value.ToString().Trim();
    this.txtbPrice.Text = this.dgvBookInfo.Rows[index].Cells[4].Value.ToString().Trim();
    this.txtbPic.Text = this.dgvBookInfo.Rows[index].Cells[5].Value.ToString().Trim();
    this.txtbContent.Text = this.dgvBookInfo.Rows[index].Cells[6].Value.ToString();
    this.txtIssueID.Text = this.dgvBookInfo.Rows[index].Cells[7].Value.ToString();
}
```

编写"保存修改"按钮的单击事件的代码如下。

代码 4-22　"保存修改"按钮的单击事件

```
private void btnSave_Click(object sender,EventArgs e)
{
    string sql = "select * from BookInfo";
    DialogResult result = MessageBox.Show("确实要将修改保存到数据库吗?","操作提示",MessageBoxButtons.OKCancel,MessageBoxIcon.Question);
    if (result == DialogResult.OK)
    {
      DataAccess.UpdateDataSet(ds,sql);
      MessageBox.Show("保存成功");
    }
    this.dgvBookInfo.DataSource = DataAccess.GetDataSetBySql(sql).Tables[0];
}
```

编写"更新封面信息"按钮的单击事件的代码如下。

代码 4-23　"更新封面信息"按钮的单击事件

```
private void btnUpdatePic_Click(object sender,EventArgs e)
```

```csharp
{
    string pic = this.txtbPic.Text.ToString();
    int bookid = Convert.ToInt32(this.txtbID.Text);
    frmBookPic bookpic = new frmBookPic();
    bookpic.ShowContent(bookid,pic);
    bookpic.ShowDialog();
}
```

编写"更新"按钮的单击事件的代码如下。

代码 4-24 "更新"按钮的单击事件

```csharp
private void btnUpdate_Click(object sender,EventArgs e)
{
    string booktype = this.txtbType.Text.ToString();
    string bookname = this.txtbName.Text.ToString();
    string bookauthor = this.txtAuthor.Text.ToString();
    Double bookprice = Convert.ToDouble(this.txtbPrice.Text);
    string bookpic = this.txtbPic.Text.ToString();
    string bookcontent = this.txtbContent.Text.ToString();
    int bookissue = Convert.ToInt32(this.txtIssueID.Text);
    string sql = string.Format("update bookInfo set BookType='{0}',BookName='{1}',BookAuthor='{2}',BookPrice={3},BookPic='{4}',BookContent='{5}',BookIssue={6} where BookID={7}", booktype, bookname, bookauthor, bookprice, bookpic,bookcontent,bookissue,Convert.ToInt32(this.txtbID.Text));
    if (DataAccess.UpdateDataTable(sql))
    {
        MessageBox.Show("更新成功","提示",MessageBoxButtons.OK);
    }
    else
    {
        MessageBox.Show("更新失败","提示",MessageBoxButtons.OK);
    }
}
```

编写"删除"按钮的单击事件的代码如下。

代码 4-25 "删除"按钮的单击事件

```csharp
private void btnDel_Click(object sender,EventArgs e)
{
    DataSet ds = DataAccess.GetDataSetBySql("select * from IssueInfo where BookID=" + Convert.ToInt32(this.txtbID.Text) + "");
    if (ds.Tables[0].Rows.Count > 0)
    {
        MessageBox.Show("此书有借阅,不能删除");
        return;
    }
    else
    {
        string sql = "delete from bookInfo where BookID=" + this.txtbID.Text + "";
```

```
            if (DataAccess.UpdateDataTable(sql))
            {
                MessageBox.Show("删除成功","提示",MessageBoxButtons.OK);
            }
            else
            {
                MessageBox.Show("删除失败","提示",MessageBoxButtons.OK);
            }
        }
        this.txtAuthor.Text = "";
        this.txtbContent.Text = "";
        this.txtbID.Text = "";
        this.txtbName.Text = "";
        this.txtbPic.Text = "";
        this.txtbPrice.Text = "";
        this.txtbType.Text = "";
    }
```

6. 设计制作"图书检索"界面

"图书检索"功能的设计界面如图4-45所示。"图书检索"界面的功能是按照检索条件查询图书,并显示图书的详细信息。

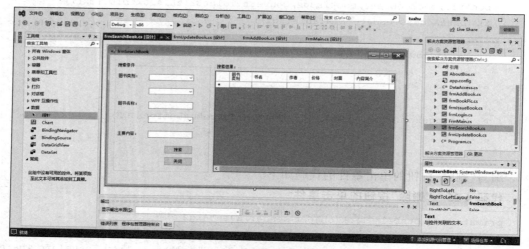

图4-45 "图书检索"功能的设计界面

"图书检索"界面的设计步骤为:首先拖入2个groupBox控件,分别作为"搜索条件"和"搜索结果"。在"搜索条件"部分拖入3个Label控件,分别用于"图书类别""图书名称"和"主要内容";然后拖入3个ComboBox控件和2个TextBox控件;最后拖入2个Button控件,作为"搜索"和"关闭"按钮。在"搜索结果"部分拖入1个DataGridView控件,单击该控件右上角的智能标签,选择"编辑列"命令,编辑该控件的列,如图4-46所示。

编写"图书检索"窗体的Form_Load事件的代码如下。

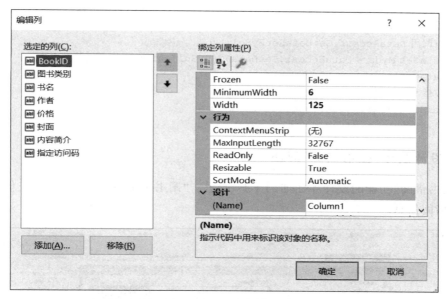

图 4-46　DataGridView 控件中编辑列的界面

代码 4-26　"图书检索"窗体的 Form_Load 事件

```
private void frmSearchBook_Load(object sender,EventArgs e)
{
    //图书类别组合框初始化
    DataSet Myds = DataAccess.GetDataSetBySql("select distinct BookType from bookInfo");
    DataTable table = Myds.Tables[0];
    for (int i = 0; i < table.Rows.Count; i++)
    {
        this.cboType.Items.Add(table.Rows[i][0].ToString().Trim());
    }
    cboType.SelectedIndex = 0;
    this.cboOR.SelectedIndex = 0;
    this.cboAnd.SelectedIndex = 0;
}
```

编写"搜索"按钮的单击事件的代码如下。

代码 4-27　"搜索"按钮的单击事件

```
private void btnSerch_Click(object sender,EventArgs e)
{
    string cbo1 = this.cboOR.Text;
    string cbo2 = this.cboAnd.Text;
    string booktype = cboType.Text;
    string bookname = this.txtName.Text;
    string bookcontent = this.txtContent.Text;
    //定义 SQL 语句
    string sql = "select * from bookInfo where BookType='" + booktype + "' " +
```

```
        cbo1 + " BookName like '%" + bookname + "%' " + cbo2 + " BookContent like '%" +
        bookcontent + "%'";
        //调用 DataAccess.GetDataSetBySql()方法
        DataSet Myds = DataAccess.GetDataSetBySql(sql);
        DataTable table = Myds.Tables[0];
        //指定数据源
        this.dgvSearchBook.DataSource = table;
    }
```

7. 设计制作"图书借阅"界面

"图书借阅"功能的设计界面如图 4-47 所示。"图书借阅"的功能包括提交借阅信息及显示借阅信息。

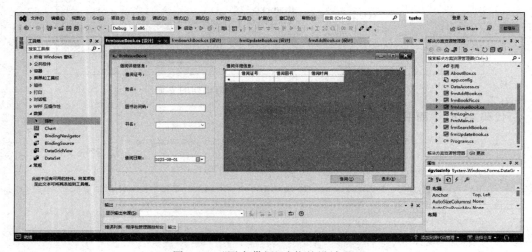

图 4-47 "图书借阅"功能的设计界面

"图书借阅"界面的设计步骤为：首先拖入两个 GroupBox 控件，分别作为"借阅详细信息录入"和"借阅详细信息显示"。在"借阅详细信息录入"部分拖入 5 个 Label 控件，然后拖入 3 个 TextBox 控件，再拖入 1 个 ComboBox 控件，最后拖入 1 个 dateTimePicker 控件。在"借阅详细信息显示"部分拖入 1 个 DataGridView 控件；最后拖入 2 个 Button 控件，分别作为"借阅"和"退出"按钮。

首先定义窗体的公共变量，代码如下。

代码 4-28   定义窗体的公共变量

```
DataSet da;
```

编写窗体的 Form_Load 事件的代码如下。

代码 4-29   窗体的 Form_Load 事件

```
private void frmIssueBook_Load(object sender,EventArgs e)
{
    DataSet ds = DataAccess.GetDataSetBySql (" select BookInfo. BookID, BookInfo.
    BookName, IssueInfo. IssBookID, IssueInfo. IssDateTime from IssueInfo, BookInfo
```

```
    where BookInfo.BookID=IssueInfo.BookID");
    this.dgvIssInfo.DataSource = ds.Tables[0];
    da = DataAccess.GetDataSetBySql("select * from bookinfo");
    this.cboBookName.DataSource = da.Tables[0];
    this.cboBookName.DisplayMember = "BookName";
    this.cboBookName.ValueMember = "BookID";
}
```

编写"书名 ComboBox 控件"的 SelectedIndexChanged 事件的代码如下。

代码 4-30 "ComboBox 控件"的 SelectedIndexChanged 事件

```
private void cboBookName_SelectedIndexChanged(object sender,EventArgs e)
{
    foreach (DataRow objRow in da.Tables[0].Rows)
    {
        if (string.Compare(cboBookName.Text,objRow["BookName"].ToString(),true) == 0)
        {
            this.txtBookAccessCode.Text = objRow["BookIssue"].ToString();
            this.txtAuthor.Text = objRow["BookAuthor"].ToString();
        }
    }
}
```

编写"借阅"按钮的单击事件的代码如下。

代码 4-31 "借阅"按钮的单击事件

```
private void btnIssueBook_Click(object sender,EventArgs e)
{
    int bookid = Convert.ToInt32(this.cboBookName.SelectedValue);
    int issid = Convert.ToInt32(this.txtIssID.Text);        //借阅证号
    DateTime date = Convert.ToDateTime(this.dateTimePicker1.Text);
    string sql = string.Format("insert into IssueInfo values({0},{1},'{2}')",
        bookid,issid,date);
    if (DataAccess.UpdateDataTable(sql))
    {
        MessageBox.Show("借阅成功");
    }
    DataSet data = DataAccess.GetDataSetBySql("select BookInfo.BookID,BookInfo.
        BookName,IssueInfo.IssBookID,IssueInfo.IssDateTime from IssueInfo,BookInfo
        where BookInfo.BookID=IssueInfo.BookID");
    this.dgvIssInfo.DataSource = data.Tables[0];
}
```

项 目 小 结

本项目设计制作了一个图书管理系统,通过图书管理系统的设计与制作,让读者掌握了 C#开发数据库应用程序的方法。本项目主要介绍了 ADO.NET 进行数据库应用程序开发的各种方法，以及 ADO.NET 最常用对象的使用方法。

项目拓展

读者可以根据本项目的设计制作方法，模仿设计制作一个书库管理系统。

素质提升案例：
王小云的坚持
及专注精神

项目 5　设计制作文件管理系统

文件管理器是 Windows 应用程序常见的功能模块之一。常见的文件管理包括文件的保存、文件的访问(打开)，以及根据不同的使用要求，会涉及文件的创建、移动和删除操作。本项目设计制作一个文件管理器，实现常见的文件操作，包括驱动器操作，以及目录和文件的创建、移动等操作。另外文件读写部分主要涉及文件的读写和存盘操作，通过文件流来实现。文件管理器对于节约时间、提高工作效率、节约资源会起到很好的作用。

知识目标
(1) 了解 C♯ 文件管理的实现方式；
(2) 了解 C♯ 文件管理内置对象的特点；
(3) 了解 C♯ 文件对话框控件的特点。

能力目标
(1) 掌握 C♯ 常见文件操作的实现方法；
(2) 掌握 C♯ 创建文件的编程方法；
(3) 掌握 C♯ 读/写文件的编程方法；
(4) 掌握 C♯ 打开文件及保存文件的编程方法。

素质目标
(1) 引导学生遵守网络道德准则，不断提高个人修养和思想道德水平；
(2) 引导学生树立实事求是、严肃认真、一丝不苟的学习和工作态度；
(3) 树立正确的技能观，推广服务于人民和社会的项目。

任务 5.1　文件管理系统功能总体设计

C♯ 提供了文件操作的强大功能，通过 C♯ 程序的编写，可以实现文件的存储管理、对文件的读写等各种操作。

本项目将使用 C♯ 设计制作文件管理系统，通过本项目的设计制作，让读者掌握使用 C♯ 进行文件操作的方法。

文件管理系统结构如图 5-1 所示。

在 Visual Studio 2022 编程环境中，创建一个名称为 5-1 的 Visual C♯ Windows 窗体应用程序，在窗体界面中拖入 1 个菜单控件 menuStrip1，设计 menuStrip1 的菜单项如表 5-1 所示。

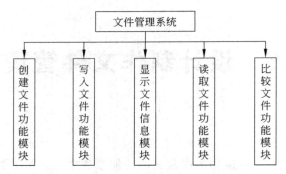

图 5-1　文件管理系统结构图

表 5-1　文件管理系统 menuStrip1 的菜单项的内容

主菜单	二级菜单项	主菜单	二级菜单项
系统管理	退出系统	读写文件	读写文件
创建文件	创建文件	文件比较	文件比较
文件信息	显示信息		

首先设计文件管理系统的整体界面,如图 5-2 所示。

图 5-2　文件管理系统的设计界面

设计制作创建文件功能

任务 5.2　设计制作简单文件管理系统

5.2.1　设计制作创建文件功能

1. 要求和目的

(1) 要求:设计一个文件管理器,能够创建文件,并写入文件内容。
(2) 目的:掌握文件类的使用方法;掌握使用数据流写入文件信息的方法。

2. 设计步骤

（1）在图 5-2 所示的设计界面中，双击菜单"系统管理"的二级菜单项"退出系统"，编写代码如下。

代码 5-1　"退出系统"菜单项的事件

```
private void 退出ToolStripMenuItem_Click(object sender,EventArgs e)
{
    this.Close();
}
```

打开 Visual Studio 2022 编程环境，创建一个名称为 5-1-1 的项目。在新建的窗体上设计如图 5-3 所示的界面。首先拖入 3 个 groupBox 控件，分别作为"输入文件名""输入文件内容"和"控制"按钮使用。在输入文件名部分拖入 1 个 TextBox 控件。在输入文件内容部分拖入 1 个 TextBox 控件，并将该控件的"MultiLine 属性"设置为 True。在控制按钮部分拖入 3 个 Button 控件，分别作为"创建文件""写入内容"和"退出程序"按钮。

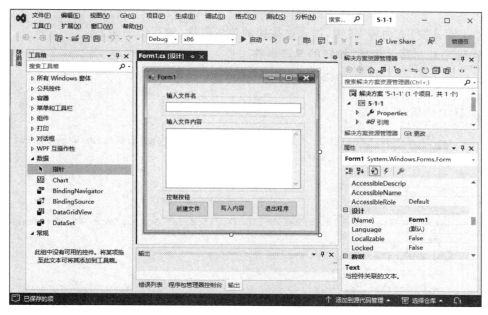

图 5-3　设计界面

（2）在窗体的代码设计界面中首先添加"文件操作"的命名空间调用。

```
using System.IO;
```

（3）双击"创建文件"按钮，进入该按钮的单击事件，编写代码如下。

代码 5-2　"创建文件"按钮的单击事件

```
private void button1_Click(object sender,EventArgs e)
{
    if (textBox1.Text == "")
    {
```

```
        MessageBox.Show(this,"文件名称不能为空!","提示对话框",MessageBoxButtons.
        OK,MessageBoxIcon.Information);
    }
    else if (File.Exists(Application.StartupPath + "\\" + textBox1.Text))
    {
        MessageBox.Show(this,"该文件已存在!","提示对话框",MessageBoxButtons.OK,
        MessageBoxIcon.Information);
    }
    else
    {
        FileStream fs = File.Create(Application.StartupPath + "\\" + textBox1.
        Text);
        //创建文件
        fs.Close();
        MessageBox.Show(this,"成功创建文件!","提示对话框",MessageBoxButtons.OK,
        MessageBoxIcon.Information);
    }
}
```

（4）双击"写入内容"按钮，进入该按钮的单击事件，编写代码如下。

代码5-3　"写入内容"按钮的单击事件

```
private void button2_Click(object sender,EventArgs e)
{
    if (textBox1.Text == "")
    {
        MessageBox.Show(this,"文件名称不能为空!","提示对话框",MessageBoxButtons.
        OK,MessageBoxIcon.Information);
    }
    else
    {
        StreamWriter sw = new StreamWriter(Application.StartupPath + "\\" + textBox1.
        Text);
        sw.Write(textBox2.Text);
        sw.Flush();
        sw.Close();
        MessageBox.Show(this,"成功向文件中写入内容!","提示对话框",MessageBoxButtons.
        OK,MessageBoxIcon.Information);
    }
}
```

（5）双击"退出程序"按钮，进入该按钮的单击事件，编写代码如下。

代码5-4　"退出程序"按钮的单击事件

```
private void button3_Click(object sender,EventArgs e)
{
    this.Close();
    Application.Exit();           //退出程序
}
```

3. 运行并测试程序

在 Visual Studio 2022 编程环境中选择"调试"→"开始调试"命令，运行程序，并输入对应的内容，效果如图 5-4 所示。

单击"创建文件"按钮，会出现"创建文件成功"的提示，如图 5-5 所示。单击"写入内容"按钮，会出现"写入内容成功"的提示，如图 5-6 所示。

图 5-4　程序运行效果

图 5-5　创建文件提示

打开项目的 bin\Debug 文件夹，会发现已创建了一个名为"文件 01.txt"的文件，内容是 001，如图 5-7 所示。

图 5-6　写入内容提示

图 5-7　创建的文件及内容

4. 相关背景知识

（1）常用的文件操作类。文件是存储在外存上数据的集合。操作系统是以文件形式对数据进行管理的。C♯中对文件操作的类的结构如图 5-8 所示。

（2）文件操作类及说明。

- File：提供创建、复制、删除、移动和打开文件的静态方法，并协助创建 FileStream 对象。
- Directory：提供创建、复制、删除、移动和打开目录的静态方法。
- Path：对包含文件或目录路径信息的字符串执行操作。
- FileInfo：提供创建、复制、删除、移动和打开文件的实例方法，并帮助创建 FileSystem 对象。
- DirectoryInfo：提供创建、移动和枚举目录和子目录的实例方法。
- FileStream：指向文件流，支持对文件的读/写，支持随机访问文件。

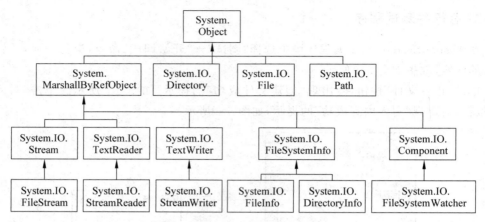

图 5-8　C#文件操作的类的结构

- StreamReader：从流中读取字符数据。
- StreamWriter：向流中写入字符数据。
- FileSystemWatcher：用于监控文件和目录的变化。

(3) 文件与目录类 File 类。为了方便目录和文件操作，系统专门提供了文件类和目录类。.NET 中使用 File 类封装文件的操作，并且所有方法都是静态方法，可以通过类名来调用它们，不必通过创建对象实例。

File 类的常用方法及说明如表 5-2 所示。

表 5-2　File 类的常用方法及说明

方　法	说　明
Append()	打开指定文件并返回一个 StreamWriter 对象。以后可使用这个对象向指定文件中添加文本文件内容
Copy()	复制文件
Create()	创建指定文件并返回一个 FileStream 对象，如果指定的对象存在，则覆盖已有对象
CreateText()	创建指定文件并返回一个 StreamWrite 对象
Delete()	删除指定文件
Exists()	判断文件存在与否
SetAttributes()	设置文件的属性
Move()	把文件移到新的位置
Open()	打开文件并返回 FileStream 对象，用户可使用这个对象对文件进行读/写操作

设计制作
显示文件
信息功能

5.2.2　设计制作显示文件信息功能

1. 要求和目的

(1) 要求：设计制作一个文件显示功能，可以选择文件，并显示选择文件的文件名、大小、最后访问时间、最后修改时间、路径。

（2）目的：掌握文件对话框控件的用法；掌握文件类的使用方法。

2. 设计步骤

（1）打开 Visual Studio 2022 编程环境，新建一个名称为 5-1-2 的项目，在界面中拖入 1 个 ListView 控件，然后拖入 1 个 Label 控件并用于文件名，再拖入 1 个 TextBox 控件，再拖入 1 个 Button 控件并作为"显示"按钮，最后拖入 1 个 openFileDialog 控件并用于"文件对话框"，设计界面如图 5-9 所示。

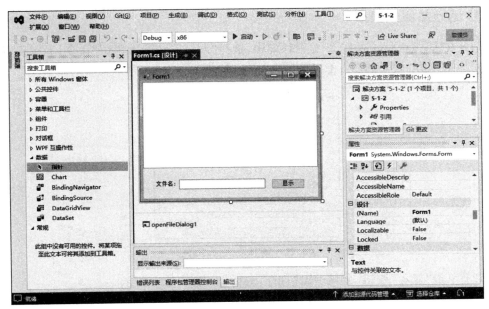

图 5-9　文件信息显示的设计界面

（2）双击"显示"按钮，进入该按钮的单击事件，编写代码如下。

代码 5-5　"显示"按钮的单击事件

```
private void button1_Click(object sender, EventArgs e)
{
    if (openFileDialog1.ShowDialog() == DialogResult.OK)
    {
        textBox1.Text = openFileDialog1.FileName;
        System.IO.FileInfo file = new System.IO.FileInfo(openFileDialog1.FileName);
        listView1.Clear();
        listView1.Columns.Add("文件名",100,HorizontalAlignment.Left);
        listView1.Columns.Add("大小",100,HorizontalAlignment.Left);
        listView1.Columns.Add("最后访问时间",100,HorizontalAlignment.Left);
        listView1.Columns.Add("最后修改时间",100,HorizontalAlignment.Left);
        listView1.Columns.Add("路径",200,HorizontalAlignment.Left);
        string[] str =
        {
```

```
            file.Name,
            file.Length.ToString(),
            file.LastAccessTime.ToString(),
            file.LastWriteTime.ToString(),
            file.DirectoryName
        };
        ListViewItem item = new ListViewItem(str);
        listView1.Items.Add(item);
    }
}
```

3. 运行并测试程序

(1) 在 Visual Studio 2022 编程环境中，选择"调试"→"开始调试"命令，运行程序，并输入对应的内容，效果如图 5-10 所示。

图 5-10　文件显示运行界面

(2) 单击"显示"按钮，会显示出"打开"对话框，如图 5-11 所示。

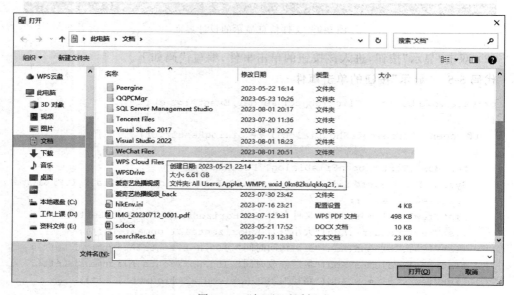

图 5-11　"打开"对话框

（3）选择文件之后，单击"打开"按钮，会显示"文件信息"，界面如图 5-12 所示。

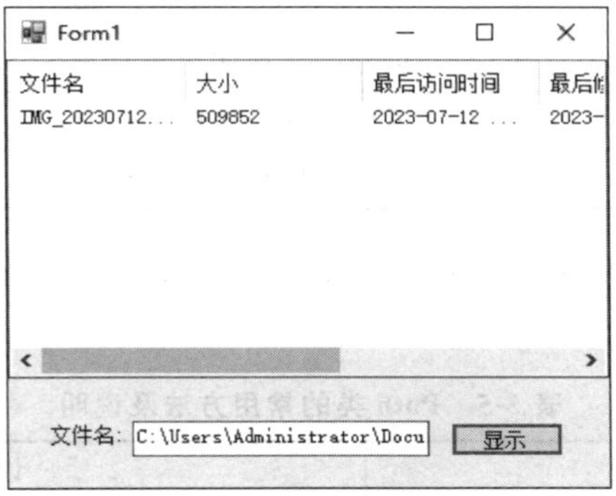

图 5-12　显示文件信息

4. 相关背景知识

（1）Directory 类。使用 Directory 类可以创建、移动目录，并可列举目录及子目录的内容。Directory 类全部是静态方法。Directory 类的常用方法见表 5-3。

表 5-3　Directory 类的常用方法

方　　法	说　　明
CreateDirectory()	创建目录和子目录
Delete()	删除目录及其内容
Move()	移动文件和目录内容
Exists()	确定给定的目录字符串是否存在物理上对应的目录
GetCurrentDirectory()	获取应用程序的当前工作目录
SetCurrentDirectory()	将应用程序的当前工作目录设置为指定目录
GetCreationTime()	获取目录创建的日期和时间
GetDirectories()	获取指定目录中子目录的名称
GetFiles()	获取指定目录中文件的名称

（2）DirectoryInfo 类。在使用 DirectoryInfo 类的属性和方法前，必须先创建它的对象实例，在创建时需要指定该实例所对应的目录。例如：

`DirectoryInfo di=new DirectoryInfo(''c:\\mydir'');`

DirectoryInfo 类的常用方法及说明见表 5-4。

表 5-4　DirectoryInfo 类的常用方法及说明

方　　法	说　　明
Create()	创建目录
Delete()	删除 DirectoryInfo 实例所引用的目录及其内容
MoveTo()	将 DirectoryInfo 实例及其内容移到新的路径

续表

方　法	说　明
CreateSubDirectory()	创建一个或多个子目录
GetDirectories()	返回当前目录的子目录
GetFiles()	返回当前目录的文件列表

（3）Path 类。Path 类用来处理路径字符串，它的方法也全部是静态的。Path 类的常用方法及说明见表 5-5。

表 5-5　Path 类的常用方法及说明

方　法	说　明
ChangExtension()	更改路径字符串的扩展名
Combine()	合并两个路径的字符串
GetDirectoryName()	返回指定路径字符串的目录信息
GetExtension()	返回指定路径字符串的扩展名
GetFileName()	返回指定路径字符串的文件名和扩展名
GetFileNameWithoutExtension()	返回不带扩展名的指定路径字符串的文件名
GetFullPath()	返回指定路径字符串的绝对路径
GetTempPath()	返回当前系统临时文件夹的路径
HasExtension()	确定路径是否包括文件扩展名

5.2.3　设计制作读/写文件功能

1. 要求和目的

（1）要求：设计一个文件读/写功能界面，能够读取文件的内容，能够创建文件并写入内容。

（2）目的：掌握"打开"对话框的使用方法；掌握"保存"对话框的使用方法；掌握使用数据流读取文件的方法；掌握使用数据流写入文件的方法。

2. 设计步骤

（1）打开 Visual Studio 2022 编程环境，创建一个名为 5-1-3 的项目，如图 5-13 所示。拖入 1 个 richTextBox 控件，拖入 1 个 Label 控件，拖入 1 个 TextBox 控件，拖入 2 个 Button 控件并分别作为"读文件"和"写文件"按钮，拖入 1 个 openFileDialog 控件和 1 个 saveFileDialog 控件。

（2）首先定义窗体的公共变量。

```
//读文件
public TextWriter w;
//写文件
```

项目 5　设计制作文件管理系统

图 5-13　读/写文件功能的设计界面

```
public TextReader r;
```

（3）双击"读文件"按钮，进入该按钮的单击事件，编写代码如下。

代码 5-6　"读文件"按钮的单击事件

```
private void button1_Click(object sender,EventArgs e)
{
    if (openFileDialog1.ShowDialog() == DialogResult.OK)
    {
        textBox1.Text = openFileDialog1.FileName;
        r = new StreamReader(openFileDialog1.FileName);
        richTextBox1.Text = r.ReadToEnd();
        r.Close();
    }
}
```

（4）双击"写文件"按钮，进入该按钮的单击事件，编写代码如下。

代码 5-7　"写文件"按钮的单击事件

```
private void button2_Click(object sender,EventArgs e)
{
    if (saveFileDialog1.ShowDialog() == DialogResult.OK)
    {
        textBox1.Text = saveFileDialog1.FileName;
        w = new StreamWriter(saveFileDialog1.FileName);
        w.Write(richTextBox1.Text);
```

```
            w.Flush();
            w.Close();
        }
    }
```

3. 运行并测试程序

（1）在 Visual Studio 2022 编程环境中，选择"调试"→"开始调试"命令，运行程序，并输入对应的内容，效果如图 5-14 所示。

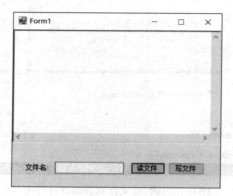

图 5-14　读/写文件程序的运行界面

（2）在 richTextBox 控件中输入内容，然后单击"写文件"按钮，会出现"保存"对话框，设置"文件名"并单击"保存"按钮，如图 5-15 所示。

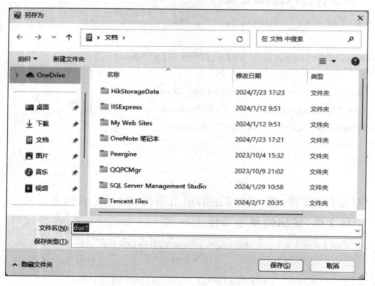

图 5-15　"写文件"保存对话框

（3）单击"读文件"按钮，会出现"打开"对话框，选择文件，然后单击"打开"按钮，如图 5-16 所示。

项目 5　设计制作文件管理系统

图 5-16　"打开"对话框

（4）打开文件之后，文件内容会显示在 richTextBox 控件中，如图 5-17 所示。

图 5-17　"打开文件"的界面

5.2.4　设计制作文件比较功能

1. 要求和目的

（1）要求：设计一个文件比较功能界面，能够选择源文件和目标文件，然后对源文件和目标文件进行比较，判断是否相同。

133

(2)目的:掌握"打开"对话框的编程方法;掌握"保存"对话框的编程方法;掌握文件读取与比较的编程方法。

2. 设计步骤

(1)打开 Visual Studio 2022 编程环境,创建一个名为 5-1-4 的项目,如图 5-18 所示。在界面中拖入 3 个 GroupBox 控件,分别用于"源文件位置及名称""目标文件位置及名称"和"控制按钮"部分;再拖入 2 个 TextBox 控件;接着拖入 4 个 Button 控件,分别用于"打开源文件""打开目标文件""比较文件"和"退出程序";最后拖入 1 个 openFileDialog 控件。

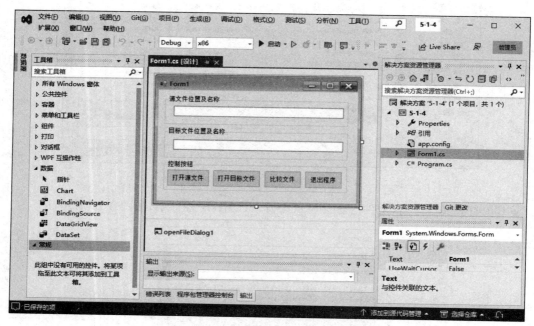

图 5-18 "文件比较功能"的设计界面

(2)双击"打开源文件"按钮,进入该按钮的单击事件,编写代码如下。

代码 5-8 "打开源文件"按钮的单击事件

```
private void button1_Click(object sender, EventArgs e)
{
    openFileDialog1.Filter = "*.txt;*.doc|*.txt;*.doc";
    if (openFileDialog1.ShowDialog() == DialogResult.OK)
    {
        textBox1.Text = openFileDialog1.FileName;          //要判断的第一个文件
    }
    else
    {
        MessageBox.Show(this,"打开文件错误!","提示对话框",MessageBoxButtons.OK,
        MessageBoxIcon.Information);
```

（3）双击"打开目标文件"按钮，进入该按钮的单击事件，编写代码如下。

代码 5-9 "打开目标文件"按钮的单击事件

```
private void button2_Click(object sender,EventArgs e)
{
    openFileDialog1.Filter = "*.txt;*.doc|*.txt;*.doc";
    if (openFileDialog1.ShowDialog() == DialogResult.OK)
    {
        textBox2.Text = openFileDialog1.FileName;       //要判断的第二个文件
    }
    else
    {
        MessageBox.Show(this,"打开文件错误!","提示对话框",MessageBoxButtons.OK,
        MessageBoxIcon.Information);
    }
}
```

（4）双击"比较文件"按钮，进入该按钮的单击事件，编写代码如下。

代码 5-10 "比较文件"按钮的单击事件

```
private void button3_Click(object sender,EventArgs e)
{
    StreamReader sr1 = new StreamReader(textBox1.Text);
    StreamReader sr2 = new StreamReader(textBox2.Text);
    if (object.Equals(sr1.ReadToEnd(),sr2.ReadToEnd()))    //读取文件内容并判断
    {
        MessageBox.Show(this,"两个文件相同!","提示对话框",MessageBoxButtons.
        OK,MessageBoxIcon.Information);
    }
    else
    {
        MessageBox.Show(this,"两个文件不相同!","提示对话框",MessageBoxButtons.
        OK,MessageBoxIcon.Information);
    }
}
```

3. 运行并测试程序

（1）在 Visual Studio 2022 编程环境中，选择"调试"→"开始调试"命令，运行程序，效果如图 5-19 所示。

（2）分别单击"打开源文件"按钮和"打开目标文件"按钮，选择文件，如图 5-20 所示。

（3）然后单击"比较文件"按钮，会对两次选择的文件进行比较，并给出提示，如图 5-21 所示。

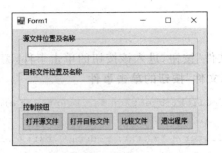

图 5-19 "文件比较"功能的运行界面

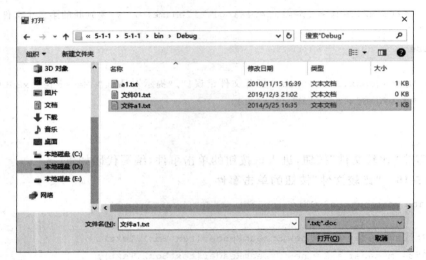

图 5-20 选择文件

图 5-21 "比较文件"功能的提示界面

项 目 小 结

本项目设计制作了文件管理系统的部分功能,主要是通过 C#程序的编写,可以实现文件的存储管理、对文件的读/写等各种操作。

项目拓展

读者可以根据本项目设计制作的文件管理功能模块,设计制作出一个功能更完善的文件管理系统。

素质提升案例:
中国计算机之母
夏培肃的奉献与
创新精神

项目 6　设计制作酒店客房管理系统

随着信息技术的迅速发展,酒店业务涉及的工作环节如住宿登记、结算等业务,从入住登记直至最后退房结账,整个过程应该能够体现以客户为中心。酒店应该提供快捷、方便的服务,让客户有顾客至上的感受。酒店行业的激烈竞争使得酒店要争取客源,提高酒店的满员率,提高酒店管理的效率。

本项目将设计制作一套酒店客房管理系统,通过项目的设计与制作,让读者掌握使用 Visual Studio 2022 设计制作完整系统的流程,同时也强化前面项目所学到的基础知识与技能。本项目通过酒店客房管理系统的制作,让读者掌握酒店客房管理系统的制作技术,同时让读者了解网络安全、信息安全相关概念,更好践行社会主义核心价值观,自觉维护国家安全、网络安全和数据安全。

知识目标

(1) 了解 SQL Server 数据库管理系统的基本结构;
(2) 了解 SQL Server 数据库管理系统的特点;
(3) 了解 C#代码分层的设计思路。

能力目标

(1) 掌握 SQL Server 数据库管理系统常用的操作方法;
(2) 掌握酒店客房管理系统的结构设计方法;
(3) 掌握 C#代码之间相互调用的设计方法。

素质目标

(1) 培养学生良好的 IT 职业素养和道德规范;
(2) 潜移默化地引导学生树立社会主义核心价值观;
(3) 引导学生树立实事求是、严肃认真、一丝不苟的学习和工作态度。

任务 6.1　系统功能总体设计

随着智慧城市建设的深入推进,酒店行业在信息化、智慧化管理方面的水平也在不断提升。本项目设计制作的酒店客房管理系统实现了酒店客房信息的智慧化管理,提高了酒店管理的工作效率。通过本项目的设计与制作,让读者掌握 C#开发数据库系统的工作流程以及相关的编程开发技术。

6.1.1 系统的功能结构设计

本项目将设计制作的酒店客房管理系统主要包括以下功能模块：系统管理、客房管理、入住管理、报修管理、违规管理、关于我们等，如图 6-1 所示。

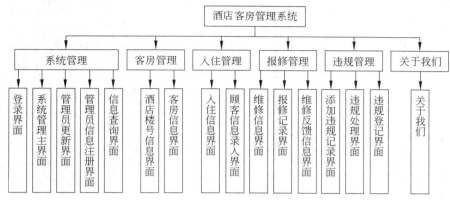

图 6-1 酒店客房管理系统功能结构图

该项目包含的功能界面具体如下：

(1) 系统管理(登录界面 login.cs、系统管理主界面 WFMain.cs、管理员更新界面 MUpdate.cs、管理员信息注册界面 MRegister.cs、信息查询界面 InfoSearch.cs)。

(2) 客房管理(酒店楼号信息界面 BuildInfo.cs、客房信息界面 DormInfo.cs)。

(3) 入住管理(入住信息界面 DormRegister.cs、顾客信息录入界面 InfoRegister.cs)。

(4) 报修管理(维修信息界面 DormRepair.cs、报修记录界面 RepairRecord.cs、维修反馈信息界面 RepairFeedback.cs)。

(5) 违规管理(添加违规记录界面 DormFouls.cs、违规处理界面 FoulsFeedback.cs、违规登记界面 FoulsRecord.cs)。

(6) 关于我们(关于我们界面 About.cs)。

本项目的工程文件列表如图 6-2 所示。

6.1.2 系统的数据库设计

1. 数据库设计

本系统采用 SQL Server 2022 作为后台数据库，数据库名为 Virgo。本数据库包含 7 个数据表，分别是客房楼信息表 DB_BuildInfo、违规记录数据表 DB_DormDes、客房信息数据表 DB_DormInfo、入住登记信息表 DB_DormRegister、维修记录信息表 DB_DormRepair、管理员信息数据表 DB_ManageInfo、顾客信息数据表 DB_StuInfo。数据表的列表结构如图 6-3 所示。

图 6-2 项目的工程文件列表

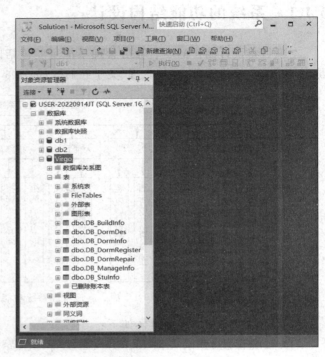

图 6-3 数据表的列表结构

2. 数据表设计

（1）客房楼信息表 DB_BuildInfo 的字段如表 6-1 所示，数据表的设计界面如图 6-4 所示。

表 6-1 客房楼信息表 DB_BuildInfo 的字段

字 段 名	数据类型	说 明	字 段 名	数据类型	说 明
buildId	int	编号	buildNo	int	楼号
buildArea	varchar(10)	区域	buildMsg	char(4)	楼信息说明

（2）违规记录数据表 DB_DormDes 的字段如表 6-2 所示，数据表的设计界面如图 6-5 所示。

表 6-2 违规记录数据表 DB_DormDes 的字段

字 段 名	数据类型	说 明	字 段 名	数据类型	说 明
msgId	int	信息编号	foulsTime	datetime	提交时间
buildArea	varchar(10)	区域	dormMsg	text	客房信息
buildNo	int	楼号	dormResult	text	处理结果
dormNo	int	客房号			

项目 6　设计制作酒店客房管理系统

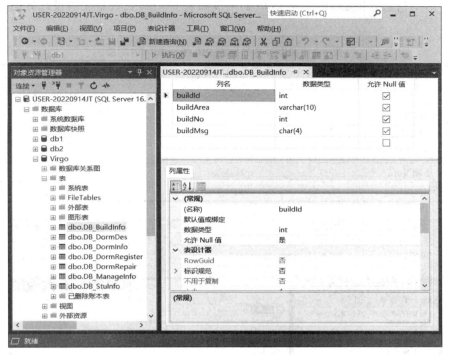

图 6-4　客房楼信息表 DB_BuildInfo 的设计界面

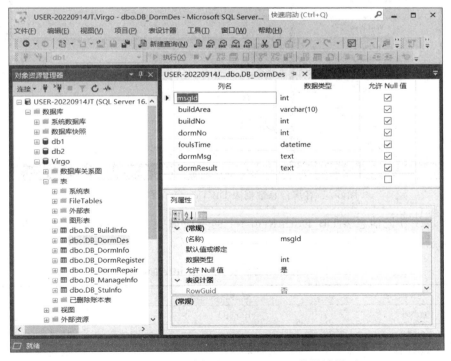

图 6-5　违规记录数据表 DB_DormDes 的设计界面

（3）客房信息数据表 DB_DormInfo 的字段如表 6-3 所示，数据表的设计界面如图 6-6 所示。

表 6-3　客房信息数据表 DB_DormInfo 的字段

字 段 名	数 据 类 型	说　明
dormId	int	房间编号
buildArea	varchar(10)	楼区
buildNo	int	楼号
dormNo	int	房间号
bedNum	int	床数
dormElse	text	其他说明

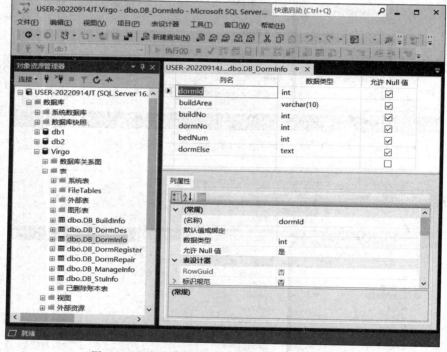

图 6-6　客房信息数据表 DB_DormInfo 的设计界面

（4）入住登记信息表 DB_DormRegister 的字段如表 6-4 所示，数据表的设计界面如图 6-7 所示。

表 6-4　入住登记信息表 DB_DormRegister 的字段

字 段 名	数 据 类 型	说　明
stuNo	char(9)	学生编号
buildArea	varchar(10)	楼区
buildNo	int	客房楼号
dormNo	int	客房号

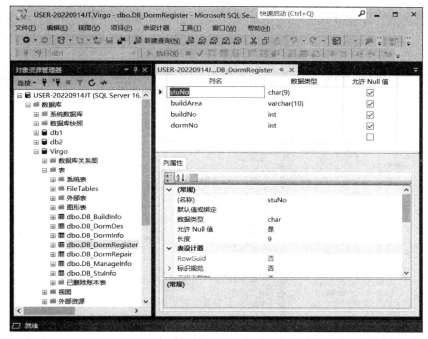

图 6-7 入住登记信息表 DB_DormRegister 的设计界面

(5) 维修记录信息表 DB_DormRepair 的字段如表 6-5 所示,数据表的设计界面如图 6-8 所示。

表 6-5 维修记录信息表 DB_DormRepair 的字段

字 段 名	数 据 类 型	说 明
repairId	int	维修记录编号
buildArea	varchar(10)	楼区
buildNo	int	客房楼号
dormNo	int	客房号
RepairTime	datetime	上报时间
dormJob	text	保修内容
repairResult	text	处理结果

(6) 管理员信息数据表 DB_ManageInfo 的字段如表 6-6 所示,数据表的设计界面如图 6-9 所示。

表 6-6 管理员信息数据表 DB_ManageInfo 的字段

字 段 名	数 据 类 型	说 明
loginId	int	编号
loginNo	varchar(10)	用户名
loginPwd	varchar(13)	密码
loginType	varchar(10)	登录类型

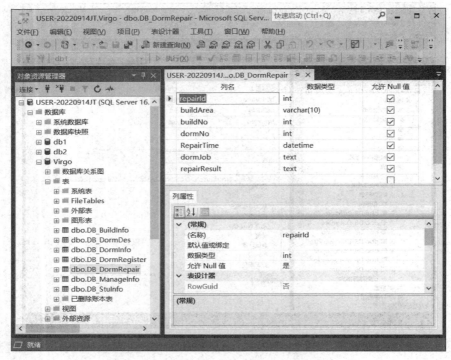

图 6-8 维修记录信息表 DB_DormRepair 的设计界面

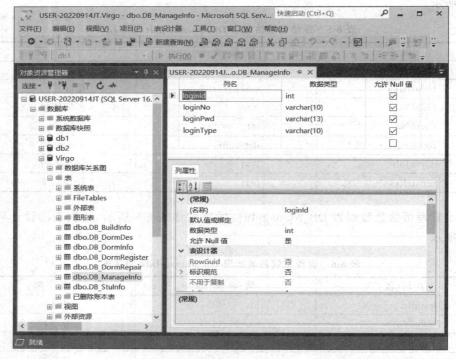

图 6-9 管理员信息数据表 DB_ManageInfo 的设计界面

（7）顾客信息数据表 DB_StuInfo 的字段如表 6-7 所示，数据表的设计界面如图 6-10 所示。

表 6-7　顾客信息数据表 DB_StuInfo 的字段

字　段　名	数　据　类　型	说　　明
stuNo	char(13)	编号
stuName	varchar(10)	姓名
stuSex	char(2)	性别
stuTime	datetime	时间
stuDepart	varchar(18)	联系方式
stuPro	varchar(18)	电话
stuElse	text	其他信息

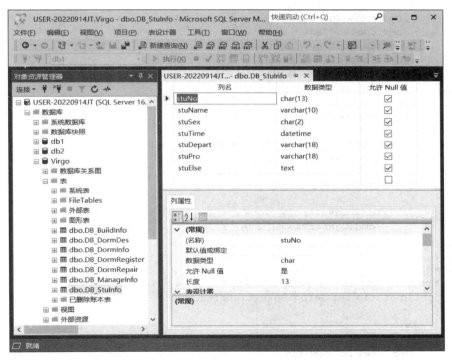

图 6-10　顾客信息数据表 DB_StuInfo 的设计界面

任务 6.2　系统详细设计

在设计具体的功能界面之前，首先需要对系统的公共类进行设计，本系统设计了一个数据库访问类，用于对数据库的查询、修改、删除和修改操作，类名是 DBHelper.cs。该类的代码如下。

代码 6-1　数据库操作类 DBHelper.cs

```
class DBHelper
{
    private static SqlCommand cmd = null;
    private static SqlDataReader dr = null;
    //数据库连接字符串
    private static string connectionString = "Data Source =.; Initial Catalog = Virgo; Integrated Security = SSPI";
    //数据库连接 Connection 对象
    public static SqlConnection connection = new SqlConnection(connectionString);
    public DBHelper()
    { }
    #region 返回结果集
    public static SqlDataReader GetResult(string sql)
    {
        try
        {
            cmd = new SqlCommand();
            cmd.CommandText = sql;
            cmd.Connection = connection;
            cmd.Connection.Open();
            dr = cmd.ExecuteReader();
            return dr;
        }
        catch (Exception ex)
        {
            MessageBox.Show(ex.Message);
            return null;
        }
        finally
        {
            //dr.Close();
            //cmd.Connection.Close();
        }
    }
    #endregion
    #region 对 select 语句返回 int 型结果集
    public static int GetSqlResult(string sql)
    {
        try
        {
            cmd = new SqlCommand();
            cmd.CommandText = sql;
            cmd.Connection = connection;
            cmd.Connection.Open();
            int a = (int)cmd.ExecuteScalar();
            return a;
        }
        catch (Exception ex)
        {
            MessageBox.Show(ex.Message);
            return -1;
        }
        finally
```

```
            {
                cmd.Connection.Close();
            }
        }
        #endregion
        #region 对 Update、Insert 和 Delete 语句返回该命令所影响的行数
        public static int GetDsqlResult(string sql)
        {
            try
            {
                cmd = new SqlCommand();
                cmd.CommandText = sql;
                cmd.Connection = connection;
                cmd.Connection.Open();
                cmd.ExecuteNonQuery();
                return 1;
            }
            catch (Exception ex)
            {
                MessageBox.Show(ex.Message);
                return -1;
            }
            finally
            {
                cmd.Connection.Close();
            }
        }
        #endregion
}
```

6.2.1　设计用户登录界面 login.cs

酒店客房管理系统的管理员登录界面如图 6-11 所示。

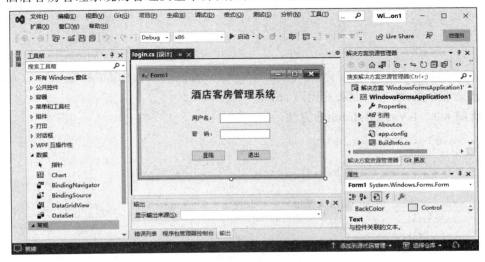

图 6-11　管理员登录界面

1. 设计界面

该界面的设计步骤为：依次在 Form 窗体中拖入 2 个 Label 控件，分别用于显示"用户名""密码"；然后拖入 2 个 TextBox 控件，用于接收"用户名"和"密码"的输入；最后拖入 2 个 Button 控件，用于"登录"和"取消"按钮。

2. 编写代码

（1）在窗体界面中双击"登录"按钮，进入该按钮的单击事件，即验证"用户名"和"密码"，并登录到管理界面。该按钮的单击事件的代码如下。

代码 6-2　"登录"按钮的单击事件

```
private void btnLogin_Click(object sender,EventArgs e)
{
    bool isValidUser = false;
    string message = "";
    if (IsValidataInput())
    {
        //验证用户是否为合法用户
        isValidUser = IsValidataUser(txtLoginNo.Text.Trim(),txtLoginPwd.Text,
        ref message);
        if (isValidUser)
        {
            WFMain sfm = new WFMain();
            sfm.Show();
            this.Hide();
        }
        else
        {
            MessageBox.Show(message,"登录提示",MessageBoxButtons.OK,MessageBoxIcon.
            Asterisk);
        }
    }
}
```

（2）这段代码中调用了一个 IsValidataInput() 方法，该方法用于验证用户输入的登录信息是否合法，编写该方法的代码如下。

代码 6-3　IsValidataInput() 方法

```
private bool IsValidataInput()
{
    if (txtLoginNo.Text.Trim() == "")
    {
        MessageBox.Show("请输入账号!","登录提示",MessageBoxButtons.OK,MessageBoxIcon.
        Information);
        txtLoginNo.Focus();
        return false;
    }
```

```
    else if (txtLoginPwd.Text == "")
    {
      MessageBox.Show("请输入密码!","登录提示",MessageBoxButtons.OK,MessageBoxIcon.
      Information);
      txtLoginPwd.Focus();
      return false;
    }
    return true;
}
```

(3) 在代码 6-2 中调用了验证用户是否合法的方法 IsValidataUser(),编写该方法的代码如下。

代码 6-4　IsValidataUser()方法

```
#region 验证用户是否合法
//传递用户账号、密码,合法返回 true,不合法返回 false。message 参数用来记录验证失败的
  原因
private bool IsValidataUser(string loginNo,string loginPwd,ref string message)
{
    string sql = String.Format("select count(*) from DB_ManageInfo where loginNo =
    '{0}' and loginPwd = '{1}'",loginNo,loginPwd);
    int a = DBHelper.GetSqlResult(sql);
    if (a < 1)
    {
      message = "该用户名或密码不存在!";
      return false;
    }
    else
    {
      return true;
    }
}
#endregion
```

(4) 双击"退出"按钮,进入该按钮的单击事件,编写代码如下。

代码 6-5　"退出"按钮的单击事件

```
private void button2_Click(object sender,EventArgs e)
{
    DialogResult result = MessageBox.Show("您确定要退出吗?","操作提示",
    MessageBoxButtons.OKCancel,MessageBoxIcon.Question);
    if (result == DialogResult.OK)
    {
        Application.Exit();
    }
}
```

6.2.2　设计管理主界面 WFMain.cs

管理员在登录界面输入正确的"用户名"和"密码",会进入管理主界面。管理主界面

可以使用系统的所有功能。

1. 界面设计

管理主界面 Form 窗体的 IsMdiContainer 属性设置为 True，此属性将窗体的显示和行为更改为 MDI 父窗体。当此属性设置为 True 时，该窗体显示具有凸起边框的凹陷工作区。所有分配给该父窗体的 MDI 子窗体都在该父窗体的工作区内显示，即本系统的其他功能模块都作为管理主界面的子窗体出现，包含在主界面中。管理主界面的设计界面如图 6-12 所示。

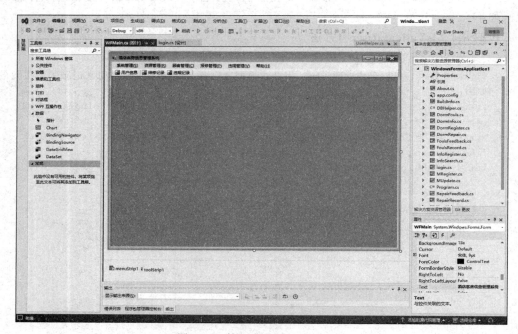

图 6-12 管理主界面的设计界面

该界面的设计步骤为：首先在窗体中拖入一个 menuStrip 菜单控件，用于显示界面中的"系统管理""资源管理""顾客管理""报修管理""违规管理"和"帮助"菜单项。然后拖入 1 个 toolStrip，用于显示界面中的工具栏"用户信息""维修信息""违规记录"和"正在处理的业务功能"。

（1）设计"系统管理"的菜单项，添加子菜单项"管理员注册""管理员更新"和"退出"，设计界面如图 6-13 所示。

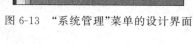

图 6-13 "系统管理"菜单的设计界面

（2）设计"资源管理"菜单项，添加子菜单项"楼号管理"和"客房管理"，设计界面如图 6-14 所示。

（3）设计"顾客管理"菜单项，添加子菜单项"信息登记"和"入住登记"，设计界面如图 6-15 所示。

图6-14 "资源管理"菜单的设计界面

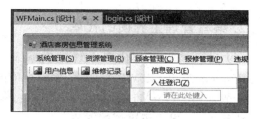

图6-15 "顾客管理"菜单的设计界面

（4）设计"报修管理"菜单项，添加子菜单项"报修登记"和"维修反馈"，设计界面如图6-16所示。

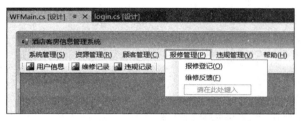

图6-16 "报修管理"菜单的设计界面

（5）设计"违规管理"菜单项，添加子菜单项"违规登记"和"处理意见"，设计界面如图6-17所示。

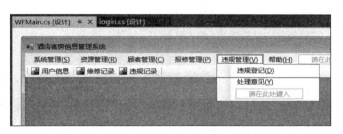

图6-17 "违规管理"菜单的设计界面

（6）设计"帮助"菜单项，添加"关于"子菜单项，设计界面如图6-18所示。

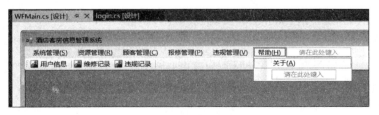

图6-18 "帮助"菜单的设计界面

（7）设计"工具栏"，依次添加三个toolStripButton控件，用于显示"用户信息""维修记录"和"违规记录"功能按钮，设计界面如图6-19所示。

图6-19 工具栏的设计界面

2. 编写管理主界面的代码

(1) 进入该界面的代码文件编辑状态,添加一个用于显示主界面子窗体的方法 OpenUniqueMDIChildWindow(),该方法用于将系统的其他功能界面作为子窗体显示在管理主界面中。OpenUniqueMDIChildWindow()方法的代码如下。

代码 6-6　显示子窗体的方法

```
private T OpenUniqueMDIChildWindow<T>(Form mdiParent) where T : Form,new()
{
    foreach (Form subForm in mdiParent.MdiChildren)
    {
        if (!subForm.GetType().Equals(typeof(T)))
        {
            subForm.Close();
        }
        else
        {
            subForm.Activate();
            return subForm as T;
        }
    }
    T newForm = new T();
    newForm.MdiParent = mdiParent;
    newForm.StartPosition = FormStartPosition.CenterScreen;
    newForm.Show();
    return newForm;
}
```

(2) 编写"管理员注册"菜单项的单击事件,这段代码将打开 MRegister 功能界面,代码如下。

代码 6-7　"管理员注册"菜单项的单击事件

```
private void adminRToolStripMenuItem_Click(object sender,EventArgs e)
{
    OpenUniqueMDIChildWindow<MRegister>(this);
}
```

(3) 编写"管理员更新"菜单项的单击事件,这段代码将打开 MUpdate 功能界面,代码如下。

代码 6-8　"管理员更新"菜单项的单击事件

```
private void updateUToolStripMenuItem_Click(object sender,EventArgs e)
{
    OpenUniqueMDIChildWindow<MUpdate>(this);
}
```

(4) 编写"楼号管理"菜单项的单击事件,这段代码将打开 BuildInfo 功能界面,代码如下。

代码 6-9　"楼号管理"菜单项的单击事件

```
private void louBToolStripMenuItem_Click(object sender,EventArgs e)
{
    OpenUniqueMDIChildWindow<BuildInfo>(this);
}
```

（5）编写"客房管理"菜单项的单击事件，这段代码将打开 DormInfo 功能界面，代码如下。

代码 6-10　"客房管理"菜单项的单击事件

```
private void susheDToolStripMenuItem_Click(object sender,EventArgs e)
{
     OpenUniqueMDIChildWindow<DormInfo>(this);
}
```

（6）编写"信息登记"菜单项的单击事件，这段代码将打开 StuInfoRegister 功能界面，代码如下。

代码 6-11　"信息登记"菜单项的单击事件

```
private void xinxiEToolStripMenuItem_Click(object sender,EventArgs e)
{
    OpenUniqueMDIChildWindow<StuInfoRegister>(this);
}
```

（7）编写"报修登记"菜单项的单击事件，这段代码将打开 DormRepair 功能界面，代码如下。

代码 6-12　"报修登记"菜单项的单击事件

```
private void baoxiuOToolStripMenuItem_Click(object sender,EventArgs e)
{
    OpenUniqueMDIChildWindow<DormRepair>(this);
}
```

（8）编写"维修反馈"菜单项的单击事件，这段代码将打开 RepairFeedback 功能界面，代码如下。

代码 6-13　"维修反馈"菜单项的单击事件

```
private void weixiuFToolStripMenuItem_Click(object sender,EventArgs e)
{
    OpenUniqueMDIChildWindow<RepairFeedback>(this);
}
```

（9）编写"违规登记"菜单项的单击事件，这段代码将打开 DormFouls 功能界面，代码如下。

代码 6-14　"违规登记"菜单项的单击事件

```
private void weiguiDToolStripMenuItem_Click(object sender,EventArgs e)
{
    OpenUniqueMDIChildWindow<DormFouls>(this);
}
```

(10) 编写"处理意见"菜单项的单击事件,这段代码将打开 FoulsFeedback 功能界面,代码如下。

代码 6-15 "处理意见"菜单项的单击事件

```csharp
private void chuliYToolStripMenuItem_Click(object sender,EventArgs e)
{
    OpenUniqueMDIChildWindow<FoulsFeedback>(this);
}
```

(11) 编写"关于"菜单项的单击事件,这段代码将打开 About 功能界面,代码如下。

代码 6-16 "关于"菜单项的单击事件

```csharp
private void guanyuAToolStripMenuItem_Click(object sender,EventArgs e)
{
    OpenUniqueMDIChildWindow<About>(this);
}
```

(12) 编写"用户信息"的单击事件,这段代码将打开 StuInfoSearch 功能界面,用于显示用户信息,代码如下。

代码 6-17 "用户信息"的单击事件

```csharp
private void tsbStuInfoSearch_Click(object sender,EventArgs e)
{
    OpenUniqueMDIChildWindow<StuInfoSearch>(this);
}
```

(13) 编写"维修记录"的单击事件,这段代码将打开 RepairRecord 功能界面,用于显示维修记录,代码如下。

代码 6-18 "维修记录"的单击事件

```csharp
private void toolStripButton1_Click(object sender,EventArgs e)
{
    OpenUniqueMDIChildWindow<RepairRecord>(this);
}
```

(14) 编写"违规记录"的单击事件,这段代码将打开 FoulsRecord 功能界面,用于显示违规记录,代码如下。

代码 6-19 "违规记录"的单击事件

```csharp
private void toolStripButton2_Click(object sender,EventArgs e)
{
    OpenUniqueMDIChildWindow<FoulsRecord>(this);
}
```

6.2.3 设计管理员注册功能界面 MRegister.cs

管理员注册界面如图 6-20 所示,该界面的作用是添加管理员信息。

1. 设计界面

该界面的设计步骤为:首先拖入 1 个 groupBox 控件,用于显示"注册信息";依次拖

项目 6　设计制作酒店客房管理系统

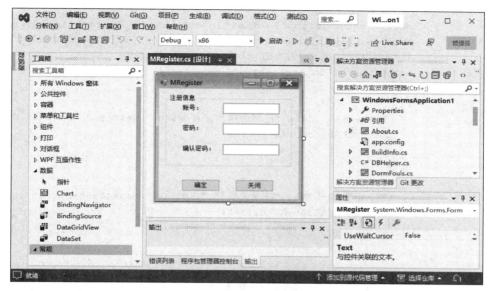

图 6-20　管理员注册界面

入 3 个 Label 控件,分别用于显示"账号""密码""确认密码";拖入 3 个 TextBox 控件,分别用于接收用户输入的"账号""密码"和"确认密码";拖入 2 个 Button 按钮,用于"确定"和"关闭"按钮。

2. 编写代码

(1) 首先进入该窗体的 Form_load 事件,编写代码如下。这段代码的作用是将光标停留在"账号"的文本框上。

代码 6-20　"管理员注册"窗体的 Form_load 事件

```
private void MRegister_Load(object sender,EventArgs e)
{
    txtLoginNo.Focus();
}
```

(2) 双击"确定"按钮,进入该按钮的单击事件,编写代码如下。这段代码的作用是将管理员信息写入数据库中。

代码 6-21　"确定"按钮的单击事件

```
private void btnEnter_Click(object sender,EventArgs e)
{
    bool isValidUser = false;
    string message = "";
    if (IsValidataInput())
    {
        //验证用户是否为合法用户
        isValidUser = IsValidataUser(txtLoginNo.Text.Trim(),txtLoginPwd.
        Text,cboLoginType.Text, ref message);
        if (isValidUser)
```

```
            {
                string sql = String.Format("insert into DB_ManageInfo(loginNo,
                loginPwd,loginType) values ('{0}','{1}','{2}')",txtLoginNo.Text.
                Trim(),txtLoginPwd.Text,cboLoginType.Text);
                int result = DBHelper.GetDsqlResult(sql);
                if (result == 1)
                {
                    MessageBox.Show("注册成功!","注册提示",MessageBoxButtons.OK,
                    MessageBoxIcon.Asterisk);
                }
                else
                {
                    MessageBox.Show("注册失败!","注册提示",MessageBoxButtons.OK,
                    MessageBoxIcon.Asterisk);
                }
            }
            else
            {
                MessageBox.Show(message,"注册提示",MessageBoxButtons.OK,MessageBoxIcon.
                Asterisk);
            }
            txtLoginNo.Clear();
            txtLoginPwd.Clear();
            DtxtLoginPwd.Clear();
            cboLoginType.SelectedIndex = -1;
            txtLoginNo.Focus();
        }
    }
```

（3）代码 6-20 调用了 IsValidataInput()方法，IsValidataInput()方法的代码如下。这段代码的作用是验证注册的用户是否合法。

代码 6-22　IsValidataInput()方法

```
private bool IsValidataInput()
{
    if (txtLoginNo.Text.Trim() == "")
    {
        MessageBox.Show("请输入账号!","注册提示",MessageBoxButtons.OK,
        MessageBoxIcon.Information);
        txtLoginNo.Focus();
        return false;
    }
    else if (txtLoginPwd.Text == "")
    {
        MessageBox.Show("请输入密码!","注册提示",MessageBoxButtons.OK,
        MessageBoxIcon.Information);
        txtLoginPwd.Focus();
        return false;
    }
    else if (DtxtLoginPwd.Text == "")
```

```
        {
            MessageBox.Show("请再次确认输入密码!","注册提示",MessageBoxButtons.OK,
MessageBoxIcon.Information);
            DtxtLoginPwd.Focus();
            return false;
        }
        else if (!txtLoginPwd.Text.Equals(DtxtLoginPwd.Text))
        {
            MessageBox.Show("两次输入的密码不一致,请重新输入!","注册提示",
MessageBoxButtons.OK,MessageBoxIcon.Information);
            DtxtLoginPwd.Clear();
            txtLoginPwd.Clear();
            txtLoginPwd.Focus();
            return false;
        }
        else if (cboLoginType.Text == "")
        {
            MessageBox.Show("请选择登录类型!","注册提示",MessageBoxButtons.OK,
MessageBoxIcon.Information);
            cboLoginType.Focus();
            return false;
        }
        return true;
    }
```

(4) 代码 6-20 调用了 IsValidataUser()方法，该方法的作用是判断用户信息是否已经注册。IsValidataUser()方法代码如下。

代码 6-23 IsValidataUser()方法

```
private bool IsValidataUser(string loginNo, string loginPwd, string loginType,
ref string message)
{
    string sql = String.Format("select count(*) from DB_ManageInfo where
loginNo = '{0}' and loginType = '{1}'",loginNo,loginType);
    int count = DBHelper.GetSqlResult(sql);
    if (count == 1)
    {
        message = "该账号已经存在,请重新注册!";
        return false;
    }
    else
    {
        return true;
    }
}
```

(5) 双击"关闭"按钮，进入该按钮的单击事件，编写代码如下。

代码 6-24 "关闭"按钮的单击事件

```
private void btnCanel_Click(object sender,EventArgs e)
```

{
    this.Close();
}

6.2.4 设计管理员更新功能界面 MUpdate.cs

管理员更新功能的设计界面如图 6-21 所示,该界面的功能是查询和更新管理员用户的信息,具体是修改管理员的密码和权限。

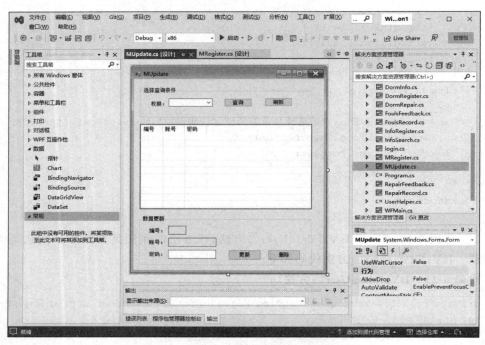

图 6-21 管理员更新功能的设计界面

1. 设计界面

该界面的设计步骤为:首先拖入 2 个 groupBox 控件,分别用于显示"选择查询条件"部分和"数据更新"部分;然后拖入 1 个 Panel 控件,再在 Panel 控件中拖入 1 个 ListView 控件,用于显示查询的结果。

在"数据更新"部分拖入 4 个 Label 控件,分别用于显示"权限""编号""账号""密码";然后拖入 3 个 TextBox 控件,前两个的"ReadOnly 属性"设置为 True;再拖入 1 个 ComboBox 控件;最后拖入 2 个 Button 按钮,分别用于"更新"和"删除"按钮。

2. 编写代码

(1) 进入该窗体的代码编辑界面,首先添加一个命名空间 using System.Data.SqlClient。在类中,添加一个数据对象定义:private SqlDataReader dataReader。

（2）添加窗体的 Form_Load 事件，代码如下。这段代码的作用是查询管理员信息，并显示在 ListView 控件上。

代码 6-25　窗体的 Form_Load 事件

```csharp
private void MUpdate_Load(object sender, EventArgs e)
{
    try
    {
        dataReader = DBHelper.GetResult("select * from DB_ManageInfo");
        while (dataReader.Read())
        {
            ListViewItem lviManageInfo = new ListViewItem();
            lviManageInfo.SubItems.Clear();
            lviManageInfo.SubItems[0].Text = dataReader["loginId"].ToString();
            lviManageInfo.SubItems.Add(dataReader["loginNo"].ToString());
            lviManageInfo.SubItems.Add(dataReader["loginPwd"].ToString());
            lviManageInfo.SubItems.Add(dataReader["loginType"].ToString());
            lvManageInfo.Items.Add(lviManageInfo);
        }
        dataReader.Close();
    }
    catch (Exception ex)
    {
        MessageBox.Show(ex.Message);
    }
    finally
    {
        DBHelper.connection.Close();
        dLblLoginId.Text = "";
        txtLoginNo.Text = "";
        txtLoginPwd.Clear();
        CboLoginType.SelectedIndex = -1;
        DcboLoginType.SelectedIndex = -1;
    }
}
```

（3）双击"查询"按钮，进入该按钮的单击事件，代码如下。

代码 6-26　"查询"按钮的单击事件

```csharp
private void btnSearch_Click(object sender, EventArgs e)
{
    if (CboLoginType.Text == "")
    {
        MessageBox.Show("请选择所要查找的权限用户！","操作提示",
        MessageBoxButtons.OK,MessageBoxIcon.Asterisk);
    }
    else
    {
        string sql = String.Format("select loginId,loginNo,loginPwd,loginType from DB_ManageInfo where loginType = '{0}'",CboLoginType.Text);
```

```csharp
        try
        {
            dataReader = DBHelper.GetResult(sql);
            if (!dataReader.Read())
            {
                lvManageInfo.Items.Clear();
                MessageBox.Show("查无此权限用户信息!","操作提示",MessageBoxButtons.
                OK,MessageBoxIcon.Asterisk);
            }
            else
            {
                dataReader.Close();
                DBHelper.connection.Close();
                sql = String.Format("select loginId,loginNo,loginPwd,loginType
                from DB_ManageInfo where loginType = '{0}'",CboLoginType.Text);
                //重新指定SQL命令
                dataReader = DBHelper.GetResult(sql);
                lvManageInfo.Items.Clear();
                while (dataReader.Read())
                {
                    ListViewItem lviManageInfo = new ListViewItem();
                    lviManageInfo.SubItems.Clear();
                    lviManageInfo.SubItems[0].Text = dataReader["loginId"].ToString();
                    lviManageInfo.SubItems.Add(dataReader["loginNo"].ToString());
                    lviManageInfo.SubItems.Add(dataReader["loginPwd"].ToString());
                    lviManageInfo.SubItems.Add(dataReader["loginType"].ToString());
                    lvManageInfo.Items.Add(lviManageInfo);
                }
                dataReader.Close();
            }
        catch (Exception ex)
        {
            MessageBox.Show(ex.Message);
        }
        finally
        {
            DBHelper.connection.Close();
        }
    }
    dLblLoginId.Text = "";
    txtLoginNo.Text = "";
    txtLoginPwd.Clear();
    DcboLoginType.SelectedIndex = -1;
}
```

(4)双击"刷新"按钮,进入该按钮的单击事件,代码如下。

代码6-27 "刷新"按钮的单击事件

```csharp
private void btnAll_Click(object sender,EventArgs e)
```

```
{
    lvManageInfo.Items.Clear();
    //初始化窗体
    MUpdate_Load(sender,e);
}
```

(5) 双击"更新"按钮，进入该按钮的单击事件，代码如下。这段代码将更新管理员信息。

代码6-28 "更新"按钮的单击事件

```
private void btnUpdata_Click(object sender,EventArgs e)
{
    if (lvManageInfo.SelectedItems.Count == 0)
    {
        MessageBox.Show("请选择要更新的用户!","操作提示",MessageBoxButtons.OK,
        MessageBoxIcon.Asterisk);
        return;
    }
    if (txtLoginPwd.Text == "")
    {
        MessageBox.Show("请确认登录密码!","操作提示",MessageBoxButtons.OK,
        MessageBoxIcon.Asterisk);
        return;
    }
    DialogResult result = MessageBox.Show("您确定要更新该用户信息?","操作提示",
    MessageBoxButtons.OKCancel,MessageBoxIcon.Question);
    if (result == DialogResult.OK)
    {
        string sql = String.Format("update DB_ManageInfo set loginPwd = '{0}',
        loginType = '{1}' where loginId = {2}", txtLoginPwd.Text,
        DcboLoginType.Text,Convert.ToInt32(dLblLoginId.Text));
        try
        {
            int count = DBHelper.GetDsqlResult(sql);
            if (count == 1)
            {
                MessageBox.Show("更新记录成功!","操作提示",MessageBoxButtons.
                OK,MessageBoxIcon.Asterisk);
            }
            else
            {
                MessageBox.Show("更新记录失败!","操作提示",MessageBoxButtons.
                OK,MessageBoxIcon.Asterisk);
            }
        }
        catch (Exception ex)
        {
            MessageBox.Show(ex.Message);
        }
        finally
```

```
        {
            DBHelper.connection.Close();
            if (CboLoginType.Text == "")
            {
                lvManageInfo.Items.Clear();
                //初始化窗体
                MUpdate_Load(sender,e);
            }
            else
            {
                FormRefresh();
            }
        }
    }
}
```

(6) 这段代码中调用了 FormRefresh() 方法, 该方法的功能是重新绑定 ListView, 以显示更新过的信息。该方法的代码如下。

代码 6-29　FormRefresh() 方法的代码

```
//刷新窗体
private void FormRefresh()
{
    lvManageInfo.Items.Clear();
    string sqlString = String.Format("select * from DB_ManageInfo where loginType = '{0}'",CboLoginType.Text);
    try
    {
        dataReader = DBHelper.GetResult(sqlString);
        while (dataReader.Read())
        {
            ListViewItem lviManageInfo = new ListViewItem();
            lviManageInfo.SubItems.Clear();
            lviManageInfo.SubItems[0].Text = dataReader["loginId"].ToString();
            lviManageInfo.SubItems.Add(dataReader["loginNo"].ToString());
            lviManageInfo.SubItems.Add(dataReader["loginPwd"].ToString());
            lviManageInfo.SubItems.Add(dataReader["loginType"].ToString());
            lvManageInfo.Items.Add(lviManageInfo);
        }
        dataReader.Close();
    }
    catch (Exception ex)
    {
        MessageBox.Show(ex.Message);
    }
    finally
    {
        DBHelper.connection.Close();
        dLblLoginId.Text = "";
        txtLoginNo.Text = "";
```

```
            txtLoginPwd.Clear();
            DcboLoginType.SelectedIndex = -1;
        }
    }
```

(7) 双击"删除"按钮,进入该按钮的单击事件,代码如下。这段代码的功能是删除信息,并重新显示数据。

代码 6-30 "删除"按钮的单击事件

```
private void btnDel_Click(object sender,EventArgs e)
{
    if (lvManageInfo.SelectedItems.Count == 0)
    {
        MessageBox.Show("请选择要删除的用户记录!","操作提示",MessageBoxButtons.
        OK,MessageBoxIcon.Asterisk);
        return;
    }
    DialogResult result = MessageBox.Show("您确定要删除该用户信息?","操作提示",
    MessageBoxButtons.OKCancel,MessageBoxIcon.Question);
    if (result == DialogResult.OK)
    {
        string sql = String.Format("delete from DB_ManageInfo where loginId =
        {0}",Convert.ToInt32(dLblLoginId.Text));
        try
        {
            int count = DBHelper.GetDsqlResult(sql);
            if (count == 1)
            {
                MessageBox.Show("删除记录成功!","操作提示",MessageBoxButtons.
                OK,MessageBoxIcon.Asterisk);
            }
            else
            {
                MessageBox.Show("删除记录失败,请重新操作!","操作提示",
                MessageBoxButtons.OK,MessageBoxIcon.Asterisk);
            }
        }
        catch (Exception ex)
        {
            MessageBox.Show(ex.Message);
        }
        finally
        {
            DBHelper.connection.Close();
            if (CboLoginType.Text == "")
            {
                lvManageInfo.Items.Clear();
                //初始化窗体
                MUpdate_Load(sender,e);
            }
```

```
            else
            {
                FormRefresh();
            }
        }
    }
}
```

6.2.5　设计客房楼信息管理界面 BuildInfo.cs

客房楼信息管理界面如图 6-22 所示,该界面的功能是对客房楼信息进行管理,包括查询、刷新、添加记录和更新记录。客房楼信息包括编号、地理区域、客房楼号和描述。

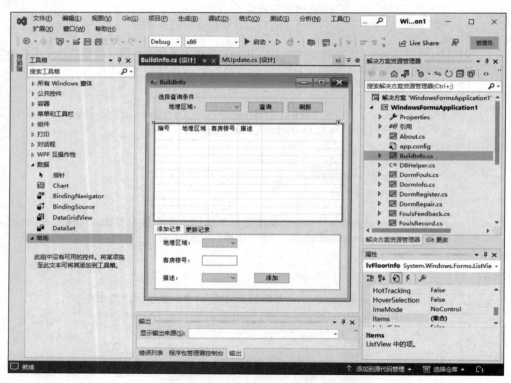

图 6-22　客房楼信息管理的设计界面

1. 设计界面

(1) 选择查询条件部分的设计步骤:首先拖入 1 个 GroupBox 控件,用于显示"选择查询条件"部分;然后拖入 1 个 Label 控件,用于显示"地理区域";再拖入 1 个 ComboBox 控件,用于显示"地理区域"内容;最后拖入 2 个 Button 控件,分别用于"查询"和"刷新"按钮功能。

这部分界面的控件属性设置如表 6-8 所示。

表 6-8 控件属性设置

控件类型	名称	属性名称	属性值
GroupBox	GroupBox1	Text	选择查询条件
		anchor	Top、Left、Right
ComboBox	dCboBuildArea	DropDownStyle	DropDownList
Button	btnSearch	Text	查询
	btnAll	Text	刷新

（2）显示客房楼信息部分的设计步骤为：首先拖入 1 个 panel 控件；再拖入 1 个显示数据的 ListView 控件，放置在 panel 控件上。单击 ListView 控件的属性右上角的智能标签，视图选项为 Details，然后右击并选择"编辑列"命令，如图 6-23 所示。设置编辑列的属性值如表 6-9 所示，界面如图 6-24 所示。

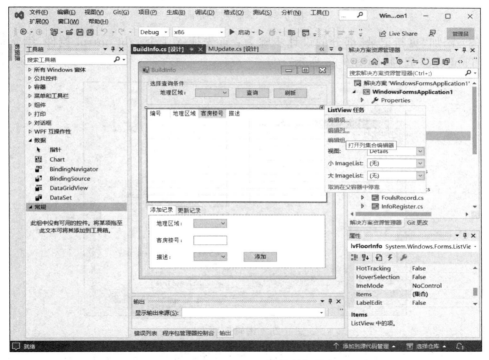

图 6-23 选择 ListView 控件的智能标签

表 6-9 编辑列的属性设置

列名	属性名	属性值
floorNum	Text	编号
floorArea	Text	地理区域
floorId	Text	客房楼号
floorMsg	Text	描述

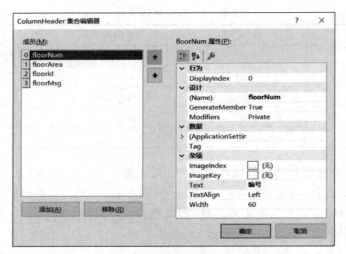

图 6-24 编辑列的界面

（3）添加"更新记录"部分的设计步骤为：首先拖入 1 个 tabControl 控件，编辑该控件的 TabPages 属性，如图 6-25 所示。

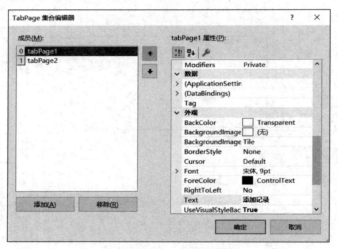

图 6-25 编辑选项卡项

在"添加记录"选项卡中拖入 3 个 Label 控件；然后依次拖入各 1 个 ComboBox 控件、TextBox 控件、ComboBox 控件，分别用于"地理区域""客房楼号"和"描述"。最后拖入 1 个 Button 控件，用于"添加"按钮功能。

在"更新记录"选项卡中拖入 4 个 Label 控件；然后依次拖入 3 个 TextBox 控件和 1 个 ComboBox 控件，分别用于"编号""地理区域""客房楼号"和"描述"；最后拖入 2 个 Button 控件，分别用于"更新"和"删除"按钮。

2. 编写代码

（1）编写窗体的 Form_Load 事件 BuildInfo_Load，代码如下。

代码 6-31　窗体的 Form_Load 事件

```csharp
private void BuildInfo_Load(object sender,EventArgs e)
{
    string sql = "select * from DB_BuildInfo order by buildId";
    try
    {
        SqlDataReader dataReader = DBHelper.GetResult(sql);
        while (dataReader.Read())
        {
            ListViewItem lvi = new ListViewItem();
            lvi.SubItems.Clear();
            lvi.SubItems[0].Text = dataReader["buildId"].ToString();
            lvi.SubItems.Add(dataReader["buildArea"].ToString());
            lvi.SubItems.Add(dataReader["buildNo"].ToString());
            lvi.SubItems.Add(dataReader["buildMsg"].ToString());
            lvFloorInfo.Items.Add(lvi);
        }
        dataReader.Close();
        DBHelper.connection.Close();
        dCboBuildArea.Items.Clear();
        sql = "select distinct buildArea from DB_BuildInfo";
        dataReader = DBHelper.GetResult(sql);
        while (dataReader.Read())
        {
            dCboBuildArea.Items.Add(dataReader[0].ToString());
        }
    }
    finally
    {
        DBHelper.connection.Close();
        txtBuildNo.Clear();
        cboBuildMsg.SelectedIndex = -1;
        lblBuildId.Text = "";
        lblBuildArea.Text = "";
        lblBuildNo.Text = "";
        dCboBuildMsg.SelectedIndex = -1;
    }
    if (lvFloorInfo.Items.Count == 0)
    {
        dCboBuildArea.Enabled = false;
    }
    else
    {
        dCboBuildArea.Enabled = true;
    }
}
```

(2) 双击"查询"按钮，进入该按钮的单击事件，编写代码如下。

代码 6-32　"查询"按钮的单击事件

```csharp
private void btnSearch_Click(object sender,EventArgs e)
{
    if (dCboBuildArea.Text == "")
    {
        MessageBox.Show("请选择所要查询的地理区域!","操作提示",
        MessageBoxButtons.OK,MessageBoxIcon.Asterisk);
    }
    else
    {
        string sql = String.Format("select * from DB_BuildInfo where buildArea = '{0}'",dCboBuildArea.Text);
        try
        {
            SqlCommand command = new SqlCommand(sql,DBHelper.connection);
            DBHelper.connection.Open();
            //执行查询
            SqlDataReader dataReader = command.ExecuteReader();
            if (!dataReader.Read())
            {
                MessageBox.Show("查无此区域记录!","操作提示",MessageBoxButtons.OK,MessageBoxIcon.Asterisk);
            }
            else
            {
                dataReader.Close();
                sql = String.Format("select * from DB_BuildInfo where buildArea = '{0}'",dCboBuildArea.Text);
                //重新指定 SQL 命令
                command.CommandText = sql;
                dataReader = command.ExecuteReader();
                lvFloorInfo.Items.Clear();
                while (dataReader.Read())
                {
                    ListViewItem lvi = new ListViewItem();
                    lvi.SubItems.Clear();
                    lvi.SubItems[0].Text = dataReader["buildId"].ToString();
                    lvi.SubItems.Add(dataReader["buildArea"].ToString());
                    lvi.SubItems.Add(dataReader["buildNo"].ToString());
                    lvi.SubItems.Add(dataReader["buildMsg"].ToString());
                    lvFloorInfo.Items.Add(lvi);
                }
            }
            dataReader.Close();
        }
        catch (Exception ex)
        {
```

```
            MessageBox.Show(ex.Message);
        }
        finally
        {
            DBHelper.connection.Close();
        }
    }
}
```

(3) 双击"刷新"按钮,进入该按钮的单击事件,编写代码如下。

代码 6-33 "刷新"按钮的单击事件

```
private void btnAll_Click(object sender,EventArgs e)
{
    lvFloorInfo.Items.Clear();
    BuildInfo_Load(sender,e);
}
```

(4) 编写 ListView 控件的 ItemSelectionChanged 事件,代码如下。

代码 6-34 ListView 控件的 ItemSelectionChanged 事件

```
private void lvFloorInfo_ItemSelectionChanged(object sender,
ListViewItemSelectionChangedEventArgs e)
{
    //避免重复执行事件
    if (e.IsSelected)
    {
        lblBuildId.Text = e.Item.SubItems[0].Text;
        lblBuildArea.Text = e.Item.SubItems[1].Text;
        lblBuildNo.Text = e.Item.SubItems[2].Text;
        dCboBuildMsg.Text = e.Item.SubItems[3].Text;
    }
}
```

(5) 在"添加记录"选项卡中双击"添加"按钮,进入该按钮的单击事件,编写代码如下。

代码 6-35 "添加"按钮的单击事件

```
private void btnAdd_Click(object sender,EventArgs e)
{
    if (IsValidataInput())
    {
        string sql = String.Format("select count(*) from DB_BuildInfo where
        buildArea = '{0}' and buildNo = {1}",cboBuildArea.Text,Convert.ToInt32
        (txtBuildNo.Text.Trim()));
        try
        {
            int count = DBHelper.GetSqlResult(sql);
            if (count == 1)
            {
                MessageBox.Show("该楼号已经存在,请另外选择!","操作提示",
```

```
                MessageBoxButtons.OK,MessageBoxIcon.Information);
            }
            else
            {
                sql = String.Format(@"insert into DB_BuildInfo(buildArea,
                buildNo,buildMsg) values ('{0}',{1},'{2}')",cboBuildArea.
                Text,Convert.ToInt32(txtBuildNo.Text.Trim()),cboBuildMsg.
                Text);
                int result = DBHelper.GetDsqlResult(sql);
                if (result == 1)
                {
                    MessageBox.Show("添加记录成功!","操作提示",
                    MessageBoxButtons.OK,MessageBoxIcon.Asterisk);
                }
                else
                {
                    MessageBox.Show("添加记录失败!","操作提示",
                    MessageBoxButtons.OK,MessageBoxIcon.Asterisk);
                }
            }
        }
        catch (Exception ex)
        {
            MessageBox.Show(ex.Message);
        }
        finally
        {
            DBHelper.connection.Close();
            if (dCboBuildArea.Text == "")
            {
                lvFloorInfo.Items.Clear();
                btnAll.PerformClick();
            }
            else
            {
                FormRefresh();
            }
        }
    }
}
```

(6) 这段代码中调用了确定是否是有效输入的 IsValidataInput()方法,这段代码的功能是判断将要添加的记录是否符合要求。IsValidataInput()方法代码如下。

代码 6-36　IsValidataInput()方法

```
#region 确定是否是有效输入
private bool IsValidataInput()
{
    if (cboBuildArea.Text == "")
    {
```

```csharp
            MessageBox.Show("请确定学生宿舍地理区域!","操作提示",MessageBoxButtons.
            OK,MessageBoxIcon.Information);
            cboBuildArea.Focus();
            return false;
        }
        else if (txtBuildNo.Text.Trim() == "")
        {
            MessageBox.Show("请输入学生宿舍楼号!","操作提示",MessageBoxButtons.OK,
            MessageBoxIcon.Information);
            txtBuildNo.Focus();
            return false;
        }
        else if (cboBuildMsg.Text == "")
        {
            MessageBox.Show("请确定学生宿舍楼属性!","操作提示",MessageBoxButtons.
            OK,MessageBoxIcon.Information);
            cboBuildMsg.Focus();
            return false;
        }
        return true;
    }
    #endregion
```

(7) 在"更新记录"选项卡中双击"更新"按钮,进入该按钮的单击事件,编写代码如下。

代码 6-37　"更新"按钮的单击事件

```csharp
private void btnRefresh_Click(object sender,EventArgs e)
{
    if (lvFloorInfo.SelectedItems.Count == 0)
    {
        MessageBox.Show("请选择要更新的记录!","操作提示",MessageBoxButtons.OK,
        MessageBoxIcon.Asterisk);
        return;
    }
    DialogResult result = MessageBox.Show("您确定要更新该条记录?","操作提示",
    MessageBoxButtons.OKCancel,MessageBoxIcon.Question);
    if (result == DialogResult.OK)
    {
        string sql = String.Format("update DB_BuildInfo set buildMsg = '{0}'
        where buildId = {1}", dCboBuildMsg.Text, Convert.ToInt32(lblBuildId.
        Text));
        try
        {
            int count = DBHelper.GetDsqlResult(sql);
            if (count == 1)
            {
                MessageBox.Show("更新记录成功!","操作提示",MessageBoxButtons.
                OK,MessageBoxIcon.Asterisk);
            }
```

```
        else
        {
            MessageBox.Show("更新记录失败!","操作提示",MessageBoxButtons.
            OK,MessageBoxIcon.Asterisk);
        }
    }
    catch (Exception ex)
    {
        MessageBox.Show(ex.Message);
    }
    finally
    {
        DBHelper.connection.Close();
        if (dCboBuildArea.Text == "")
        {
            lvFloorInfo.Items.Clear();
            //初始化窗体
            BuildInfo_Load(sender,e);
        }
        else
        {
            FormRefresh();
        }
    }
}
```

（8）这段代码中调用了FormRefresh()方法，用于刷新窗体。编写FormRefresh()方法的代码如下。

代码6-38　FormRefresh()方法

```
//刷新窗体
private void FormRefresh()
{
    lvFloorInfo.Items.Clear();
    string sqlString = String.Format("select * from DB_BuildInfo where
    buildArea = '{0}'",dCboBuildArea.Text);
    try
    {
        SqlDataReader dataReader = DBHelper.GetResult(sqlString);
        while (dataReader.Read())
        {
            ListViewItem lvi = new ListViewItem();
            lvi.SubItems.Clear();
            lvi.SubItems[0].Text = dataReader["buildId"].ToString();
            lvi.SubItems.Add(dataReader["buildArea"].ToString());
            lvi.SubItems.Add(dataReader["buildNo"].ToString());
            lvi.SubItems.Add(dataReader["buildMsg"].ToString());
            lvFloorInfo.Items.Add(lvi);
        }
        dataReader.Close();
```

```
        }
        finally
        {
            DBHelper.connection.Close();
            cboBuildArea.SelectedIndex = -1;
            txtBuildNo.Clear();
            cboBuildMsg.SelectedIndex = -1;
            lblBuildId.Text = "";
            lblBuildArea.Text = "";
            lblBuildNo.Text = "";
            dCboBuildMsg.SelectedIndex = -1;
        }
}
```

（9）双击"删除"按钮，进入该按钮的单击事件，编写代码如下。

代码 6-39　"删除"按钮的单击事件

```
private void btnDel_Click(object sender,EventArgs e)
{
    if (lvFloorInfo.SelectedItems.Count == 0)
    {
        MessageBox.Show("请选择所要删除的记录!","操作提示",MessageBoxButtons.
        OK,MessageBoxIcon.Asterisk);
        return;
    }
    DialogResult result = MessageBox.Show("您确定要删除该条记录?","操作提示",
    MessageBoxButtons.OKCancel,MessageBoxIcon.Question);
    if (result == DialogResult.OK)
    {
        string sql = String.Format("delete from DB_BuildInfo where buildId = 
        {0}",Convert.ToInt32(lblBuildId.Text));
        try
        {
            SqlCommand command = new SqlCommand(sql,DBHelper.connection);
            DBHelper.connection.Open();
            int count = command.ExecuteNonQuery();
            if (count == 1)
            {
                MessageBox.Show("删除记录成功!","操作提示",MessageBoxButtons.
                OK,MessageBoxIcon.Asterisk);
            }
            else
            {
                MessageBox.Show("删除记录失败!","操作提示",MessageBoxButtons.
                OK,MessageBoxIcon.Asterisk);
            }
        }
        catch (Exception ex)
        {
            MessageBox.Show(ex.Message);
        }
        finally
        {
```

```
            DBHelper.connection.Close();
            if (dCboBuildArea.Text == "")
            {
                lvFloorInfo.Items.Clear();
                //初始化窗体
                BuildInfo_Load(sender,e);
            }
            else
            {
                FormRefresh();
            }
        }
    }
}
```

6.2.6　设计客房信息管理界面 DormInfo.cs

客房信息管理的设计界面如图 6-26 所示。"客房信息管理"界面的功能是对客房信息进行查询、修改、录入、更新和删除操作。客房信息包括编号、地理区域、客房楼号、客房号、床位数和备注。

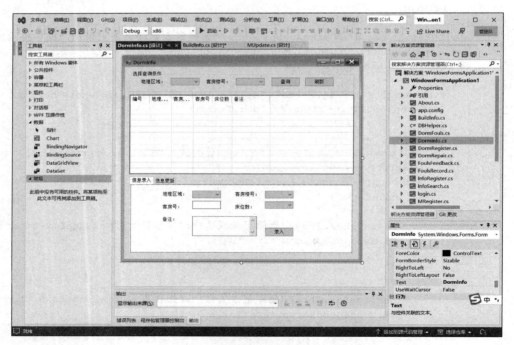

图 6-26　客房信息管理的设计界面

1. 设计界面

"客房信息管理"的界面由三部分组成,分别是查询部分、信息显示部分,以及信息录入和更新部分。查询部分由一个 GroupBox 控件布局,信息显示部分是一个 Panel 控件布局,信息录入和更新部分由一个 tabControl 控件布局。

(1) 选择查询条件部分的设计步骤为:首先拖入 1 个 GroupBox 控件,然后依次拖入 2 个 Label 控件、2 个 ComboBox 控件、2 个 Button 控件,这些控件的属性设置如表 6-10 所示。

表 6-10 控件属性设置表

控件类型	控件名	属性名	属性值
GroupBox	GroupBox1	Text	选择查询条件
Label	Label1	Text	地理区域
	Label2	Text	客房楼号
ComboBox	dCboBuildArea	DroDownStyle	DropDownList
	dCboBuildNo	DroDownStyle	DropDownList
Button	btnQuery	Text	查询
	btnRefresh	Text	刷新

(2) 显示客房信息部分的设计步骤为:首先拖入 1 个 Panel 控件,用于布局 ListView 控件的显示效果。然后拖入 1 个 ListView 控件,单击 ListView 控件右上角的智能标签,如图 6-27 所示,将"视图"选项设置为 Details。右击并选择"编辑列"命令,对 ListView 进行编辑,设置列的属性如表 6-11 所示。列的属性编辑界面如图 6-28 所示。

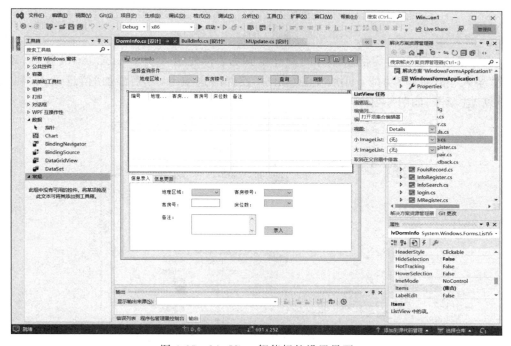

图 6-27 ListView 智能标签设置界面

表 6-11 ListView 列的属性值

列 名	属性名	属性值
dormId	Text	编号
buildArea	Text	地理区域
buildNo	Text	客房楼号
dormNo	Text	客房号
bedNum	Text	床位数
dormElse	Text	备注

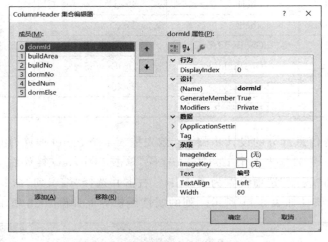

图 6-28 编辑 ListView 控件的列

（3）录入和更新客房信息部分的设计步骤为：首先拖入 1 个 tabControl 控件，用于布局"录入"和"更新"功能。编辑 tabControl 控件的选项卡，分别添加"信息录入"和"信息更新"选项卡，如图 6-29 所示。

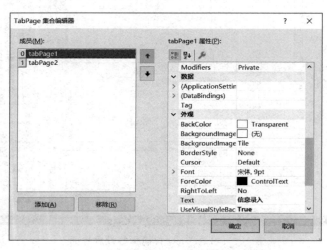

图 6-29 编辑 tabControl 控件的选项卡

在"信息录入"界面中首先拖入 5 个 Label 标签,分别用于显示"地理区域""客房楼号""客房号""床位数"和"备注";然后依次拖入 3 个 ComboBox 控件,分别用于"地理区域""客房楼号"和"床位数";再拖入 2 个 TextBox 控件,分别用于"客房号"和"备注";最后拖入 1 个 Button 按钮,用作"录入"按钮。控件的属性设置如表 6-12 所示。

表 6-12 控件的属性设置

控件类型	控件名	属性名	属性值
ComboBox	cboBuildArea(地理区域)	DropDownStyle	DropDownList
	cboBuildNo(客房楼号)	DropDownStyle	DropDownList
	cboBedNum(床位数)	DropDownStyle	DropDownList
		Items	4 6 8 12(用换行分开)
TextBox	txtDormElse(备注)	MultiLine	True

在信息更新界面中,首先拖入 6 个 Label 控件,分别用于显示"编号""地理区域""客房楼号""客房号""床位数"和"备注";然后拖入 5 个 TextBox 控件,分别用于"编号""地理区域""客房楼号""客房号"和"备注";再拖入 1 个 ComboBox 控件,用于"床位数";最后拖入 2 个 Button 按钮,分别用于"更新"和"删除"。

2. 编写代码

(1) 首先编写窗体的 Form_Load 事件,代码如下。

代码 6-40 窗体的 Form_Load 事件

```
private void DormInfo_Load(object sender,EventArgs e)
{
    cboBuildNo.Enabled = false;
    dCboBuildNo.Enabled = false;
    //初始化各控件
    cboBuildArea.Items.Clear();
    dCboBuildArea.Items.Clear();
    txtDormNo.Clear();
    cboBedNum.SelectedIndex = -1;
    txtDormElse.Clear();
    string sql = "select * from DB_DormInfo";
    try
    {
        SqlCommand command = new SqlCommand(sql,DBHelper.connection);
        DBHelper.connection.Open();
        dataReader = command.ExecuteReader();
        while (dataReader.Read())
        {
            ListViewItem lviDormInfo = new ListViewItem();
            lviDormInfo.SubItems.Clear();
            lviDormInfo.SubItems[0].Text = dataReader["dormId"].ToString();
            lviDormInfo.SubItems.Add(dataReader["buildArea"].ToString());
```

```csharp
            lviDormInfo.SubItems.Add(dataReader["buildNo"].ToString());
            lviDormInfo.SubItems.Add(dataReader["dormNo"].ToString());
            lviDormInfo.SubItems.Add(dataReader["bedNum"].ToString());
            lviDormInfo.SubItems.Add(dataReader["dormElse"].ToString());
            lvDormInfo.Items.Add(lviDormInfo);
        }
        dataReader.Close();
        sql = "select distinct buildArea from DB_BuildInfo";
        command.CommandText = sql;
        dataReader = command.ExecuteReader();
        while (dataReader.Read())
        {
            cboBuildArea.Items.Add(dataReader["buildArea"].ToString());
            dCboBuildArea.Items.Add(dataReader["buildArea"].ToString());
        }
        dataReader.Close();
    }
    catch (Exception ex)
    {
        MessageBox.Show(ex.Message);
    }
    finally
    {
        DBHelper.connection.Close();
    }
}
```

(2) 双击"查询"按钮,进入该按钮的单击事件,编写代码如下。

代码 6-41 "查询"按钮的单击事件

```csharp
private void btnQuery_Click(object sender,EventArgs e)
{
    if (IsSearchConditions())
    {
        lvDormInfo.Items.Clear();
        string sql = String.Format("select * from DB_DormInfo where buildArea = '{0}' and buildNo = {1}", dCboBuildArea.Text, Convert.ToInt32(dCboBuildNo.Text));
        //测试数据库连接
        try
        {
            SqlCommand command = new SqlCommand(sql,DBHelper.connection);
            //打开数据库连接
            DBHelper.connection.Open();
            dataReader = command.ExecuteReader();
            while (dataReader.Read())
            {
                ListViewItem lviDormInfo = new ListViewItem();
                lviDormInfo.SubItems.Clear();
                lviDormInfo.SubItems[0].Text = dataReader["dormId"].ToString();
```

```
            lviDormInfo.SubItems.Add(dataReader["buildArea"].ToString());
            lviDormInfo.SubItems.Add(dataReader["buildNo"].ToString());
            lviDormInfo.SubItems.Add(dataReader["dormNo"].ToString());
            lviDormInfo.SubItems.Add(dataReader["bedNum"].ToString());
            lviDormInfo.SubItems.Add(dataReader["dormElse"].ToString());
            lvDormInfo.Items.Add(lviDormInfo);
        }
        dataReader.Close();
    }
    catch (Exception ex)
    {
        MessageBox.Show(ex.Message);
    }
    finally
    {
        DBHelper.connection.Close();
    }
}
```

（3）代码 6-41 调用了用于判断查询条件是否合法的 IsSearchConditions( ) 方法，编写该方法的代码如下。

代码 6-42　IsSearchConditions( ) 方法

```
//验证是否是有效查询条件
private bool IsSearchConditions()
{
    if (dCboBuildArea.Text == "")
    {
        MessageBox.Show("请选择查询的地理区域!","操作提示",MessageBoxButtons.
        OK,MessageBoxIcon.Asterisk);
        return false;
    }
    else if (dCboBuildNo.Text == "")
    {
        MessageBox.Show("请选择查询的客房楼号!","操作提示",MessageBoxButtons.
        OK,MessageBoxIcon.Asterisk);
        return false;
    }
    return true;
}
```

（4）编写显示"地理区域"的 ComboBox 控件的 SelectedIndexChanged 事件，代码如下。

代码 6-43　"地理区域"的 ComboBox 控件的 SelectedIndexChanged 事件

```
private void dCboBuildArea_SelectedIndexChanged(object sender,EventArgs e)
{
    dCboBuildNo.Items.Clear();
    string sql = String.Format("select buildNo from DB_BuildInfo where
```

```
            buildArea = '{0}'order by buildNo",dCboBuildArea.Text);
            try
            {
                SqlCommand command = new SqlCommand(sql,DBHelper.connection);
                DBHelper.connection.Open();
                dataReader = command.ExecuteReader();
                while (dataReader.Read())
                {
                    dCboBuildNo.Items.Add(dataReader["buildNo"].ToString());
                }
                dataReader.Close();
                dCboBuildNo.Enabled = true;
            }
            catch (Exception ex)
            {
                MessageBox.Show(ex.Message);
            }
            finally
            {
                DBHelper.connection.Close();
            }
        }
```

(5)双击"刷新"按钮,进入该按钮的单击事件,编写代码如下。

代码 6-44 "刷新"按钮的单击事件

```
private void btnRefresh_Click(object sender,EventArgs e)
{
    lvDormInfo.Items.Clear();
    //初始化窗体
    DormInfo_Load(sender,e);
}
```

(6)编写 ListView 控件的 ItemSelectionChanged 事件,代码如下。

代码 6-45 ListView 控件的 ItemSelectionChanged 事件

```
private void lvDormInfo_ItemSelectionChanged(object sender,
ListViewItemSelectionChangedEventArgs e)
{
    if (e.IsSelected)
    {
        uLblDormId.Text = e.Item.SubItems[0].Text;
        uLblBuildArea.Text = e.Item.SubItems[1].Text;
        uLblBuildNo.Text = e.Item.SubItems[2].Text;
        uLblDormNo.Text = e.Item.SubItems[3].Text;
        uCboBedNum.Text = e.Item.SubItems[4].Text;
        dTxtDormElse.Text = e.Item.SubItems[5].Text;
    }
}
```

(7)在"信息录入"选项卡中双击"录入"按钮,进入该按钮的单击事件,编写代码如下。

代码6-46 "录入"按钮的单击事件

```csharp
private void btnEnter_Click(object sender,EventArgs e)
{
    bool isValidata = false;
    string message = "";
    if (IsValidataInput())
    {
        isValidata = IsValidata(cboBuildArea.Text,Convert.ToInt32
        (cboBuildNo.Text),Convert.ToInt32(txtDormNo.Text),ref message);
        if (isValidata)
        {
            string sql = String.Format(@"insert into DB_DormInfo(buildArea,
            buildNo,dormNo,bedNum,dormElse) values('{0}',{1},{2},{3},'{4}')",
            cboBuildArea.Text,Convert.ToInt32(cboBuildNo.Text),Convert.ToInt32
            (txtDormNo.Text.Trim()),Convert.ToInt32(cboBedNum.Text),
            txtDormElse.Text.Trim());
            try
            {
                SqlCommand command = new SqlCommand(sql,DBHelper.connection);
                DBHelper.connection.Open();
                int result = command.ExecuteNonQuery();
                if (result == 1)
                {
                    MessageBox.Show("录入信息成功!","操作提示",
                    MessageBoxButtons.OK,MessageBoxIcon.Asterisk);
                }
                else
                {
                    MessageBox.Show("录入信息失败!","操作提示",
                    MessageBoxButtons.OK,MessageBoxIcon.Asterisk);
                }
            }
            catch (Exception ex)
            {
                MessageBox.Show(ex.Message);
            }
            finally
            {
                DBHelper.connection.Close();
                if (dCboBuildArea.Text == cboBuildArea.Text)
                {
                    FormRefresh();
                }
                else
                {
                    btnRefresh.PerformClick();
                }
```

```
                txtDormNo.Clear();
                txtDormElse.Clear();
            }
        }
        else
        {
            MessageBox.Show(message,"操作提示",MessageBoxButtons.OK,
            MessageBoxIcon.Asterisk);
        }
    }
}
```

(8) 双击"信息更新"选项卡中的"更新"按钮，进入该按钮的单击事件，代码如下。

代码 6-47　"更新"按钮的单击事件

```
private void btnUpdate_Click(object sender,EventArgs e)
{
    if (lvDormInfo.SelectedItems.Count == 0)
    {
        MessageBox.Show("请选择要更新的数据记录!","操作提示",MessageBoxButtons.
        OK,MessageBoxIcon.Asterisk);
        return;
    }
    else if (uCboBedNum.Text == "")
    {
        MessageBox.Show("请确定该宿舍号的床位数!","操作提示",
        MessageBoxButtons.OK,MessageBoxIcon.Asterisk);
        return;
    }
    DialogResult result = MessageBox.Show("您确定要更新该条数据记录吗?","操
    作提示",MessageBoxButtons.OKCancel,MessageBoxIcon.Asterisk);
    if (result == DialogResult.OK)
    {
        string sql = String.Format(@"update DB_DormInfo set bedNum = {0},
        dormElse = '{1}' where dormId = {2}",Convert.ToInt32(uCboBedNum.Text),
        dTxtDormElse.Text,Convert.ToInt32(uLblDormId.Text));
        try
        {
            SqlCommand command = new SqlCommand(sql,DBHelper.connection);
            DBHelper.connection.Open();
            int count = (int)command.ExecuteNonQuery();
            uLblDormId.Text = "";
            uLblBuildArea.Text = "";
            uLblBuildNo.Text = "";
            uLblDormNo.Text = "";
            uCboBedNum.SelectedIndex = -1;
            dTxtDormElse.Clear();
            if (count == 1)
            {
                MessageBox.Show("更新记录成功!","操作提示",MessageBoxButtons.
```

```
                    OK,MessageBoxIcon.Asterisk);
                }
                else
                {
                    MessageBox.Show("更新记录失败,请重新操作!","操作提示",
                    MessageBoxButtons.OK,MessageBoxIcon.Asterisk);
                }
            }
            catch (Exception ex)
            {
                MessageBox.Show(ex.Message);
            }
            finally
            {
                DBHelper.connection.Close();
                //刷新窗体
                if (dCboBuildArea.Text == cboBuildArea.Text)
                {
                    FormRefresh();
                }
                else
                {
                    btnRefresh.PerformClick();
                }
            }
        }
    }
```

（9）双击"信息更新"选项卡中的"删除"按钮，进入该按钮的单击事件，编写代码如下。

代码 6-48　"删除"按钮的单击事件

```
private void btnDel_Click(object sender,EventArgs e)
{
    if (lvDormInfo.SelectedItems.Count == 0)
    {
        MessageBox.Show("请选择要删除的记录!","操作提示",MessageBoxButtons.OK,
        MessageBoxIcon.Asterisk);
        return;
    }
    else
    {
        DialogResult result = MessageBox.Show("您确定要删除该条记录吗?","操作提示",MessageBoxButtons.OKCancel,MessageBoxIcon.Question);
        if (result == DialogResult.OK)
        {
            string sql = String.Format("delete from DB_DormInfo where dormId = {0}",Convert.ToInt32(uLblDormId.Text));
            try
            {
```

```csharp
            SqlCommand command = new SqlCommand(sql,DBHelper.connection);
            DBHelper.connection.Open();
            int count = (int)command.ExecuteNonQuery();
            uLblDormId.Text = "";
            uLblBuildArea.Text = "";
            uLblBuildNo.Text = "";
            uLblDormNo.Text = "";
            uCboBedNum.SelectedIndex = -1;
            dTxtDormElse.Clear();
            if (count == 1)
            {
                MessageBox.Show("删除记录成功!","操作提示",
                MessageBoxButtons.OK,MessageBoxIcon.Asterisk);
            }
            else
            {
                MessageBox.Show("删除记录失败,请重新操作!","操作提示",
                MessageBoxButtons.OK,MessageBoxIcon.Asterisk);
            }
        }
        catch (Exception ex)
        {
            MessageBox.Show(ex.Message);
        }
        finally
        {
            DBHelper.connection.Close();
            if (dCboBuildArea.Text != "")
            {
                FormRefresh();
            }
            else
            {
                btnRefresh.PerformClick();
            }
        }
    }
}
```

(10) 编写选项卡的 SelectedIndexChanged 事件,代码如下。

代码 6-49 选项卡的 SelectedIndexChanged 事件

```csharp
private void tabControl1_SelectedIndexChanged(object sender,EventArgs e)
{
    uLblDormId.Text = "";
    uLblBuildArea.Text = "";
    uLblBuildNo.Text = "";
    uLblDormNo.Text = "";
    uCboBedNum.SelectedIndex = -1;
```

```
            dTxtDormElse.Clear();
}
```

6.2.7　设计客户信息录入界面 InfoRegister.cs

客户信息录入功能的设计界面如图 6-30 所示。客户信息录入界面的功能是将客户信息录入到数据库中。客户信息包括编号、姓名、性别、入住时间、联系方式、电话和备注。

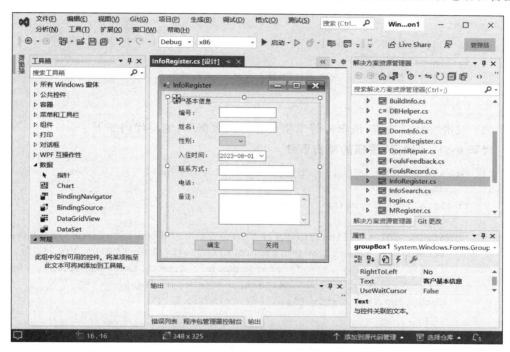

图 6-30　客户信息录入界面

1. 设计界面

客户信息录入界面的设计步骤为：首先拖入 1 个 GroupBox 控件，将该控件的"text 属性"设置为客户基本信息；然后拖入 7 个 Label 控件，分别作为"编号""姓名""性别""入住时间""联系方式""电话"和"备注"；再依次对应地拖入 2 个 TextBox 控件、1 个 ComboBox 控件、1 个 DateTimepicker 日期时间控件和 3 个 TextBox 控件；最后拖入 2 个 Button 控件，作为"确定"和"关闭"按钮。

2. 编写代码

(1) 编写窗体的 Form_Load 事件 InfoRegister_Load，编写代码如下。

代码 6-50　窗体的 Form_Load 事件 InfoRegister_Load

```
private void InfoRegister_Load(object sender,EventArgs e)
{
```

```csharp
        cboStuPro.Enabled = false;
        try
        {
            dataReader = DBHelper.GetResult("select distinct subDepart from DB_SubInfo");
            while (dataReader.Read())
            {
                cboStuDepart.Items.Add(dataReader["subDepart"].ToString());
            }
            dataReader.Close();
        }
        finally
        {
            DBHelper.connection.Close();
        }
    }
```

(2)双击"确定"按钮,该事件将学生信息写入数据库,编写代码如下。

代码 6-51 "确定"按钮的单击事件

```csharp
private void btnEnter_Click(object sender, EventArgs e)
{
    if (IsValidataInput())
    {
        string sql = String.Format(@"insert into DB_StuInfo(stuNo,stuName,
            stuSex,stuTime,stuDepart,stuPro,stuElse) values('{0}','{1}','{2}',
            '{3}','{4}','{5}','{6}')", txtStuNo.Text.Trim(), txtStuName.Text.Trim(),
            cboStuSex.Text, dtpStuTime.Text, cboStuDepart.Text,
            cboStuPro.Text, txtStuElse.Text.Trim());
        try
        {
            int result = DBHelper.GetDsqlResult(sql);
            if (result == 1)
            {
                MessageBox.Show("添加记录成功!","操作提示",MessageBoxButtons.OK,MessageBoxIcon.Asterisk);
            }
            else
            {
                MessageBox.Show("添加记录失败!","操作提示",MessageBoxButtons.OK,MessageBoxIcon.Asterisk);
            }
        }
        finally
        {
            DBHelper.connection.Close();
            txtStuNo.Clear();
            txtStuName.Clear();
            txtStuElse.Clear();
```

        }
    }
}

(3) 代码 6-51 中调用了 IsValidataInput()方法,该方法是判断用户输入的信息是否合法,编写该方法的代码如下。

代码 6-52 IsValidataInput()方法

```
#region 判断是否是有效输入
private bool IsValidataInput()
{
    if (txtStuNo.Text.Trim() == "")
    {
        MessageBox.Show("请输入该顾客编号!","操作提示",MessageBoxButtons.OK,
        MessageBoxIcon.Information);
        txtStuNo.Focus();
        return false;
    }
    else if (txtStuName.Text.Trim() == "")
    {
        MessageBox.Show("请输入该顾客姓名!","操作提示",MessageBoxButtons.OK,
        MessageBoxIcon.Information);
        txtStuName.Focus();
        return false;
    }
    else if (cboStuSex.Text == "")
    {
        MessageBox.Show("请选择该顾客性别!","操作提示",MessageBoxButtons.OK,
        MessageBoxIcon.Information);
        cboStuSex.Focus();
        return false;
    }
    else if (lianxi.Text == "")
    {
        MessageBox.Show("请输入该顾客的联系方式!","操作提示",MessageBoxButtons.
        OK,MessageBoxIcon.Information);
        lianxi.Focus();
        return false;
    }
    else if (dianhua.Text == "")
    {
        MessageBox.Show("请输入该顾客的电话!","操作提示",MessageBoxButtons.OK,
        MessageBoxIcon.Information);
        dianhua.Focus();
        return false;
    }
    return true;
}
```

(4) 双击"关闭"按钮,进入该按钮的单击事件,编写代码如下。

代码 6-53 "关闭"按钮的单击事件

```
private void btnExit_Click(object sender,EventArgs e)
{
    this.Close();
}
```

6.2.8 设计入住信息管理界面 DormRegister.cs

入住信息管理的设计界面如图 6-31 所示。入住信息管理界面的功能是对学生住宿情况进行挂历,包括对编号、姓名、性别、联系方式、电话、地理区域、客房楼号、客房号、剩余床位数等信息进行管理。

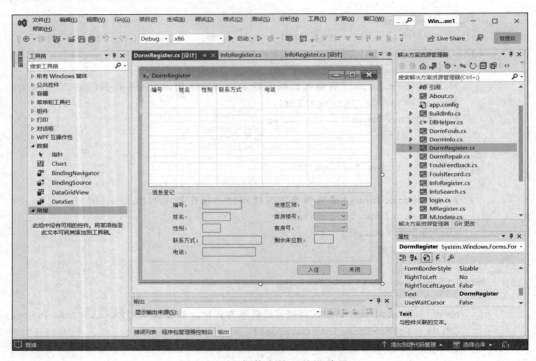

图 6-31 入住信息管理的设计界面

1. 设计界面

入住信息管理界面分为两部分:一部分是显示入住信息,另一部分是对入住信息进行添加。

(1) 显示入住信息部分的设计步骤为:首先拖入 1 个 ListView 控件,单击"ListView 控件"右上角的智能标签,在"视图"选项中设置为 Details,如图 6-32 所示;然后右击并选择"编辑列"命令,编辑列的属性值如表 6-13 所示,列的编辑界面如图 6-33 所示。

项目 6　设计制作酒店客房管理系统

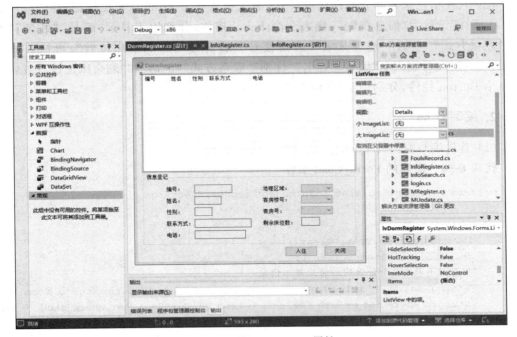

图 6-32　设置 ListView 属性

表 6-13　ListView 列的属性值

列　名	属性名	属　性　值
stuNo	Text	编号
stuName	Text	姓名
stuSex	Text	性别
stuDepart	Text	联系方式
stuPro	Text	电话

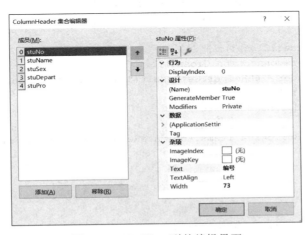

图 6-33　ListView 列的编辑界面

189

(2) 入住信息录入部分的设计步骤为：首先拖入 1 个 groupBox 控件，并将该控件的"Text 属性"设置为"信息登记"；拖入 9 个 Label 控件，分别用于显示"编号""姓名""性别""联系方式""电话""地理区域""客房楼号""客房号"和"剩余床位数"；再拖入 6 个 TextBox 控件，分别用于"编号""姓名""性别""联系方式""电话"和"剩余床位数"；最后拖入 2 个 Button 控件，分别用于"入住"和"关闭"按钮。

2. 编写代码

（1）首先编写窗体的 Form_Load 事件，代码如下。

代码 6-54　窗体的 Form_Load 事件

```
private void DormRegister_Load(object sender,EventArgs e)
{
    FormState();
    lvDormRegister.Items.Clear();
    cboBuildArea.Items.Clear();
    //查询还未为其分配客房的客户基本信息
    string sql = @"select stuNo, stuName, stuSex, stuDepart, stuPro from DB_
    StuInfo where not exists (select * from DB_DormRegister where stuNo = DB_
    StuInfo.stuNo)";
    try
    {
        dataReader = DBHelper.GetResult(sql);
        while (dataReader.Read())
        {
            ListViewItem lviDormRegister = new ListViewItem();
            lviDormRegister.SubItems.Clear();
            lviDormRegister.SubItems[0].Text = dataReader["stuNo"].ToString();
            lviDormRegister.SubItems.Add(dataReader["stuName"].ToString());
            lviDormRegister.SubItems.Add(dataReader["stuSex"].ToString());
            lviDormRegister.SubItems.Add(dataReader["stuDepart"].ToString());
            lviDormRegister.SubItems.Add(dataReader["stuPro"].ToString());
            lvDormRegister.Items.Add(lviDormRegister);
        }
        dataReader.Close();
        DBHelper.connection.Close();
        dataReader = DBHelper.GetResult("select distinct buildArea from DB_
        BuildInfo");
        while (dataReader.Read())
        {
            cboBuildArea.Items.Add(dataReader["buildArea"].ToString());
        }
        dataReader.Close();
    }
    finally
    {
        DBHelper.connection.Close();
    }
}
```

（2）代码 6-53 中调用了 FormState()方法，该方法的作用是对窗体进行初始化。编写 FormState()方法的代码如下。

代码 6-55　FormState()方法

```
//窗体控件初始化
private void FormState()
{
    cboBuildArea.SelectedIndex = -1;
    cboBuildArea.Enabled = false;
    cboDormNo.Enabled = false;
    cboBuildNo.Enabled = false;
    dLblStuNo.Text = "";
    dLblStuName.Text = "";
    dLblStuSex.Text = "";
    dLblstuDepart.Text = "";
    dLblStuPro.Text = "";
    dLblBenNumLeft.Text = "";
}
```

（3）双击"入住"按钮，进入该按钮的单击事件，编写代码如下。这段代码的功能是将入住信息写入数据库中。

代码 6-56　"入住"按钮的单击事件

```
private void btnEnter_Click(object sender,EventArgs e)
{
    if (lvDormRegister.SelectedItems.Count == 0)
    {
        MessageBox.Show("请选择要为其分配客房的客户信息!","操作提示",
        MessageBoxButtons.OK,MessageBoxIcon.Asterisk);
        return;
    }
    else
    {
        if (IsValidataInput())
        {
            DialogResult result = MessageBox.Show("您确定该客户要入住该客房吗?","操作提示",MessageBoxButtons.OKCancel,MessageBoxIcon.Question);
            if (result == DialogResult.OK)
            {
                string sql = String.Format(@"insert into DB_DormRegister
                (stuNo,buildArea,buildNo,dormNo) values('{0}','{1}',{2},{3})",
                dLblStuNo.Text,
                cboBuildArea.Text,Convert.ToInt32(cboBuildNo.Text),
                Convert.ToInt32(cboDormNo.Text));
                try
                {
                    int count = DBHelper.GetDsqlResult(sql);
                    if (count == 1)
                    {
                        MessageBox.Show("该客户信息登记成功!","操作提示",
```

```csharp
                    MessageBoxButtons.OK,MessageBoxIcon.Asterisk);
            }
            else
            {
                MessageBox.Show("该客户信息登记失败,请重新操作!","操作提示",MessageBoxButtons.OK,MessageBoxIcon.Asterisk);
            }
        }
        catch (Exception ex)
        {
            MessageBox.Show(ex.Message);
        }
        finally
        {
            DBHelper.connection.Close();
            DormRegister_Load(sender,e);
        }
    }
}
```

(4) 代码 6-56 中调用了 IsValidataInput()方法, 该方法是判断输入的信息是否合法。编写 IsValidataInput()方法的代码如下。

代码 6-57　IsValidataInput()方法

```csharp
#region 判断是否是有效输入
private bool IsValidataInput()
{
    if (cboBuildArea.Text == "")
    {
        MessageBox.Show("请选择地理区域!","操作提示",MessageBoxButtons.OK,
            MessageBoxIcon.Asterisk);
        return false;
    }
    else if (cboBuildNo.Text == "")
    {
        MessageBox.Show("请选择客房楼号!","操作提示",MessageBoxButtons.OK,
            MessageBoxIcon.Asterisk);
        return false;
    }
    else if (cboDormNo.Text == "")
    {
        MessageBox.Show("请选择客房号!","操作提示",MessageBoxButtons.OK,
            MessageBoxIcon.Asterisk);
        return false;
    }
    return true;
}
#endregion
```

(5)双击"关闭"按钮,进入该按钮的单击事件,编写代码如下。

代码 6-58 "关闭"按钮的单击事件

```
private void btnClose_Click(object sender,EventArgs e)
{
    this.Close();
}
```

6.2.9 设计报修登记功能界面 RepairRecord.cs

报修登记功能的设计界面如图 6-34 所示。该界面的功能是输入报修信息,将报修信息提交到数据库。报修信息包括地理区域、客房楼号、客房号、登记时间、报修信息。

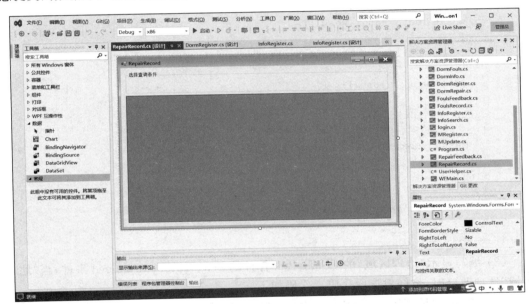

图 6-34 报修登记功能的设计界面

1. 设计界面

报修登记功能界面的设计步骤为:首先拖入 1 个 groupBox 控件,将该控件的"Text 属性"设置为"报修信息登记";拖入 5 个 Label 控件,分别用于"地理区域""客房楼号""客房号""登记时间"和"报修信息";拖入 3 个 ComboBox 控件,分别用于"地理区域""客房楼号"和"客房号";再拖入 1 个 DateTimePicker 控件,用于"登记时间";然后拖入 1 个 TextBox 控件,用于报修信息,并将该 TextBox 控件的"MultiLine 属性"设置为 True;最后拖入 2 个 Button 控件,分别用于"登记"和"关闭"按钮。

2. 编写代码

(1)首先编写窗体的 Form_Load 事件,代码如下。

代码 6-59　窗体的 Form_Load 事件

```csharp
private void DormRepair_Load(object sender,EventArgs e)
{
    cboBuildNo.Enabled = false;
    cboDormNo.Enabled = false;
    cboBuildArea.Items.Clear();
    cboBuildArea.SelectedIndex = -1;
    txtDormJob.Text = "";
    string query = "select distinct buildArea from DB_BuildInfo";
    try
    {
        SqlCommand command = new SqlCommand(query,DBHelper.connection);
        DBHelper.connection.Open();
        dataReader = command.ExecuteReader();
        while (dataReader.Read())
        {
            cboBuildArea.Items.Add(dataReader["buildArea"].ToString());
        }
        dataReader.Close();
    }
    catch (Exception ex)
    {
        MessageBox.Show(ex.Message);
    }
    finally
    {
        DBHelper.connection.Close();
    }
}
```

（2）编写显示"地理区域"的 ComboBox 控件的 SelectedIndexChanged 事件，当"地理区域"选项改变时，将触发该段代码。代码如下。

代码 6-60　"地理区域"的 SelectedIndexChanged 事件

```csharp
private void cboBuildArea_SelectedIndexChanged(object sender,EventArgs e)
{
    cboBuildNo.Items.Clear();
    string sql = String.Format("select buildNo from DB_BuildInfo where buildArea = '{0}'order by buildNo",cboBuildArea.Text);
    try
    {
        SqlCommand command = new SqlCommand(sql,DBHelper.connection);
        DBHelper.connection.Open();
        dataReader = command.ExecuteReader();
        while (dataReader.Read())
        {
            cboBuildNo.Items.Add(dataReader["buildNo"].ToString());
        }
        dataReader.Close();
```

```csharp
            cboBuildNo.Enabled = true;
        }
        catch (Exception ex)
        {
            MessageBox.Show(ex.Message);
        }
        finally
        {
            DBHelper.connection.Close();
        }
    }
```

(3) 编写显示"客房楼号"的 ComboBox 控件的 SelectedIndexChanged 事件,当"客房楼号"选项改变时,将触发该段代码。代码如下。

代码 6-61　"客房楼号"的 SelectedIndexChanged 事件

```csharp
private void cboBuildNo_SelectedIndexChanged(object sender,EventArgs e)
{
    cboDormNo.Items.Clear();
    string sql = String.Format(@"select dormNo from DB_DormInfo where buildArea = '{0}' and buildNo = {1}", cboBuildArea.Text, Convert.ToInt32(cboBuildNo.Text));
    try
    {
        SqlCommand command = new SqlCommand(sql,DBHelper.connection);
        DBHelper.connection.Open();
        dataReader = command.ExecuteReader();
        while (dataReader.Read())
        {
            cboDormNo.Items.Add(dataReader["dormNo"].ToString());
        }
        dataReader.Close();
        cboDormNo.Enabled = true;
    }
    catch (Exception ex)
    {
        MessageBox.Show(ex.Message);
    }
    finally
    {
        DBHelper.connection.Close();
    }
}
```

(4) 双击"登记"按钮,进入该按钮的单击事件,编写代码如下。

代码 6-62　"登记"按钮的单击事件

```csharp
private void btnAdd_Click(object sender,EventArgs e)
{
    if (IsValidataInput())
    {
```

```csharp
            string sql = String.Format(@"insert into DB_DormRepair (buildArea,
            buildNo,dormNo,repairTime,dormJob) values('{0}',{1},{2},'{3}','{4}')",
            cboBuildArea.Text,Convert.ToInt32(cboBuildNo.Text),Convert.ToInt32
            (cboDormNo.Text),dtpRepairTime.Text,txtDormJob.Text.Trim());
            try
            {
                SqlCommand command = new SqlCommand(sql,DBHelper.connection);
                DBHelper.connection.Open();
                int result = command.ExecuteNonQuery();
                if (result == 1)
                {
                    MessageBox.Show("添加记录成功!","操作提示",MessageBoxButtons.OK,
                    MessageBoxIcon.Asterisk);
                }
                else
                {
                    MessageBox.Show("添加记录失败!","操作提示",MessageBoxButtons.OK,
                    MessageBoxIcon.Asterisk);
                }
            }
            catch (Exception ex)
            {
                MessageBox.Show(ex.Message);
            }
            finally
            {
                DBHelper.connection.Close();
                DormRepair_Load(sender,e);
            }
        }
    }
```

(5) 代码 6-62 中调用了 IsValidataInput()方法,该方法的功能是判断用户输入的信息是否合法,编写该方法的代码如下。

代码 6-63 IsValidataInput()方法

```csharp
#region 判断是否是有效数据录入
private bool IsValidataInput()
{
    if (cboBuildArea.Text == "")
    {
        MessageBox.Show("请选择地理区域!","操作提示",MessageBoxButtons.OK,
        MessageBoxIcon.Asterisk);
        return false;
    }
    else if (cboBuildNo.Text == "")
    {
        MessageBox.Show("请选择客房楼号!","操作提示",MessageBoxButtons.OK,
        MessageBoxIcon.Asterisk);
        return false;
    }
    else if (cboDormNo.Text == "")
    {
```

```
        MessageBox.Show("请选择客房号码!","操作提示",MessageBoxButtons.OK,
        MessageBoxIcon.Asterisk);
        return false;
    }
    else if (txtDormJob.Text.Trim() == "")
    {
        MessageBox.Show("请记录报修信息!","操作提示",MessageBoxButtons.OK,
        MessageBoxIcon.Asterisk);
        return false;
    }
    return true;
}
#endregion
```

（6）双击"关闭"按钮，进入该按钮的单击事件，编写代码如下。

代码 6-64　"关闭"按钮的单击事件

```
private void btnExit_Click(object sender,EventArgs e)
{
    this.Close();
}
```

6.2.10　设计维修反馈功能界面 RepairFeedback.cs

维修反馈功能的设计界面如图 6-35 所示。该界面的功能是查询报修信息，对报修信息添加维修反馈。报修信息反馈包括报修流水号、地理区域、客房楼号、客房号、报修时间、报修事宜和维修反馈。

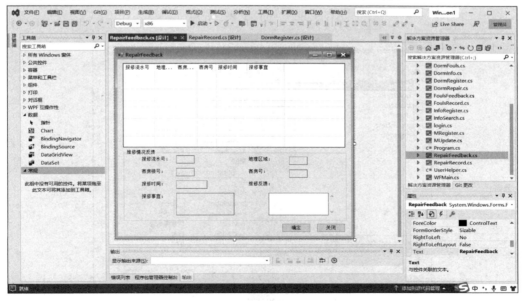

图 6-35　维修反馈功能的设计界面

1. 设计界面

维修反馈功能的设计界面分为两部分：一部分是显示报修信息，另一部分是对报修信息添加维修反馈。

（1）显示报修信息部分的设计步骤为：首先拖入 1 个 Panel 控件；然后拖入 1 个 ListView 控件，单击该"ListView 控件"右上角的智能标签，"视图"选项中选择 Details，如图 6-36 所示；然后编辑 ListView 的列，如图 6-37 所示，列的值设置如表 6-14 所示。

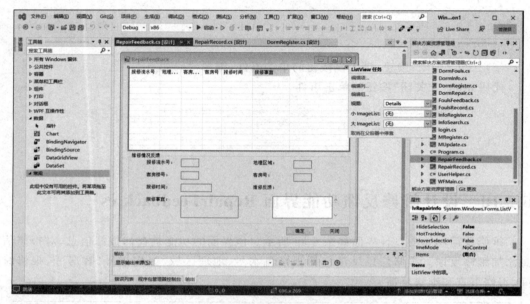

图 6-36　ListView 编辑界面

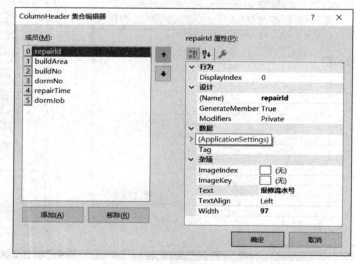

图 6-37　编辑 ListView 的列

项目 6 设计制作酒店客房管理系统

表 6-14 ListView 的属性值

列 名	属性名	属 性 值
repairId	Text	报修流水号
buildArea	Text	地理区域
buildNo	Text	客房楼号
dormNo	Text	客房号
repairTime	Text	报修时间
dormJob	Text	报修事宜

（2）添加维修信息反馈部分的设计步骤为：首先拖入 1 个 GroupBox 控件，将该控件的"Text 属性"设置为维修情况反馈；拖入 7 个 Label 控件，分别作为显示标签"报修流水号""客房楼号""报修时间""报修事宜""地理区域""客房号"和"维修反馈"；再拖入 6 个 Label 控件，分别作为显示对应的查询结果；再拖入 1 个 TextBox 控件，作为"维修反馈"的输入值；最后拖入 2 个 Button 控件，分别作为"确定"和"关闭"按钮。

2. 编写代码

（1）首先编写窗体的 Form_Load 事件，代码如下。

代码 6-65 窗体的 Form_Load 事件

```
private void RepairFeedback_Load(object sender,EventArgs e)
{
    lvRepairInfo.Items.Clear();
    string sql = "select repairId,buildArea,buildNo,dormNo,CONVERT
    (varchar(10),repairTime,120) as repairTime,dormJob from DB_DormRepair
    where repairResult is null";
    try
    {
        SqlCommand command = new SqlCommand(sql,DBHelper.connection);
        DBHelper.connection.Open();
        dataReader = command.ExecuteReader();
        while (dataReader.Read())
        {
            ListViewItem lviRepariInfo = new ListViewItem();
            lviRepariInfo.SubItems.Clear();
            lviRepariInfo.SubItems[0].Text = dataReader["repairId"].ToString();
            lviRepariInfo.SubItems.Add(dataReader["buildArea"].ToString());
            lviRepariInfo.SubItems.Add(dataReader["buildNo"].ToString());
            lviRepariInfo.SubItems.Add(dataReader["dormNo"].ToString());
            lviRepariInfo.SubItems.Add(dataReader["repairTime"].ToString());
            lviRepariInfo.SubItems.Add(dataReader["dormJob"].ToString());
            lvRepairInfo.Items.Add(lviRepariInfo);
        }
        dataReader.Close();
    }
    catch (Exception ex)
```

```
            {
                MessageBox.Show(ex.Message);
            }
            finally
            {
                DBHelper.connection.Close();
            }
        }
```

(2) 编写 ListView 控件的 ItemSelectionChanged 事件,代码如下。该事件的功能是将选中的记录显示在下面的信息反馈区域的控件上。

代码 6-66　ListView 控件的 ItemSelectionChanged 事件

```
private void lvRepairInfo_ItemSelectionChanged(object sender,
ListViewItemSelectionChangedEventArgs e)
{
    if (e.IsSelected)
    {
        lblRepairId.Text = e.Item.SubItems[0].Text;
        lblBuildArea.Text = e.Item.SubItems[1].Text;
        lblBuildNo.Text = e.Item.SubItems[2].Text;
        lblDormNo.Text = e.Item.SubItems[3].Text;
        lblRepairTime.Text = e.Item.SubItems[4].Text;
        lblDormJob.Text = e.Item.SubItems[5].Text;
    }
}
```

(3) 双击"确定"按钮,进入该按钮的单击事件,编写代码如下。这段代码的功能是将维修反馈信息写入数据库。

代码 6-67　"确定"按钮的单击事件

```
private void btnEnter_Click(object sender, EventArgs e)
{
    if (lvRepairInfo.SelectedItems.Count == 0)
    {
        MessageBox.Show("请选择要操作的记录信息!","操作提示",MessageBoxButtons.
        OK,MessageBoxIcon.Asterisk);
        return;
    }
    else if (txtDormJob.Text.Trim() == "")
    {
        MessageBox.Show("请确定维修反馈信息!","操作提示",MessageBoxButtons.OK,
        MessageBoxIcon.Asterisk);
        return;
    }
    DialogResult result = MessageBox.Show("您确定要更新该记录吗?","操作提示",
    MessageBoxButtons.OKCancel,MessageBoxIcon.Question);
    if (result == DialogResult.OK)
    {
        string sql = String.Format(@"update DB_DormRepair set repairResult =
```

```
        '{0}' where repairId = {1}", txtDormJob.Text.Trim(), Convert.ToInt32
        (lblRepairId.Text));
        try
        {
            SqlCommand command = new SqlCommand(sql, DBHelper.connection);
            DBHelper.connection.Open();
            int count = command.ExecuteNonQuery();
            if (count == 1)
            {
                MessageBox.Show("更新记录成功!", "操作提示", MessageBoxButtons.
                OK, MessageBoxIcon.Asterisk);
            }
            else
            {
                MessageBox.Show("更新记录失败,请重新开始该操作!", "操作提示",
                MessageBoxButtons.OK, MessageBoxIcon.Asterisk);
            }
        }
        catch (Exception ex)
        {
            MessageBox.Show(ex.Message);
        }
        finally
        {
            DBHelper.connection.Close();
            lblRepairId.Text = "";
            lblBuildArea.Text = "";
            lblBuildNo.Text = "";
            lblDormNo.Text = "";
            lblRepairTime.Text = "";
            lblDormJob.Text = "";
            txtDormJob.Clear();
            RepairFeedback_Load(sender, e);
        }
    }
}
```

(4) 双击"关闭"按钮,进入该按钮的单击事件,编写代码如下。

代码 6-68 "关闭"按钮的单击事件

```
private void btnExit_Click(object sender, EventArgs e)
{
    this.Close();
}
```

6.2.11 设计违规登记功能界面 DormFouls.cs

客房违规登记功能的设计界面如图 6-38 所示。客房违规信息登记功能是将违规信息写入数据库,违规信息包括地理区域、客房楼号、客房号、登记时间和违规信息。

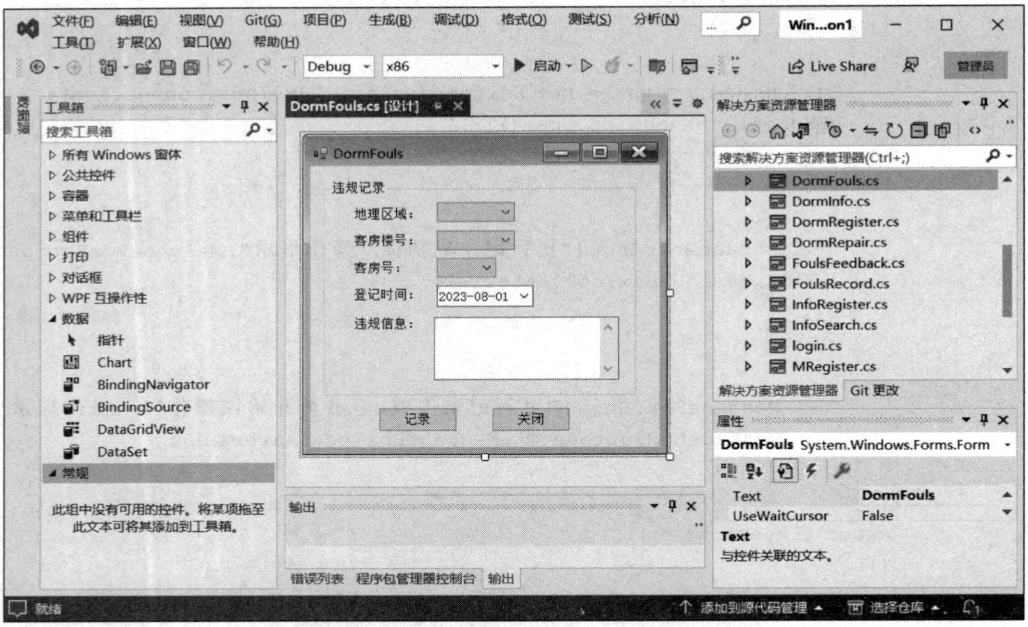

图 6-38　客房违规登记功能的设计界面

1. 设计界面

客房违规信息记录的设计步骤为:首先拖入 1 个 GroupBox 控件,将该控件的"Text 属性"设置为"客房违规记录";拖入 5 个 Label 控件,分别用于"地理区域""客房楼号""客房号""登记时间"和"违规信息";然后拖入 3 个 ComboBox 控件,用于"地理区域""客房楼号"和"客房号";拖入 1 个 DateTimePicker 控件,用于"登记时间";再拖入 1 个 TextBox 控件,用于"违规信息";并将该 TextBox 控件的"MultiLine 属性"设置为 True;最后拖入 2 个 Button 控件,分别用于"记录"和"关闭"按钮。

2. 编写代码

(1) 首先编写窗体的 Form_Load 事件,代码如下。

代码 6-69　窗体的 Form_Load 事件

```
private void DormFouls_Load(object sender, EventArgs e)
{
    cboBuildNo.Enabled = false;
    cboDormNo.Enabled = false;
    cboBuildArea.Items.Clear();
    cboBuildArea.SelectedIndex = -1;
    txtDormMsg.Text = "";
    string query = "select distinct buildArea from DB_BuildInfo";
    try
```

```
        {
            dataReader = DBHelper.GetResult(query);
            while (dataReader.Read())
            {
                cboBuildArea.Items.Add(dataReader["buildArea"].ToString());
            }
            dataReader.Close();
        }
        catch (Exception ex)
        {
            MessageBox.Show(ex.Message);
        }
        finally
        {
            DBHelper.connection.Close();
        }
}
```

(2) 编写"地理区域"控件的 SelectedIndexChanged 事件,代码如下。

代码 6-70 "地理区域"控件的 **SelectedIndexChanged** 事件

```
private void cboBuildArea_SelectedIndexChanged(object sender,EventArgs e)
{
    cboBuildNo.Items.Clear();
    string sql = String. Format (" select buildNo from DB _ BuildInfo where
    buildArea = '{0}'order by buildNo",cboBuildArea.Text);
    try
    {
        dataReader = DBHelper.GetResult(sql);
        while (dataReader.Read())
        {
            cboBuildNo.Items.Add(dataReader["buildNo"].ToString());
        }
        dataReader.Close();
        cboBuildNo.Enabled = true;
    }
    catch (Exception ex)
    {
        MessageBox.Show(ex.Message);
    }
    finally
    {
        DBHelper.connection.Close();
    }
}
```

(3) 编写"客房楼号"控件的 SelectedIndexChanged 事件,代码如下。

代码 6-71 "客房楼号"控件的 SelectedIndexChanged 事件

```csharp
private void cboBuildNo_SelectedIndexChanged(object sender,EventArgs e)
{
    cboDormNo.Items.Clear();
    string sql = String.Format(@"select dormNo from DB_DormInfo where buildArea =
    '{0}' and buildNo = {1}",cboBuildArea.Text,Convert.ToInt32(cboBuildNo.Text));
    try
    {
        dataReader = DBHelper.GetResult(sql);
        while (dataReader.Read())
        {
            cboDormNo.Items.Add(dataReader["dormNo"].ToString());
        }
        dataReader.Close();
        cboDormNo.Enabled = true;
    }
    catch (Exception ex)
    {
        MessageBox.Show(ex.Message);
    }
    finally
    {
        DBHelper.connection.Close();
    }
}
```

(4) 双击"记录"按钮,进入该按钮的单击事件,编写代码如下。这段代码的功能是将违规信息写入数据库。

代码 6-72 "记录"按钮的单击事件

```csharp
private void btnAdd_Click(object sender,EventArgs e)
{
    if (IsValidataInput())
    {
        string sql = String.Format(@"insert into DB_DormDes(buildArea,buildNo,
        dormNo, foulsTime, dormMsg) values ('{0}',{1},{2},'{3}','{4}')",
        cboBuildArea.Text,Convert.ToInt32(cboBuildNo.Text),Convert.ToInt32
        (cboDormNo.Text),dtpFoulsTime.Text,txtDormMsg.Text.Trim());
        try
        {
            int result = DBHelper.GetDsqlResult(sql);
            if (result == 1)
            {
                MessageBox.Show("添加记录成功!","操作提示",MessageBoxButtons.
                OK,MessageBoxIcon.Asterisk);
            }
            else
            {
```

```
            MessageBox.Show("添加记录失败!","操作提示",MessageBoxButtons.
            OK,MessageBoxIcon.Asterisk);
        }
    }
    catch (Exception ex)
    {
        MessageBox.Show(ex.Message);
    }
    finally
    {
        DBHelper.connection.Close();
        DormFouls_Load(sender,e);
    }
}
```

(5) 代码 6-72 中调用了 IsValidataInput()方法,该方法的作用是判断用户提交的信息是否合法。编写 IsValidataInput()方法的代码如下。

代码 6-73　IsValidataInput()方法

```
#region 判断是否是有效数据录入
private bool IsValidataInput()
{
    if (cboBuildArea.Text == "")
    {
        MessageBox.Show("请选择地理区域!","操作提示",MessageBoxButtons.OK,
        MessageBoxIcon.Asterisk);
        return false;
    }
    else if (cboBuildNo.Text == "")
    {
        MessageBox.Show("请选择客房楼号!","操作提示",MessageBoxButtons.OK,
        MessageBoxIcon.Asterisk);
        return false;
    }
    else if (cboDormNo.Text == "")
    {
        MessageBox.Show("请选择客房号码!","操作提示",MessageBoxButtons.OK,
        MessageBoxIcon.Asterisk);
        return false;
    }
    else if (txtDormMsg.Text.Trim() == "")
    {
        MessageBox.Show("请记录违规信息!","操作提示",MessageBoxButtons.OK,
        MessageBoxIcon.Asterisk);
        return false;
    }
    return true;
}
#endregion
```

(6) 双击"关闭"按钮，进入该按钮的单击事件，编写代码如下。

代码 6-74 "关闭"按钮的单击事件

```
private void btnExit_Click(object sender,EventArgs e)
{
    this.Close();
}
```

6.2.12　设计违规处理功能界面 FoulsFeedback.cs

违规处理功能的设计界面如图 6-39 所示。违规处理界面的功能是查询违规登记信息，对违规登记信息添加处理意见，并将违规信息和处理意见一并写入数据库。违规信息处理信息包括违规记录号、地理区域、客房楼号、客房号、记录时间、违规事项和处理意见。

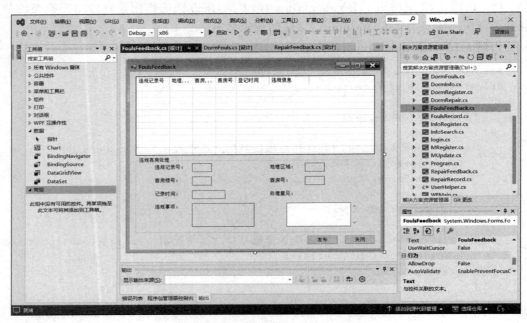

图 6-39　违规处理功能的设计界面

1. 设计界面

违规处理功能界面分为两部分：一部分是显示违规信息，另一部分是为违规信息添加处理意见。

(1) 显示违规信息部分的设计步骤为：首先拖入 1 个 Panel 控件；然后拖入 1 个 ListView 控件，单击"ListView 控件"右上角的智能标签，"视图"选项设置为 Details 如图 6-40 所示；然后编辑 ListView 的列，如图 6-41 所示，ListView 列的值设置如表 6-15 所示。

项目6 设计制作酒店客房管理系统

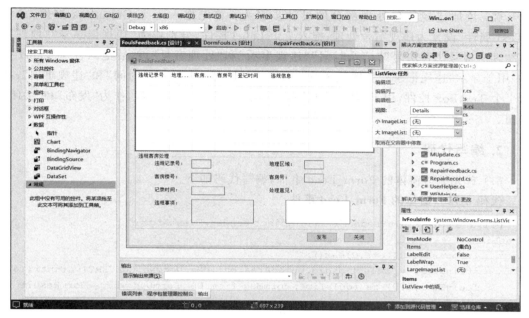

图 6-40 ListView 属性设置界面

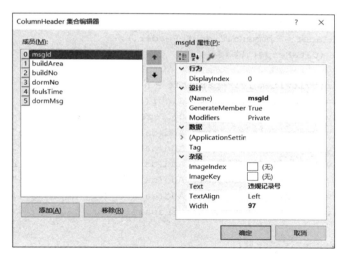

图 6-41 ListView 列编辑界面

表 6-15 ListView 列的值

列 名	属 性 名	属 性 值
msgId	Text	违规记录号
buildArea	Text	地理区域
buildNo	Text	客房楼号
dormNo	Text	客房号
foulsTime	Text	登记时间
dormMsg	Text	违规信息

207

(2) 添加违规信息处理部分的设计步骤为：首先拖入 1 个 GroupBox 控件，并将"Text 属性"设置为违规宿舍处理；拖入 7 个 Label 控件，分别作为"违规记录号""地理区域""客房楼号""客房号""记录时间""违规事项"和"处理意见"；然后拖入 6 个 Label 控件，用于显示"违规记录号""地理区域""客房楼号""客房号""记录时间"和"违规事项"；拖入 1 个 TextBox 控件，用于"处理意见"；最后拖入 2 个 Button 控件，作为"发布"和"关闭"按钮。

2. 编写代码

（1）首先编写窗体的 Form_Load 事件，编写代码如下。

代码 6-75 窗体的 Form_Load 事件

```csharp
private void FoulsFeedback_Load(object sender, EventArgs e)
{
    lvFoulsInfo.Items.Clear();
    string sql = "select msgId,buildArea,buildNo,dormNo,CONVERT(varchar(10),
                  foulsTime,120) as foulsTime, dormMsg from DB_DormDes where dormResult is
                  null";
    try
    {
        SqlCommand command = new SqlCommand(sql, DBHelper.connection);
        DBHelper.connection.Open();
        dataReader = command.ExecuteReader();
        while (dataReader.Read())
        {
            ListViewItem lviRepariInfo = new ListViewItem();
            lviRepariInfo.SubItems.Clear();
            lviRepariInfo.SubItems[0].Text = dataReader["msgId"].ToString();
            lviRepariInfo.SubItems.Add(dataReader["buildArea"].ToString());
            lviRepariInfo.SubItems.Add(dataReader["buildNo"].ToString());
            lviRepariInfo.SubItems.Add(dataReader["dormNo"].ToString());
            lviRepariInfo.SubItems.Add(dataReader["foulsTime"].ToString());
            lviRepariInfo.SubItems.Add(dataReader["dormMsg"].ToString());
            lvFoulsInfo.Items.Add(lviRepariInfo);
        }
        dataReader.Close();
    }
    catch (Exception ex)
    {
        MessageBox.Show(ex.Message);
    }
    finally
    {
        DBHelper.connection.Close();
    }
}
```

（2）编写 ListView 控件的 ItemSelectionChanged 事件，代码如下。

代码 6-76 ListView 控件的 ItemSelectionChanged 事件

```csharp
private void lvFoulsInfo_ItemSelectionChanged(object sender,
ListViewItemSelectionChangedEventArgs e)
{
    if (e.IsSelected)
    {
        lblMsgId.Text = e.Item.SubItems[0].Text;
        lblBuildArea.Text = e.Item.SubItems[1].Text;
        lblBuildNo.Text = e.Item.SubItems[2].Text;
        lblDormNo.Text = e.Item.SubItems[3].Text;
        lblFoulsTime.Text = e.Item.SubItems[4].Text;
        lblDormMsg.Text = e.Item.SubItems[5].Text;
    }
}
```

（3）双击"发布"按钮，进入该按钮的单击事件，编写代码如下。

代码 6-77 "发布"按钮的单击事件

```csharp
private void btnEnter_Click(object sender, EventArgs e)
{
    if (lvFoulsInfo.SelectedItems.Count == 0)
    {
        MessageBox.Show("请选择要操作的记录信息!","操作提示",MessageBoxButtons.
        OK,MessageBoxIcon.Asterisk);
        return;
    }
    else if (txtDormMsg.Text.Trim() == "")
    {
        MessageBox.Show("请确定维修反馈信息!","操作提示",MessageBoxButtons.OK,
        MessageBoxIcon.Asterisk);
        return;
    }
    DialogResult result = MessageBox.Show("您确定要更新该记录吗?","操作提示",
    MessageBoxButtons.OKCancel,MessageBoxIcon.Question);
    if (result == DialogResult.OK)
    {
        string sql = String.Format(@"update DB_DormDes set dormResult = '{0}'
        where msgId = {1}", txtDormMsg.Text.Trim(), Convert.ToInt32(lblMsgId.
        Text));
        try
        {
            SqlCommand command = new SqlCommand(sql,DBHelper.connection);
            DBHelper.connection.Open();
            int count = command.ExecuteNonQuery();
            if (count == 1)
            {
                MessageBox.Show("更新记录成功!","操作提示",MessageBoxButtons.
                OK,MessageBoxIcon.Asterisk);
            }
```

```
            else
            {
                MessageBox.Show("更新记录失败,请重新开始该操作!","操作提示",
                MessageBoxButtons.OK,MessageBoxIcon.Asterisk);
            }
        }
        catch (Exception ex)
        {
            MessageBox.Show(ex.Message);
        }
        finally
        {
            DBHelper.connection.Close();
            lblMsgId.Text = "";
            lblBuildArea.Text = "";
            lblBuildNo.Text = "";
            lblDormNo.Text = "";
            lblFoulsTime.Text = "";
            lblDormMsg.Text = "";
            txtDormMsg.Clear();
            FoulsFeedback_Load(sender,e);
        }
    }
}
```

（4）双击"关闭"按钮，进入该按钮的单击事件，编写代码如下。

代码 6-78 "关闭"按钮的单击事件

```
private void btnExit_Click(object sender,EventArgs e)
{
    this.Close();
}
```

6.2.13 设计查询客户信息功能界面 InfoSearch.cs

查询客户信息功能的设计界面如图 6-42 所示。该界面的功能是根据选择的查询条件，查询并显示学生的信息，包括地理区域、客房楼号、客房号、学号、姓名、性别、入学时间、联系方式、电话和备注。

1. 设计界面

查询学生信息界面分为两部分：一部分是显示查询条件部分，另一部分是显示查询结果。

（1）显示查询条件部分的设计步骤为：首先拖入 1 个 GroupBox 控件；然后拖入 3 个 Label 控件，分别用于"地理区域""客房楼号"和"客房号"；再拖入 3 个 ComboBox 控件，分别用于"地理区域""客房楼号"和"客房号"；最后拖入 2 个 Button 控件，分别用于"查

项目 6　设计制作酒店客房管理系统

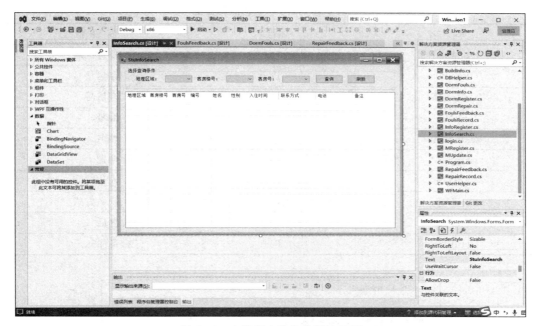

图 6-42　查询客户信息的设计界面

询"和"刷新"。

（2）显示查询结果部分的设计步骤为：拖入 1 个 ListView 控件，然后单击该控件右上角的智能标签，将"视图"选项设置为 Details，如图 6-43 所示。然后设置列的属性值如表 6-16 所示，列的设计界面如图 6-44 所示。

图 6-43　ListView 控件的设计界面

表 6-16　ListView 列的属性值

列　名	属性名	属性值
buildArea	Text	地理区域
buildNo	Text	客房楼号
dormNo	Text	客房号
stuNo	Text	编号
stuName	Text	姓名
stuSex	Text	性别
stuTime	Text	入住时间
stuDepart	Text	联系方式
stuPro	Text	电话
stuElse	Text	备注

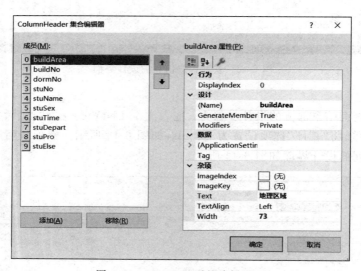

图 6-44　ListView 列的编辑界面

2. 编写代码

（1）首先编写窗体的 Form_Load 事件，代码如下。

代码 6-79　窗体的 Form_Load 事件

```
private void StuInfoSearch_Load(object sender, EventArgs e)
{
    FormState();
    dataReader = DBHelper.GetResult("select distinct buildArea from DB_BuildInfo");
    while (dataReader.Read())
    {
        dCboBuildArea.Items.Add(dataReader["buildArea"].ToString());
    }
```

```
    dataReader.Close();
    DBHelper.connection.Close();
}
```

（2）这段代码中调用了 FormState()方法，该方法用于初始化窗体。编写 FormState() 方法的代码如下。

代码 6-80 FormState()方法

```
#region ListView 初始化状态
private void FormState()
{
    dCboBuildNo.Enabled = false;
    dCboDormNo.Enabled = false;
    dCboBuildArea.SelectedIndex = -1;
    lvStuInfoSearch.Items.Clear();
    string sql = @"select b.buildArea,b.buildNo,b.dormNo,a.stuNo,a.stuName,a.
    stuSex,Convert(varchar(10),a.stuTime,120) as stuTime,a.stuDepart,a.
    stuPro,a.stuElse from DB_StuInfo a,DB_DormRegister b where a.stuNo = b.
    stuNo";
    dataReader = DBHelper.GetResult(sql);
    while (dataReader.Read())
    {
        ListViewItem lviStuInfoSearch = new ListViewItem();
        lviStuInfoSearch.SubItems.Clear();
        lviStuInfoSearch.SubItems[0].Text = dataReader[0].ToString();
        lviStuInfoSearch.SubItems.Add(dataReader[1].ToString());
        lviStuInfoSearch.SubItems.Add(dataReader[2].ToString());
        lviStuInfoSearch.SubItems.Add(dataReader[3].ToString());
        lviStuInfoSearch.SubItems.Add(dataReader[4].ToString());
        lviStuInfoSearch.SubItems.Add(dataReader[5].ToString());
        lviStuInfoSearch.SubItems.Add(dataReader[6].ToString());
        lviStuInfoSearch.SubItems.Add(dataReader[7].ToString());
        lviStuInfoSearch.SubItems.Add(dataReader[8].ToString());
        lviStuInfoSearch.SubItems.Add(dataReader[9].ToString());
        lvStuInfoSearch.Items.Add(lviStuInfoSearch);
    }
    dataReader.Close();
    DBHelper.connection.Close();
}
#endregion
```

（3）编写"地理区域"控件的 SelectedIndexChanged 事件，代码如下。

代码 6-81 "地理区域"控件的 SelectedIndexChanged 事件

```
private void dCboBuildArea_SelectedIndexChanged(object sender,EventArgs e)
{
    dCboBuildNo.Items.Clear();
    if (dCboBuildArea.Text != "")
    {
        dCboBuildNo.Enabled = true;
```

```
        dataReader = DBHelper.GetResult("select buildNo from DB_BuildInfo
        where buildArea = '" + dCboBuildArea.Text + "'order by buildNo");
        while (dataReader.Read())
        {
            dCboBuildNo.Items.Add(dataReader["buildNo"].ToString());
        }
        dataReader.Close();
        DBHelper.connection.Close();
    }
}
```

(4) 编写"客房楼号"控件的 SelectedIndexChanged 事件，代码如下。

代码 6-82　"客房楼号"控件的 SelectedIndexChanged 事件

```
private void dCboBuildNo_SelectedIndexChanged(object sender,EventArgs e)
{
    dCboDormNo.Items.Clear();
    if (dCboBuildNo.Text != "")
    {
        dCboDormNo.Enabled = true;
        dataReader = DBHelper.GetResult("select dormNo from DB_DormInfo where
        buildArea = '" + dCboBuildArea.Text + "'and buildNo = '" + dCboBuildNo.
        Text + "' order by dormNo");
        while (dataReader.Read())
        {
            dCboDormNo.Items.Add(dataReader["dormNo"].ToString());
        }
        dataReader.Close();
        DBHelper.connection.Close();
    }
}
```

(5) 双击"查询"按钮，进入该按钮的单击事件，编写代码如下。

代码 6-83　"查询"按钮的单击事件

```
private void btnQuery_Click(object sender,EventArgs e)
{
    if (VaildataInput())
    {
        string sql = String.Format(@"select b.buildArea,b.buildNo,b.dormNo,a.
        stuNo,a.stuName,a.stuSex,Convert(varchar(10),a.stuTime,120) as stuTime,
        a.stuDepart, a.stuPro, a.stuElse from DB_StuInfo a, DB_DormRegister b
        where a.stuNo = b.stuNo and b.buildArea = '{0}' and b.buildNo = {1} and
        b.dormNo = {2}", dCboBuildArea.Text, dCboBuildNo.Text, dCboDormNo.
        Text);
        dataReader = DBHelper.GetResult(sql);
        lvStuInfoSearch.Items.Clear();
        while (dataReader.Read())
        {
            ListViewItem lviStuInfoSearch = new ListViewItem();
            lviStuInfoSearch.SubItems.Clear();
```

```
            lviStuInfoSearch.SubItems[0].Text = dataReader[0].ToString();
            lviStuInfoSearch.SubItems.Add(dataReader[1].ToString());
            lviStuInfoSearch.SubItems.Add(dataReader[2].ToString());
            lviStuInfoSearch.SubItems.Add(dataReader[3].ToString());
            lviStuInfoSearch.SubItems.Add(dataReader[4].ToString());
            lviStuInfoSearch.SubItems.Add(dataReader[5].ToString());
            lviStuInfoSearch.SubItems.Add(dataReader[6].ToString());
            lviStuInfoSearch.SubItems.Add(dataReader[7].ToString());
            lviStuInfoSearch.SubItems.Add(dataReader[8].ToString());
            lviStuInfoSearch.SubItems.Add(dataReader[9].ToString());
            lvStuInfoSearch.Items.Add(lviStuInfoSearch);
        }
        dataReader.Close();
        DBHelper.connection.Close();
    }
}
```

（6）代码 6-83 中调用了 VaildataInput()方法，该方法用于判断用户选择的查询条件是否合法。编写 VaildataInput()方法的代码如下。

代码 6-84 VaildataInput()方法

```
#region 有效查询条件
private bool VaildataInput()
{
    if (dCboBuildArea.Text == "")
    {
        MessageBox.Show("请选择查询的地理区域!","操作提示",MessageBoxButtons.
        OK,MessageBoxIcon.Asterisk);
        return false;
    }
    else if (dCboBuildNo.Text == "")
    {
        MessageBox.Show("请选择查询的客房楼号!","操作提示",MessageBoxButtons.
        OK,MessageBoxIcon.Asterisk);
        return false;
    }
    else if (dCboDormNo.Text == "")
    {
        MessageBox.Show("请选择查询的客房号!","操作提示",MessageBoxButtons.OK,
        MessageBoxIcon.Asterisk);
        return false;
    }
    return true;
}
#endregion
```

（7）双击"刷新"按钮，进入该按钮的单击事件，编写代码如下。

代码 6-85 "刷新"按钮的单击事件

```
private void btnRefresh_Click(object sender,EventArgs e)
```

```
{
    FormState();
}
```

项 目 小 结

本项目设计制作了一套酒店客房管理系统,从数据库的设计到系统功能设计,再到各功能模块的设计,详细地展示了完整系统的设计流程。通过各功能模块的详细设计,展示了控件的属性、事件和方法的使用,在细节上展示了控件的使用方法。在各功能的代码设计上,展示了C♯语言各种用法,以及与控件的配合应用,重点介绍了C♯操作控件、读写数据库的各种方法。读者可以根据本项目举一反三,在设计类似项目时,参考本项目的设计思路和部分功能的界面及代码。

项 目 拓 展

本项目设计制作的是酒店客房管理系统,读者可以根据项目特点,模仿设计制作一个学生成绩管理系统,从数据库设计、整体功能设计到详细设计,练习软件的开发流程。

素质提升案例:
科技强军领军者
杨学军的创新及
奉献精神

项目 7　设计制作企业人事管理系统

企业人事管理是企业管理的一项重要内容,它负责整个企业的日常人事安排、人员的人事管理等,在整个企业的管理中具有重要地位。随着企业信息化的迅速发展,人事管理系统已经成为企业管理中不可缺少的部分,是适应现代企业制度要求及推动企业劳动人事管理走向科学化、规范化的必要条件。高效的人事管理可以提高企业的市场竞争力,使企业具有更强的凝聚力和活力,因此,需要设计制作一套符合现代企业要求且稳定高效的企业人事管理系统。本项目通过企业人事管理的制作,让读者掌握企业人事管理的制作技术,同时让读者了解网络安全、信息安全相关概念,更好践行社会主义核心价值观,为建设全民终身学习的学习型社会、学习型大国作贡献。

知识目标
(1) 了解 SQL Server 数据库的基本结构;
(2) 了解 SQL Server 数据库的特点;
(3) 了解 C#代码分层的设计思路。

能力目标
(1) 掌握 SQL Server 数据库常用的操作方法;
(2) 掌握 C#代码分层的结构设计方法;
(3) 掌握 C#代码之间相互调用的设计方法。

素质目标
(1) 树立正确的技能观,推广服务于人民和社会的项目;
(2) 潜移默化地引导学生树立社会主义核心价值观;
(3) 引导学生努力提高自己的技能,了解项目的设计,遵循客观规律。

任务 7.1　系统功能总体设计

随着信息时代的到来以及办公自动化的全面发展,企业人事管理工作的需求也不断提高。传统的手工作业效率较低,操作也较复杂,已不能满足企业发展的要求。人事管理系统打破了传统手工操作的模式,动态地实现了职工信息管理、人事变动、职工考勤信息管理和部门机构管理等功能。

本项目通过设计制作一套企业人事管理系统,让读者掌握 C# 开发完整项目的工作流程。本项目介绍了 C# 代码分层的设计理念,重点介绍了 C# 进行数据库系统开发的技术。

7.1.1 系统功能结构设计

本系统的功能模块有以下几个:基础信息管理(包括基础数据管理和员工提示信息管理)、人事管理(包括人事档案浏览、人事资料查询和人事资料统计)、备忘录管理(包括日常记事管理和通信录管理)、系统管理(包括用户设置管理)、数据库管理(包括备份还原数据库和清空数据库)。企业人事管理系统的功能结构如图 7-1 所示。

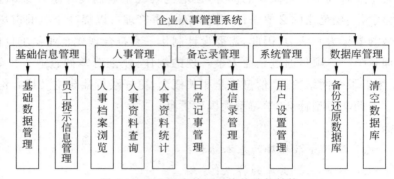

图 7-1 企业人事管理系统的功能结构

该项目包含的功能界面具体如下:
(1) 添加通信录界面 F_Address.cs。
(2) 基础数据管理界面 F_Basic.cs。
(3) 提醒日期管理界面 F_ClewSet.cs。
(4) 通信录管理界面 F_AddressList.cs。
(5) 清空数据表界面 F_ClearData.cs。
(6) 人事资料查询界面 F_Find.cs。
(7) 数据库管理界面 F_HaveBack.cs。
(8) 人事档案管理主界面 F_ManFile.cs。
(9) 人事资料统计界面 F_Stat.cs。
(10) 用户管理界面 F_User.cs。
(11) 添加用户界面 F_UserAdd.cs。
(12) 用户权限管理界面 F_UserPope.cs。
(13) 记事信息管理界面 F_WordPad.cs。
(14) 登录界面 F_Login.cs。
(15) 系统管理主界面 F_Main.cs。

本项目的工程文件列表如图 7-2 所示。

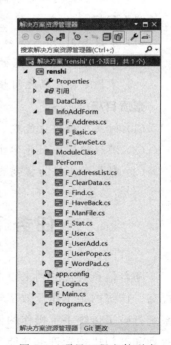

图 7-2 项目工程文件列表

7.1.2 系统的数据库设计

1. 数据库设计

本系统采用 SQL Server 2022 作为后台数据库，数据库名为 renshi。本数据库包含的数据表如图 7-3 所示，数据表说明如表 7-1 所示。

表 7-1 数据表说明

序号	数据表名	说明
1	tb_AddressBook	通信录信息表
2	tb_Branch	部门信息表
3	tb_Business	职务信息表
4	tb_City	省市数据表
5	tb_Clew	提醒日期表
6	tb_DayWordPad	记事信息表
7	tb_Duthcall	职称信息表
8	tb_EmployeeGenre	职工类别表
9	tb_Family	家庭关系表
10	tb_Folk	民族类别表
11	tb_Individual	个人简历表
12	tb_Kultur	学历信息表
13	tb_Laborage	工资类别表
14	tb_Login	用户信息表
15	tb_PopeModel	权限类别表
16	tb_RANDP	奖惩记录表
17	tb_RPKind	奖惩类别表
18	tb_Stuffbusic	职工信息表
19	tb_TrainNote	培训信息表
20	tb_UserPope	用户权限表
21	tb_Visage	政治面貌表
22	tb_WorkPad	记事类别表
23	tb_WorkResume	工作简历表

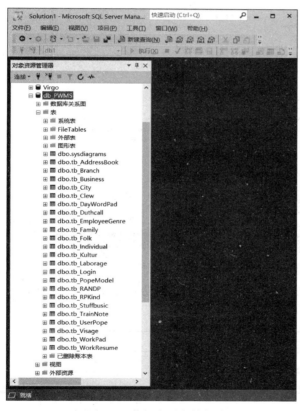

图 7-3 数据表列表结构

2. 数据表设计

（1）通信录信息表 tb_AddressBook 的字段如表 7-2 所示，该数据表的设计界面如图 7-4 所示。

表 7-2 通信录信息表 tb_AddressBook 的字段

字段名	数据类型	说明	字段名	数据类型	说明
ID	varchar(5)	编号	QQ	varchar(15)	QQ号码
Name	varchar(20)	姓名	WorkPhone	varchar(13)	工作电话
Sex	varchar(4)	性别	E_mail	varchar(32)	电子邮箱
Phone	varchar(13)	电话	Handset	varchar(11)	手机

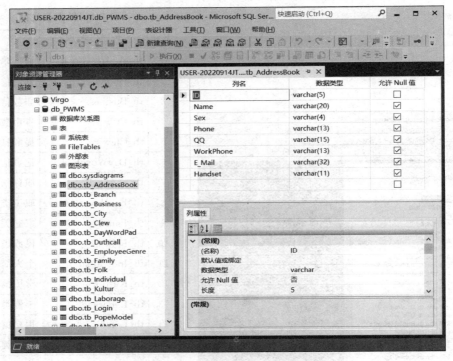

图 7-4 通信录信息表 tb_AddressBook 的设计界面

（2）部门信息表 tb_Branch 的字段如表 7-3 所示，该数据表的设计界面如图 7-5 所示。

表 7-3 部门信息表 tb_Branch 的字段

字段名	数据类型	说明
ID	int	编号
BranchName	varchar(20)	部门

（3）职务信息表 tb_Business 的字段如表 7-4 所示，该数据表的设计界面如图 7-6 所示。

表 7-4 职务信息表 tb_Business 的字段

字段名	数据类型	说明
ID	int	编号
BusinessName	varchar(20)	职务

项目 7　设计制作企业人事管理系统

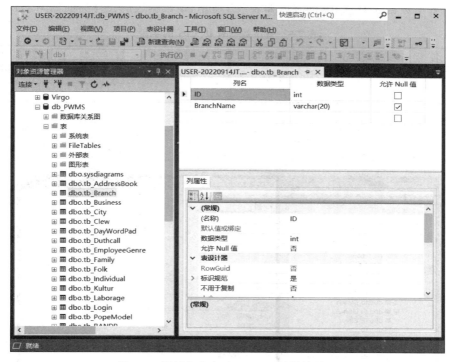

图 7-5　部门信息表 tb_Branch 的设计界面

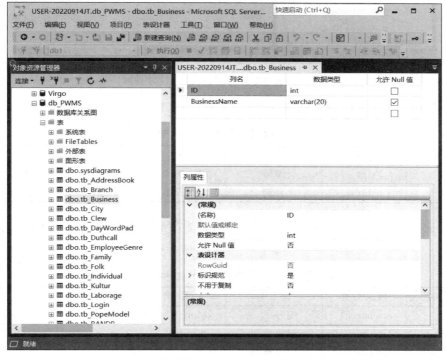

图 7-6　职务信息表 tb_Business 的设计界面

（4）省市数据表 tb_City 的字段如表 7-5 所示，该数据表的设计界面如图 7-7 所示。

表 7-5　省市数据表 tb_City 的字段

字 段 名	数 据 类 型	说　明	字 段 名	数据类型	说　明
ID	int	编号	City	varchar(30)	城市
BeAware	varchar(30)	省			

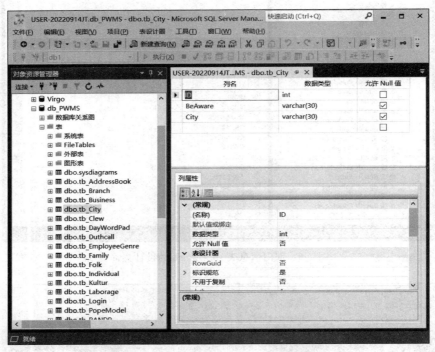

图 7-7　省市数据表 tb_City 的设计界面

（5）提醒日期表 tb_Clew 的字段如表 7-6 所示，该数据表的设计界面如图 7-8 所示。

表 7-6　提醒日期表 tb_Clew 的字段

字 段 名	数 据 类 型	说　明	字 段 名	数据类型	说　明
ID	int	编号	Kind	int	类型
Fate	int	日期	Unlock	int	是否锁定

（6）记事信息表 tb_DayWordPad 的字段如表 7-7 所示，该数据表的设计界面如图 7-9 所示。

表 7-7　记事信息表 tb_DayWordPad 的字段

字 段 名	数 据 类 型	说　明	字 段 名	数据类型	说　明
ID	varchar(5)	编号	Motif	varchar(20)	主题
BlotterDate	datetime	记事日期	Wordpa	text	内容
BlotterSort	varchar(20)	记事类型			

项目 7　设计制作企业人事管理系统

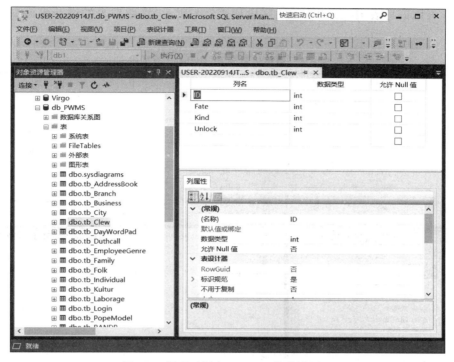

图 7-8　提醒日期表 tb_Clew 的设计界面

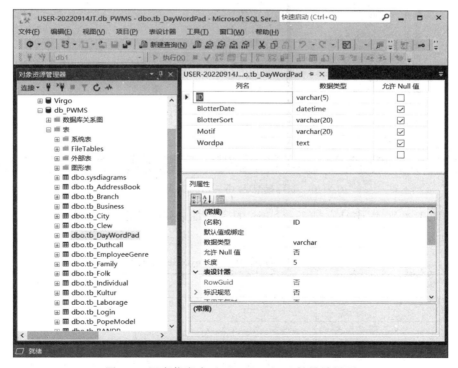

图 7-9　记事信息表 tb_DayWordPad 的设计界面

（7）职称信息表 tb_Duthcall 的字段如表 7-8 所示，该数据表的设计界面如图 7-10 所示。

表 7-8　职称信息表 tb_Duthcall 的字段

字　段　名	数据类型	说　明
ID	int	编号
DuthcallName	varchar(20)	职称类别

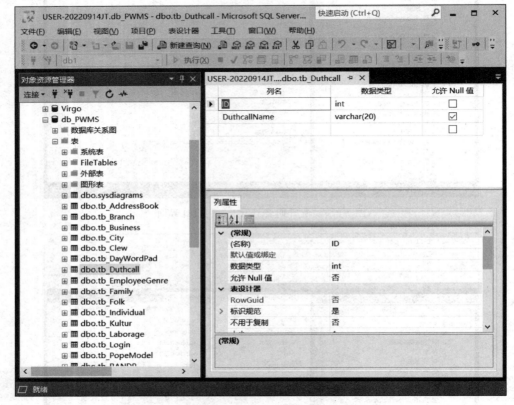

图 7-10　职称信息表 tb_Duthcall 的设计界面

（8）职工类别表 tb_EmployeeGenre 的字段如表 7-9 所示，该数据表的设计界面如图 7-11 所示。

表 7-9　职工类别表 tb_EmployeeGenre 的字段

字　段　名	数据类型	说　明
ID	int	编号
EmployeeName	varchar(20)	员工类别

（9）家庭关系表 tb_Family 的字段如表 7-10 所示，该数据表的设计界面如图 7-12 所示。

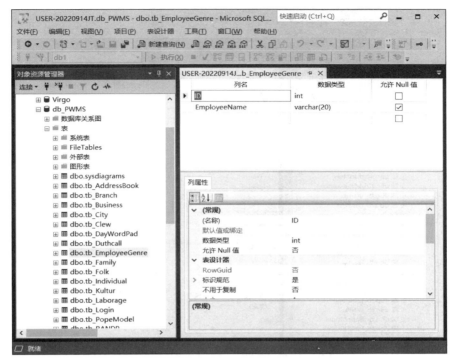

图 7-11　职工类别表 tb_EmployeeGenre 的设计界面

表 7-10　家庭关系表 tb_Family 的字段

字　段　名	数据类型	说　明
ID	varchar(5)	编号
Sut_ID	varchar(5)	编号
LeaguerName	varchar(20)	姓名
Nexus	varchar(10)	关系
BirthDate	datetime	出生日期
WordUnit	varchar(24)	工作单位
Business	varchar(10)	职务
Visage	varchar(10)	政治面貌
phone	varchar(14)	电话

（10）民族类别表 tb_Folk 的字段如表 7-11 所示，该数据表的设计界面如图 7-13 所示。

表 7-11　民族类别表 tb_Folk 的字段

字　段　名	数据类型	说　明
ID	int	编号
FolkName	varchar(30)	民族类别

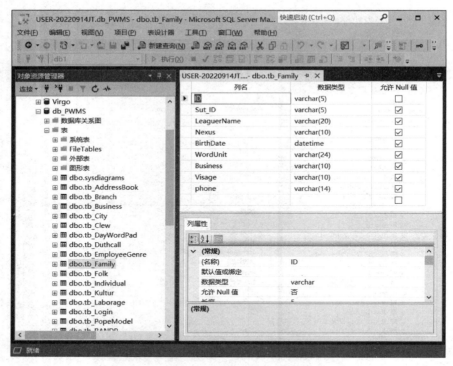

图 7-12 家庭关系表 tb_Family 的设计界面

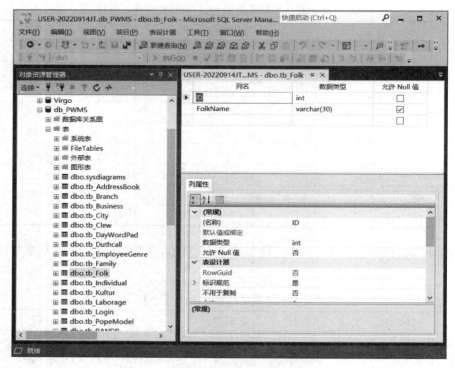

图 7-13 民族类别表 tb_Folk 的设计界面

(11) 个人简历表 tb_Individual 的字段如表 7-12 所示,该数据表的设计界面如图 7-14 所示。

表 7-12　个人简历表 tb_Individual 的字段

字 段 名	数据类型	说　　明
ID	varchar(5)	编号
Memo	text	简历内容

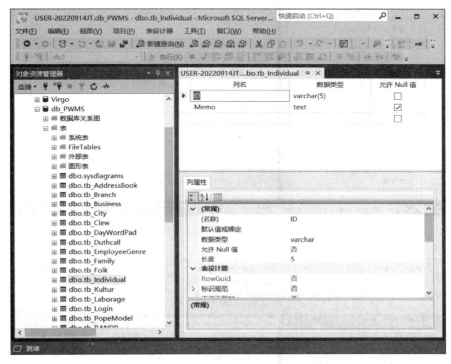

图 7-14　个人简历表 tb_Individual 的设计界面

(12) 学历信息表 tb_Kultur 的字段如表 7-13 所示,该数据表的设计界面如图 7-15 所示。

表 7-13　学历信息表 tb_Kultur 的字段

字 段 名	数据类型	说　　明
ID	int	编号
KulturName	varchar(20)	学历

(13) 工资类别表 tb_Laborage 的字段如表 7-14 所示,该数据表的设计界面如图 7-16 所示。

表 7-14　工资类别表 tb_Laborage 的字段

字 段 名	数据类型	说　　明
ID	int	编号
LaborageName	varchar(50)	工资类别

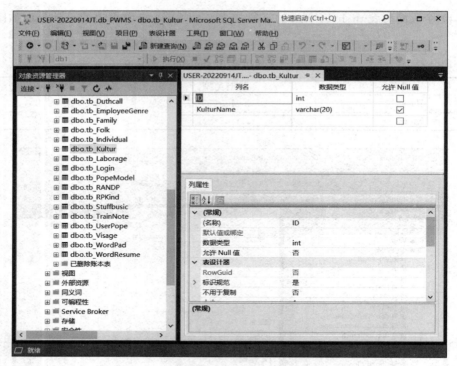

图 7-15 学历信息表 tb_Kultur 的设计界面

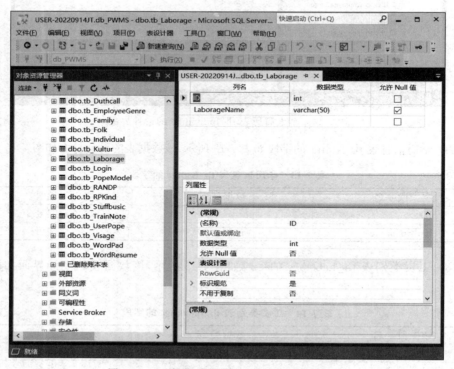

图 7-16 工资类别表 tb_Laborage 的设计界面

(14) 用户信息表 tb_Login 的字段如表 7-15 所示,该数据表的设计界面如图 7-17 所示。

表 7-15 用户信息表 tb_Login 的字段

字段名	数据类型	说 明
ID	varchar(5)	编号
Name	varchar(20)	用户名
Pass	varchar(20)	密码

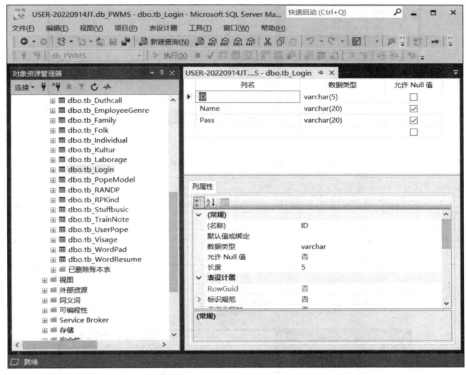

图 7-17 用户信息表 tb_Login 的设计界面

(15) 权限类别表 tb_PopeModel 的字段如表 7-16 所示,该数据表的设计界面如图 7-18 所示。

表 7-16 权限类别表 tb_PopeModel 的字段

字 段 名	数据类型	说 明
ID	int	编号
PopeName	varchar(50)	权限类别

(16) 奖惩记录表 tb_RANDP 的字段如表 7-17 所示,该数据表的设计界面如图 7-19 所示。

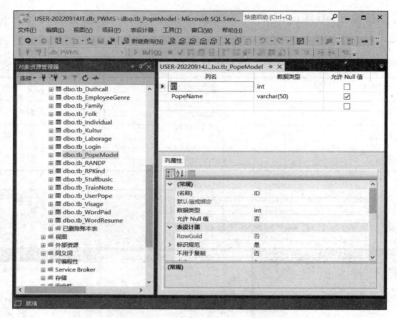

图 7-18　权限类别表 tb_PopeModel 的设计界面

表 7-17　奖惩记录表 tb_RANDP 的字段

字段名	数据类型	说　明	字段名	数据类型	说　明
ID	varchar(5)	编号	SealMan	varchar(10)	批准人
Sut_ID	varchar(5)	编号	QuashDate	datetime	撤销日期
RPKind	varchar(20)	奖惩种类	QuashWhys	varchar(50)	撤销原因
RPDate	datetime	日期			

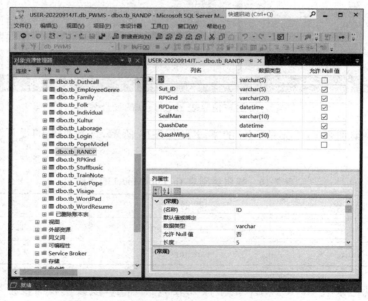

图 7-19　奖惩记录表 tb_RANDP 的设计界面

（17）奖惩类别表 tb_RPKind 的字段如表 7-18 所示，该数据表的设计界面如图 7-20 所示。

表 7-18　奖惩类别表 tb_RPKind 的字段

字段名	数据类型	说　　明
ID	int	编号
RPKind	varchar(20)	奖惩类别

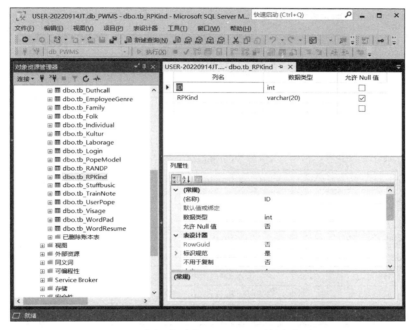

图 7-20　奖惩类别表 tb_RPKind 的设计界面

（18）职工信息表 tb_Stuffbusic 的字段如表 7-19 所示，该数据表的设计界面如图 7-21 所示。

表 7-19　职工信息表 tb_Stuffbusic 的字段

字　段　名	数据类型	说　　明
ID	varchar(5)	编号
StuffName	varchar(20)	姓名
Folk	varchar(20)	民族
Birthday	datetime	出生年月
Age	int	年龄
Kultur	varchar(14)	学历
Marriage	varchar(4)	婚姻
Sex	varchar(4)	性别
Visage	varchar(14)	政治面貌

续表

字 段 名	数 据 类 型	说　明
IDCard	varchar(20)	身份证号
workdate	datetime	工作时间
WorkLength	int	工龄
Employee	varchar(20)	工作类别
Business	varchar(10)	职务
Laborage	varchar(10)	工资
Branch	varchar(14)	部门类别
Duthcall	varchar(14)	职工类别
Phone	varchar(14)	电话
Handset	varchar(11)	手机
School	varchar(24)	毕业学校
Speciality	varchar(20)	专业
GraduateDate	datetime	毕业时间
Address	varchar(50)	地址
Photo	image	照片
BeAware	varchar(30)	省
City	varchar(30)	市
M_Pay	float	工资
Bank	varchar(20)	银行账号
Pact_B	datetime	合同开始时间
Pact_E	datetime	合同结束时间
Pact_Y	float	合同年限

（19）培训信息表 tb_TrainNote 的字段如表 7-20 所示，该数据表的设计界面如图 7-22 所示。

表 7-20　培训信息表 tb_TrainNote 的字段

字 段 名	数 据 类 型	说　明
ID	varchar(10)	编号
Sut_ID	varchar(5)	编号
TrainFashion	varchar(20)	培训名称
BeginDate	datetime	开始日期
EndDate	datetime	结束日期
Speciality	varchar(20)	专业
TrainUnit	varchar(30)	培训部门
KulturMemo	varchar(50)	培训内容
Charge	float	费用
Effect	varchar(20)	效果

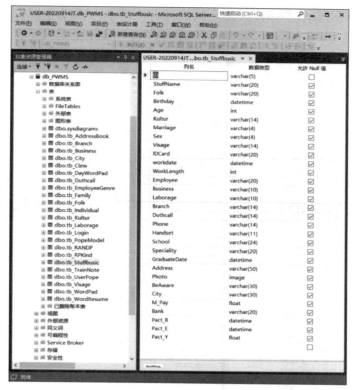

图 7-21 职工信息表 tb_Stuffbusic 的设计界面

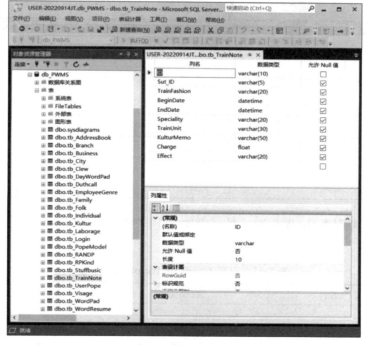

图 7-22 培训信息表 tb_TrainNote 的设计界面

(20) 用户权限表 tb_UserPope 的字段如表 7-21 所示,该数据表的设计界面如图 7-23 所示。

表 7-21 用户权限表 tb_UserPope 的字段

字段名	数据类型	说明	字段名	数据类型	说明
AutoID	int	编号	PopeName	varchar(50)	姓名
ID	varchar(5)	编号	Pope	int	权限

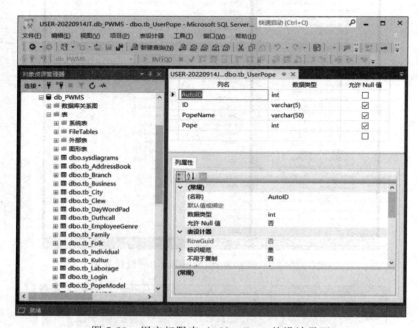

图 7-23 用户权限表 tb_UserPope 的设计界面

(21) 政治面貌表 tb_Visage 的字段如表 7-22 所示,该数据表的设计界面如图 7-24 所示。

表 7-22 政治面貌表 tb_Visage 的字段

字 段 名	数据类型	说 明
ID	int	编号
VisageName	varchar(20)	政治面貌

(22) 记事类别表 tb_WordPad 的字段如表 7-23 所示,该数据表的设计界面如图 7-25 所示。

表 7-23 记事类别表 tb_WordPad 的字段

字 段 名	数据类型	说 明
ID	int	编号
WORDPAD	varchar(20)	记事类别

项目 7 设计制作企业人事管理系统

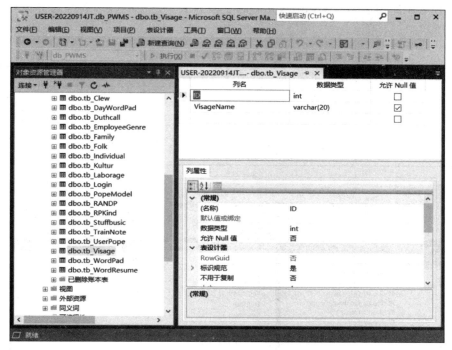

图 7-24 政治面貌表 tb_Visage 的设计界面

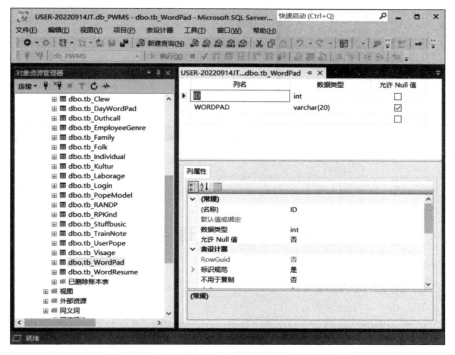

图 7-25 记事类别表 tb_WordPad 的设计界面

(23) 工作简历表 tb_WordResume 的字段如表 7-24 所示,该数据表的设计界面如图 7-26 所示。

表 7-24 工作简历表 tb_WordResume 的字段

字段名	数据类型	说明	字段名	数据类型	说明
ID	varchar(5)	编号	WordUnit	varchar(24)	工作单位
Sut_ID	varchar(5)	编号	Branch	varchar(14)	工作部门
BeginDate	datetime	开始日期	Business	varchar(14)	职务
EndDate	datetime	结束日期			

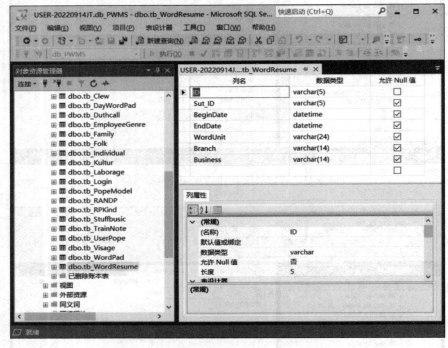

图 7-26 工作简历表 tb_WordResume 的设计界面

任务 7.2 企业人事管理系统详细设计

7.2.1 系统公共类设计

C#三层架构是指"客户端、服务器"架构,在此架构中用户接口、商业逻辑、数据保存以及数据访问被设计为独立的模块。主要有三层:第一层为表现层、GUI层,第二层为商业对象、商业逻辑层,第三层为数据访问层。这些层可以单独开发,单独测试。在快速开发中重用商业逻辑组件,在系统中实现添加、更新、删除、查找客户数据的组件。

代码分层的优点如下：

（1）系统比较容易迁移。商业逻辑层与数据访问层是分离的，修改数据访问层不会影响到商业逻辑层。系统如果从用 SQL Server 存储数据迁移到用 Oracle 存储数据，并不需要修改商业逻辑层组件和 GUI 组件。

（2）系统容易修改。假如在商业层有一个小小的修改，我们不需要在用户的机器上重装整个系统，而只需要更新商业逻辑组件就可以了。

（3）应用程序开发人员可以并行，独立地开发单独的层。

在设计具体的功能界面之前，首先需要对系统的公共类进行设计。本系统中设计了一个数据库访问类，用于对数据库的查询、添加、删除和修改操作，类名是 MyMeans.cs，系统中所有的数据库操作均通过调用该类的方法实现。因此，公共数据操作类的设计增强了代码的复用性。该类的代码如下。

代码 7-1　公共数据操作类 MyMeans.cs

```
class MyMeans
{
  #region 全局变量
  public static string Login_ID = "";
  //定义全局变量，记录当前登录的用户编号
  public static string Login_Name = "";
  //定义全局变量，记录当前登录的用户名
  public static string Mean_SQL = "",Mean_Table = "",Mean_Field = "";
  //定义全局变量，记录"基础信息"各窗体中的表名及 SQL 语句
  public static SqlConnection My_con;
  //定义一个 SqlConnection 类型的公共变量 My_con,用于判断数据库是否连接成功
  public static string M_str_sqlcon = "Data Source=.;Initial Catalog=renshi;
  Integrated Security=SSPI";
  public static int Login_n = 0;    //用户登录与重新登录的标识
  public static string AllSql = "Select * from tb_Stuffbusic";
  //存储职工基本信息表中的 SQL 语句
  //public static int res = 0;
  #endregion
  #region 建立数据库连接
  ///<summary>
  ///建立数据库连接
  ///</summary>
  ///<returns>返回 SqlConnection 对象</returns>
  public static SqlConnection getcon()
  {
      My_con = new SqlConnection(M_str_sqlcon);
      //用 SqlConnection 对象与指定的数据库相连接
      My_con.Open();    //打开数据库连接
      return My_con;    //返回 SqlConnection 对象的信息
  }
  #endregion
  #region 测试数据库是否已附加成功
  ///<summary>
```

```csharp
///测试数据库是否已附加成功
///</summary>
public void con_open()
{
    getcon();
    //con_close();
}
#endregion
#region 关闭与数据库的连接
///<summary>
///关闭与数据库的连接
///</summary>
public void con_close()
{
    if (My_con.State == ConnectionState.Open)         //判断是否打开与数据库的连接
    {
        My_con.Close();                               //关闭数据库的连接
        My_con.Dispose();                             //释放 My_con 变量的所有空间
    }
}
#endregion
#region 读取指定表中的信息
///<summary>
///读取指定表中的信息
///</summary>
///<param name="SQLstr">SQL 语句</param>
///<returns>返回 bool 型</returns>
public SqlDataReader getcom(string SQLstr)
{
    getcon();                                         //打开与数据库的连接
    SqlCommand My_com = My_con.CreateCommand();
    //创建一个 SqlCommand 对象,用于执行 SQL 语句
    My_com.CommandText = SQLstr;                      //获取指定的 SQL 语句
    SqlDataReader My_read = My_com.ExecuteReader();
    //执行 SQL 语名句,生成一个 SqlDataReader 对象
    return My_read;
}
#endregion
#region 执行 SqlCommand 命令
///<summary>
///执行 SqlCommand
///</summary>
///<param name="M_str_sqlstr">SQL 语句</param>
public void getsqlcom(string SQLstr)
{
    getcon();                                         //打开与数据库的连接
    SqlCommand SQLcom = new SqlCommand(SQLstr, My_con);
    //创建一个 SqlCommand 对象,用于执行 SQL 语句
    SQLcom.ExecuteNonQuery();                         //执行 SQL 语句
```

```
        SQLcom.Dispose();                    //释放所有空间
        con_close();                         //调用con_close()方法,关闭与数据库的连接
    }
    #endregion
    #region 创建DataSet对象
    ///<summary>
    ///创建一个DataSet对象
    ///</summary>
    ///<param name="M_str_sqlstr">SQL语句</param>
    ///<param name="M_str_table">表名</param>
    ///<returns>返回DataSet对象</returns>
    public DataSet getDataSet(string SQLstr,string tableName)
    {
        getcon();                            //打开与数据库的连接
        SqlDataAdapter SQLda = new SqlDataAdapter(SQLstr,My_con);
        //创建一个SqlDataAdapter对象,并获取指定数据表的信息
        DataSet My_DataSet = new DataSet();       //创建DataSet对象
        SQLda.Fill(My_DataSet,tableName);
        //通过SqlDataAdapter对象的Fill()方法将数据表信息添加到DataSet对象中
        con_close();                         //关闭数据库的连接
        return My_DataSet;                   //返回DataSet对象的信息
        //WritePrivateProfileString(string section,string key,string val,string
            filePath);
    }
    #endregion
}
```

在设计了公共数据访问类之后,设计一个公共方法类,其他窗体界面常用的方法写在这个类中。其他窗体需要时会调用该类的方法,该类的代码如下(由于代码过长,这里只展示部分代码)。

代码 7-2 公共方法类 MyModule.cs

```
class MyModule
{
    #region 公共变量
    DataClass.MyMeans MyDataClass = new renshi.DataClass.MyMeans();
    //声明 MyMeans 类的一个对象,以调用其方法
    public static string ADDs = "";              //用来存储添加或修改的SQL语句
    public static string FindValue = "";         //存储查询条件
    public static string Address_ID = "";        //存储通信录添加修改时的ID编号
    public static string User_ID = "";           //存储用户的ID编号
    public static string User_Name = "";         //存储用户名
    #endregion
    #region 窗体的调用
    ///<summary>
    ///窗体的调用
    ///</summary>
    ///<param name="FrmName">调用窗体的Text属性值</param>
    ///<param name="n">标识</param>
```

```csharp
public void Show_Form(string FrmName, int n)
{
    if (n == 1)
    {
        if (FrmName == "人事档案浏览")                    //判断当前要打开的窗体
        {
            PerForm.F_ManFile FrmManFile = new renshi.PerForm.F_ManFile();
            FrmManFile.Text = "人事档案浏览";              //设置窗体名称
            FrmManFile.ShowDialog();                      //显示窗体
            FrmManFile.Dispose();
        }
        if (FrmName == "人事资料查询")
        {
            PerForm.F_Find FrmFind = new renshi.PerForm.F_Find();
            FrmFind.Text = "人事资料查询";
            FrmFind.ShowDialog();
            FrmFind.Dispose();
        }
        if (FrmName == "人事资料统计")
        {
            PerForm.F_Stat FrmStat = new renshi.PerForm.F_Stat();
            FrmStat.Text = "人事资料统计";
            FrmStat.ShowDialog();
            FrmStat.Dispose();
        }
        if (FrmName == "员工生日提示")
        {
            InfoAddForm.F_ClewSet FrmClewSet = new renshi.InfoAddForm.F_ClewSet();
            FrmClewSet.Text = "员工生日提示";              //设置窗体名称
            FrmClewSet.Tag = 1;
            //设置窗体的Tag属性,用于在打开窗体时判断窗体的显示类型
            FrmClewSet.ShowDialog();                      //显示窗体
            FrmClewSet.Dispose();
        }
        if (FrmName == "员工合同提示")
        {
            InfoAddForm.F_ClewSet FrmClewSet = new renshi.InfoAddForm.F_ClewSet();
            FrmClewSet.Text = "员工合同提示";
            FrmClewSet.Tag = 2;
            FrmClewSet.ShowDialog();
            FrmClewSet.Dispose();
        }
        if (FrmName == "日常记事")
        {
            PerForm.F_WordPad FrmWordPad = new renshi.PerForm.F_WordPad();
            FrmWordPad.Text = "日常记事";
            FrmWordPad.ShowDialog();
            FrmWordPad.Dispose();
        }
```

```csharp
    if (FrmName == "通信录")
    {
        PerForm.F_AddressList FrmAddressList =
        new renshi.PerForm.F_AddressList();
        FrmAddressList.Text = "通信录";
        FrmAddressList.ShowDialog();
        FrmAddressList.Dispose();
    }
    if (FrmName == "备份/还原数据库")
    {
        PerForm.F_HaveBack FrmHaveBack = new renshi.PerForm.F_HaveBack();
        FrmHaveBack.Text = "备份/还原数据库";
        FrmHaveBack.ShowDialog();
        FrmHaveBack.Dispose();
    }
    if (FrmName == "清空数据库")
    {
        PerForm.F_ClearData FrmClearData = new renshi.PerForm.F_ClearData();
        FrmClearData.Text = "清空数据库";
        FrmClearData.ShowDialog();
        FrmClearData.Dispose();
    }
    if (FrmName == "重新登录")
    {
        F_Login FrmLogin = new F_Login();
        FrmLogin.Tag = 2;
        FrmLogin.ShowDialog();
        FrmLogin.Dispose();
    }
    if (FrmName == "用户设置")
    {
        PerForm.F_User FrmUser = new renshi.PerForm.F_User();
        FrmUser.Text = "用户设置";
        FrmUser.ShowDialog();
        FrmUser.Dispose();
    }
    if (FrmName == "计算器")
    {
        System.Diagnostics.Process.Start("calc.exe");
    }
    if (FrmName == "记事本")
    {
        System.Diagnostics.Process.Start("notepad.exe");
    }
}
if (n == 2)
{
    String FrmStr = "";                    //记录窗体名称
    if (FrmName == "民族类别设置")         //判断要打开的窗体
```

```csharp
        {
            DataClass.MyMeans.Mean_SQL = "select * from tb_Folk";      //SQL 语句
            DataClass.MyMeans.Mean_Table = "tb_Folk";                  //表名
            DataClass.MyMeans.Mean_Field = "FolkName";
            //添加、修改数据的字段名
            FrmStr = FrmName;
        }
        if (FrmName == "职工类别设置")
        {
            DataClass.MyMeans.Mean_SQL = "select * from tb_EmployeeGenre";
            DataClass.MyMeans.Mean_Table = "tb_EmployeeGenre";
            DataClass.MyMeans.Mean_Field = "EmployeeName";
            FrmStr = FrmName;
        }
        if (FrmName == "文化程度设置")
        {
            DataClass.MyMeans.Mean_SQL = "select * from tb_Kultur";
            DataClass.MyMeans.Mean_Table = "tb_Kultur";
            DataClass.MyMeans.Mean_Field = "KulturName";
            FrmStr = FrmName;
        }
        if (FrmName == "政治面貌设置")
        {
            DataClass.MyMeans.Mean_SQL = "select * from tb_Visage";
            DataClass.MyMeans.Mean_Table = "tb_Visage";
            DataClass.MyMeans.Mean_Field = "VisageName";
            FrmStr = FrmName;
        }
        if (FrmName == "部门类别设置")
        {
            DataClass.MyMeans.Mean_SQL = "select * from tb_Branch";
            DataClass.MyMeans.Mean_Table = "tb_Branch";
            DataClass.MyMeans.Mean_Field = "BranchName";
            FrmStr = FrmName;
        }
        if (FrmName == "工资类别设置")
        {
            DataClass.MyMeans.Mean_SQL = "select * from tb_Laborage";
            DataClass.MyMeans.Mean_Table = "tb_Laborage";
            DataClass.MyMeans.Mean_Field = "LaborageName";
            FrmStr = FrmName;
        }
        if (FrmName == "职务类别设置")
        {
            DataClass.MyMeans.Mean_SQL = "select * from tb_Business";
            DataClass.MyMeans.Mean_Table = "tb_Business";
            DataClass.MyMeans.Mean_Field = "BusinessName";
            FrmStr = FrmName;
        }
```

```csharp
            if (FrmName == "职称类别设置")
            {
                DataClass.MyMeans.Mean_SQL = "select * from tb_Duthcall";
                DataClass.MyMeans.Mean_Table = "tb_Duthcall";
                DataClass.MyMeans.Mean_Field = "DuthcallName";
                FrmStr = FrmName;
            }
            if (FrmName == "奖惩类别设置")
            {
                DataClass.MyMeans.Mean_SQL = "select * from tb_RPKind";
                DataClass.MyMeans.Mean_Table = "tb_RPKind";
                DataClass.MyMeans.Mean_Field = "RPKind";
                FrmStr = FrmName;
            }
            if (FrmName == "记事本类别设置")
            {
                DataClass.MyMeans.Mean_SQL = "select * from tb_WordPad";
                DataClass.MyMeans.Mean_Table = "tb_WordPad";
                DataClass.MyMeans.Mean_Field = "WordPad";
                FrmStr = FrmName;
            }
            InfoAddForm.F_Basic FrmBasic = new renshi.InfoAddForm.F_Basic();
            FrmBasic.Text = FrmStr;          //设置窗体名称
            FrmBasic.ShowDialog();           //显示调用的窗体
            FrmBasic.Dispose();
        }
    }
}
#endregion
#region 将StatusStrip控件中的信息添加到treeView控件中
///<summary>
///读取菜单中的信息
///</summary>
///<param name="treeV">TreeView控件</param>
///<param name="MenuS">MenuStrip控件</param>
public void GetMenu(TreeView treeV,MenuStrip MenuS)
{
    for (int i = 0; i < MenuS.Items.Count; i++) //遍历MenuStrip组件中的一级菜单项
    {
        //将一级菜单项的名称添加到TreeView组件的根节点中,并设置当前节点的子节点
          newNode1
        TreeNode newNode1 = treeV.Nodes.Add(MenuS.Items[i].Text);
        //将当前菜单项的所有相关信息存入ToolStripDropDownItem对象中
        ToolStripDropDownItem newmenu = (ToolStripDropDownItem)MenuS.Items[i];
        //判断当前菜单项中是否有二级菜单项
        if (newmenu.HasDropDownItems && newmenu.DropDownItems.Count > 0)
            for (int j = 0; j < newmenu.DropDownItems.Count; j++)      //遍历二级菜单项
            {
                //将二级菜单名称添加到TreeView组件的子节点newNode1中,并设置当前节点的子
```

```csharp
                        //节点 newNode2
                        TreeNode newNode2 = newNode1.Nodes.Add(newmenu.DropDownItems[j].Text);
                        //将当前菜单项的所有相关信息存入 ToolStripDropDownItem 对象中
                        ToolStripDropDownItem newmenu2 =
                            (ToolStripDropDownItem)newmenu.DropDownItems[j];
                        //判断二级菜单项中是否有三级菜单项
                        if (newmenu2.HasDropDownItems && newmenu2.DropDownItems.Count > 0)
                            for (int p = 0; p < newmenu2.DropDownItems.Count; p++)    //遍历三级菜单项
                                //将三级菜单名称添加到 TreeView 组件的子节点 newNode2 中
                                newNode2.Nodes.Add(newmenu2.DropDownItems[p].Text);
                    }
                }
        }
        #endregion
        #region 自动编号
        ///<summary>
        ///在添加信息时自动计算编号
        ///</summary>
        ///<param name="TableName">表名</param>
        ///<param name="ID">字段名</param>
        ///<returns>返回 String 对象</returns>
        public String GetAutocoding(string TableName, string ID)
        {
            //查找指定表中 ID 号为最大的记录
            SqlDataReader MyDR = MyDataClass.getcom("select max(" + ID + ") NID from " +
                TableName);
            int Num = 0;
            if (MyDR.HasRows)               //当查找到记录时
            {
                MyDR.Read();                //读取当前记录
                if (MyDR[0].ToString() == "")
                    return "0001";
                Num = Convert.ToInt32(MyDR[0].ToString());   //将当前找到的最大编号转换成整数
                ++Num;                      //最大编号加 1
                string s = string.Format("{0:0000}", Num);   //将整数值转换成指定格式的字符串
                return s;                   //返回自动生成的编号
            }
            else
            {
                return "0001";              //当数据表没有记录时返回 0001
            }
        }
        #endregion
        #region 向 comboBox 控件传递数据表中的数据
        ///<summary>
        ///动态向 comboBox 控件的下拉列表添加数据
        ///</summary>
        ///<param name="cobox">comboBox 控件</param>
        ///<param name="TableName">数据表名称</param>
```

```csharp
public void CoPassData(ComboBox cobox,string TableName)
{
    cobox.Items.Clear();
    DataClass.MyMeans MyDataClsaa = new renshi.DataClass.MyMeans();
    SqlDataReader MyDR = MyDataClsaa.getcom("select * from " + TableName);
    if (MyDR.HasRows)
    {
        while (MyDR.Read())
        {
            if (MyDR[1].ToString() != "" && MyDR[1].ToString() != null)
                cobox.Items.Add(MyDR[1].ToString());
        }
    }
}
#endregion
#region 向comboBox控件传递各省市的名称
///<summary>
///动态向comboBox控件的下拉列表添加省名
///</summary>
///<param name="cobox">comboBox控件</param>
///<param name="SQLstr">SQL语句</param>
///<param name="n">字段位数</param>
public void CityInfo(ComboBox cobox,string SQLstr,int n)
{
    cobox.Items.Clear();
    DataClass.MyMeans MyDataClsaa = new renshi.DataClass.MyMeans();
    SqlDataReader MyDR = MyDataClsaa.getcom(SQLstr);
    if (MyDR.HasRows)
    {
        while (MyDR.Read())
        {
            if (MyDR[n].ToString() != "" && MyDR[n].ToString() != null)
                cobox.Items.Add(MyDR[n].ToString());
        }
    }
}
#endregion
#region 将日期转换成指定的格式
///<summary>
///将日期转换成yyyy-mm-dd格式
///</summary>
///<param name="NDate">日期</param>
///<returns>返回String对象</returns>
public string Date_Format(string NDate)
{
    string sm,sd;
    int y,m,d;
    try
    {
```

```csharp
            y = Convert.ToDateTime(NDate).Year;
            m = Convert.ToDateTime(NDate).Month;
            d = Convert.ToDateTime(NDate).Day;
        }
        catch
        {
            return "";
        }
        if (y == 1900)
            return "";
        if (m < 10)
            sm = "0" + Convert.ToString(m);
        else
            sm = Convert.ToString(m);
        if (d < 10)
            sd = "0" + Convert.ToString(d);
        else
            sd = Convert.ToString(d);
        return Convert.ToString(y) + "-" + sm + "-" + sd;
}
#endregion
#region 将时间转换成指定的格式
///<summary>
///将时间转换成 HH-mm-ss 格式
///</summary>
///<param name="NDate">日期</param>
///<returns>返回 String 对象</returns>
public string Time_Format(string NDate)
{
    string sh,sm,se;
    int hh,mm,ss;
    try
    {
        hh = Convert.ToDateTime(NDate).Hour;
        mm = Convert.ToDateTime(NDate).Minute;
        ss = Convert.ToDateTime(NDate).Second;
    }
    catch
    {
        return "";
    }
    sh = Convert.ToString(hh);
    if (sh.Length < 2)
        sh = "0" + sh;
    sm = Convert.ToString(mm);
    if (sm.Length < 2)
        sm = "0" + sm;
    se = Convert.ToString(ss);
    if (se.Length < 2)
```

```
        se = "0" + se;
    return sh + "-"+ sm + "-"+ se;
}
#endregion
#region 设置 MaskedTextBox 控件的格式
///<summary>
///将 MaskedTextBox 控件的格式设为 yyyy-mm-dd 格式
///</summary>
///<param name="NDate">日期</param>
///<param name="ID">数据表名称</param>
///<returns>返回 String 对象</returns>
public void MaskedTextBox_Format(MaskedTextBox MTBox)
{
    MTBox.Mask = "0000-00-00";
    MTBox.ValidatingType = typeof(System.DateTime);
}
#endregion
```

7.2.2　设计制作用户登录界面 F_Login.cs

企业人事管理系统的管理员登录界面如图 7-27 所示。

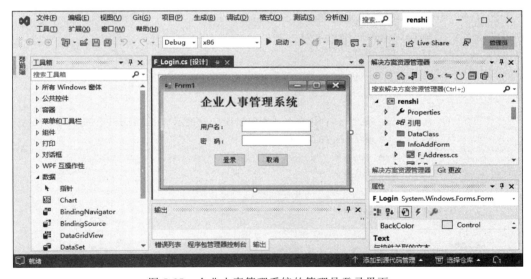

图 7-27　企业人事管理系统的管理员登录界面

1. 设计界面

企业人事管理系统的登录界面的设计步骤为：首先拖入 3 个 Label 控件，分别用于显示"企业人事管理系统""用户名"和"密码"；然后拖入 2 个 TextBox 控件，分别用于"用户名"和"密码"的输入；最后拖入 2 个 Button 控件，分别用于"登录"和"取消"按钮。设置密码 TextBox 控件的"PasswordChar 属性"为" * "。

2. 编写代码

(1) 首先定义一个数据操作类的实例,代码如下。

代码 7-3　数据操作类定义实例

```
DataClass.MyMeans MyClass = new renshi.DataClass.MyMeans();
```

(2) 双击"登录"按钮,进入该按钮的单击事件,编写代码如下。

代码 7-4　"登录"按钮的单击事件

```
private void butLogin_Click(object sender,EventArgs e)
{
    if (textName.Text != "" & textPass.Text != "")
    {
        SqlDataReader temDR = MyClass.getcom("select * from tb_Login where Name=
        '" + textName.Text.Trim() + "' and Pass='" + textPass.Text.Trim() + "'");
        bool ifcom = temDR.Read();
        if (ifcom)
        {
            DataClass.MyMeans.Login_Name = textName.Text.Trim();
            DataClass.MyMeans.Login_ID = temDR.GetString(0);
            DataClass.MyMeans.My_con.Close();
            DataClass.MyMeans.My_con.Dispose();
            DataClass.MyMeans.Login_n = (int)(this.Tag);
            this.Close();
        }
        else
        {
            MessageBox.Show("用户名或密码错误!","提示",MessageBoxButtons.OK,
            MessageBoxIcon.Information);
            textName.Text = "";
            textPass.Text = "";
        }
        MyClass.con_close();
    }
    else
    MessageBox.Show("请将登录信息填写完整!","提示",MessageBoxButtons.OK,
    MessageBoxIcon.Information);
}
```

7.2.3　设计制作系统管理主界面 F_Main.cs

管理员在登录界面输入正确的"用户名"和"密码",会进入管理主界面。管理主界面可以使用系统的所有功能。系统管理主界面的设计界面如图 7-28 所示。

项目 7　设计制作企业人事管理系统

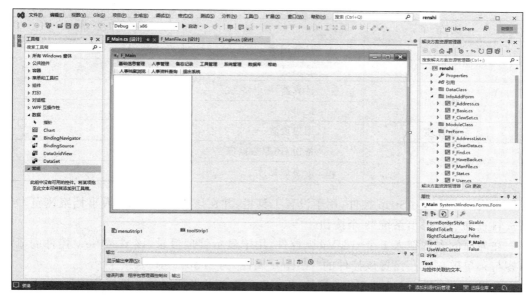

图 7-28　系统管理主界面的设计界面

1. 设计界面

系统管理主界面的设计步骤为：首先拖入 1 个 menuStrip 控件，用于管理主界面的菜单目录，编辑该控件并添加三级菜单项如表 7-25 所示。

表 7-25　管理主界面的菜单项设置

一级菜单	二级菜单	三级菜单
基础信息管理	数据基础	民族类别设置
		职工类别设置
		文化程度设置
		政治面貌设置
		部门类别设置
		工资类别设置
		职务类别设置
		职称类别设置
		奖惩类别设置
		记事本类别设置
	员工提示信息	员工生日提示
		员工合同提示
人事管理	人事档案浏览	无
	人事资料查询	无
	人事资料统计	无

249

续表

一级菜单	二级菜单	三级菜单
备忘记录	日常记事	无
	通信录	无
工具管理	计算器	无
	记事本	无
系统管理	用户设置	无
数据库	备份/还原数据库	无
	清空数据库	无

再拖入 1 个 toolStrip 控件，用于设置工具栏，并在该控件上添加"人事档案浏览""人事资料查询"和"退出系统"3 个按钮。

在界面的左侧拖入 1 个 treeView 控件，用于显示管理目录，该 treeView 控件的显示内容与菜单项一致。设置该控件的"Anchor 属性"为"Top,Left"。

在界面的右侧拖入 1 个 Panel 控件，用于布局界面的右侧区域。设置该控件的"Anchor 属性"为"Top,Left"。

2. 编写代码

(1) 首先定义公共数据访问类的实例和公共方法类的实例，代码如下。

代码 7-5　公共数据访问类的实例和公共方法类的实例

```
DataClass.MyMeans MyClass = new renshi.DataClass.MyMeans();
ModuleClass.MyModule MyMenu = new renshi.ModuleClass.MyModule();
```

(2) 编写窗体的 Form_Load 事件，代码如下。

代码 7-6　窗体的 Form_Load 事件

```
private void F_Main_Load(object sender,EventArgs e)
{
    F_Login FrmLogin = new F_Login();    //声明登录窗体
    FrmLogin.Tag = 1;    //将登录窗体的 Tag 属性设为 1,表示调用的是登录窗体
    FrmLogin.ShowDialog();
    FrmLogin.Dispose();
    //当调用的是登录窗体时
    if (DataClass.MyMeans.Login_n == 1)
    {
        Preen_Main();    //自定义方法,通过权限对窗体进行初始化
        MyMenu.PactDay(1);
        //MyModule 类中的自定义方法,用于查找指定时间内过生日的职工
        MyMenu.PactDay(2);
        //MyModule 类中的自定义方法,用于查找合同到期的职工
    }
    DataClass.MyMeans.Login_n = 3;    //公共变量设为 3 可控制登录窗体的关闭
}
```

(3) 在代码 7-6 中调用了 Preen_Main()方法，用于对窗体进行初始化，编写该方法的

代码如下。

代码 7-7　Preen_Main()方法

```
#region 通过权限对主窗体进行初始化
///<summary>
///对主窗体进行初始化
///</summary>
private void Preen_Main()
{
    treeView1.Nodes.Clear();
    MyMenu.GetMenu(treeView1,menuStrip1);
    //调用公共类 MyModule 下的 GetMenu()方法,将 menuStrip1 控件的子菜单添加到
      treeView1 控件中
    MyMenu.MainMenuF(menuStrip1);              //将菜单栏中的各子菜单项设为不可用状态
    MyMenu.MainPope(menuStrip1,DataClass.MyMeans.Login_Name);
    //根据权限设置相应子菜单的可用状态
    MessageBox.Show("sss");
}
#endregion
```

(4) 编写 TreeView 控件的 NodeMouseClick 事件,代码如下。

代码 7-8　TreeView 控件的 NodeMouseClick 事件

```
private void treeView1_NodeMouseClick(object sender,TreeNodeMouseClickEventArgs e)
{
    if (e.Node.Text.Trim() == "系统退出")    //如果当前节点的文本为"系统退出"
    {
        Application.Exit();                  //关闭整个工程
    }
    MyMenu.TreeMenuF(menuStrip1,e);
    //用 MyModule 公共类中的 TreeMenuF()方法调用各窗体
}
```

(5) 编写菜单项的单击事件,其中,"基础信息管理"→"数据基础"下的三级菜单项如图 7-29 所示。编写菜单项"民族类别设置"的事件如代码 7-9 所示,编写菜单项"职工类别设置"的事件如代码 7-10 所示,编写菜单项"文化程度设置"的事件如代码 7-11 所示,编写菜单项"政治面貌设置"的事件如代码 7-12 所示,编写菜单项"部门类别设置"的事件如代码 7-13 所示,编写菜单项"工资类别设置"的事件如代码 7-14 所示,编写菜单项"职务类别设置"的事件如代码 7-15 所示,编写菜单项"职称类别设置"的事件如代码 7-16 所示,编写菜单项"奖惩类别设置"的事件如代码 7-17 所示,编写菜单项"记事本类别设置"的事件如代码 7-18 所示。

代码 7-9　菜单项"民族类别设置"的事件

```
public void Tool_Folk_Click(object sender,EventArgs e)
{
    MyMenu.Show_Form(sender.ToString().Trim(),2);
}
```

图 7-29 "数据基础"下的三级菜单

代码 7-10 菜单项"职工类别设置"的事件

```
public void Tool_Folk_Click(object sender,EventArgs e)
{
    MyMenu.Show_Form(sender.ToString().Trim(),2);
}
```

代码 7-11 菜单项"文化程度设置"的事件

```
public void Tool_Folk_Click(object sender,EventArgs e)
{
    MyMenu.Show_Form(sender.ToString().Trim(),2);
}
```

代码 7-12 菜单项"政治面貌设置"的事件

```
private void Tool_Visage_Click(object sender,EventArgs e)
{
    MyMenu.Show_Form(sender.ToString().Trim(),2);
}
```

代码 7-13 菜单项"部门类别设置"的事件

```
public void Tool_Folk_Click(object sender,EventArgs e)
{
    MyMenu.Show_Form(sender.ToString().Trim(),2);
}
```

代码 7-14 菜单项"工资类别设置"的事件

```
public void Tool_Folk_Click(object sender,EventArgs e)
{
    MyMenu.Show_Form(sender.ToString().Trim(),2);
}
```

代码 7-15 菜单项"职务类别设置"的事件

```
public void Tool_Folk_Click(object sender,EventArgs e)
```

```csharp
{
    MyMenu.Show_Form(sender.ToString().Trim(),2);
}
```

代码7-16 菜单项"职称类别设置"的事件

```csharp
public void Tool_Folk_Click(object sender,EventArgs e)
{
    MyMenu.Show_Form(sender.ToString().Trim(),2);
}
```

代码7-17 菜单项"奖惩类别设置"的事件

```csharp
public void Tool_Folk_Click(object sender,EventArgs e)
{
    MyMenu.Show_Form(sender.ToString().Trim(),2);
}
```

代码7-18 菜单项"记事本类别设置"的事件

```csharp
public void Tool_Folk_Click(object sender,EventArgs e)
{
    MyMenu.Show_Form(sender.ToString().Trim(),2);
}
```

编写"基础信息管理"→"员工提示信息"下的菜单项的事件,该菜单项的三级菜单的设计界面如图7-30所示。编写菜单项"员工生日提示"的事件如代码7-19所示,编写菜单项"员工合同提示"的事件如代码7-20所示。

代码7-19 菜单项"员工生日提示"的事件

```csharp
private void Tool_ClewBirthday_Click(object sender,EventArgs e)
{
    MyMenu.Show_Form(sender.ToString().Trim(),1);
}
```

代码7-20 菜单项"员工合同提示"的事件

```csharp
private void Tool_ClewBargain_Click(object sender,EventArgs e)
{
    MyMenu.Show_Form(sender.ToString().Trim(),1);
}
```

编写"人事管理"菜单项的事件,该菜单的二级菜单的设计界面如图7-31所示。编写菜单项"人事档案浏览"的事件如代码7-21所示,编写菜单项"人事资料查询"的事件如代码7-22所示,编写菜单项"人事资料统计"的事件,如代码7-23所示。

代码7-21 菜单项"人事档案浏览"的事件

```csharp
private void Tool_Stuffbusic_Click(object sender,EventArgs e)
{
    MyMenu.Show_Form(sender.ToString().Trim(),1);
    //用MyModule公共类中的Show_Form()方法调用各窗体
}
```

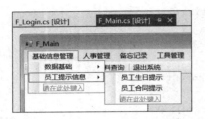
图 7-30 "员工提示信息"菜单项的设计界面

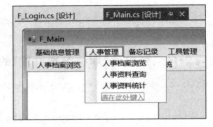
图 7-31 "人事管理"菜单项的设计界面

代码 7-22 菜单项"人事资料查询"的事件

```
private void Tool_Stufind_Click(object sender,EventArgs e)
{
    MyMenu.Show_Form(sender.ToString().Trim(),1);
}
```

代码 7-23 菜单项"人事资料统计"的事件

```
private void Tool_Stusum_Click(object sender,EventArgs e)
{
    MyMenu.Show_Form(sender.ToString().Trim(),1);
}
```

编写"备忘记录"菜单项的事件,该菜单项的二级菜单如图 7-32 所示。编写菜单项"日常记事"的事件如代码 7-24 所示,编写菜单项"通信录"的事件如代码 7-25 所示。

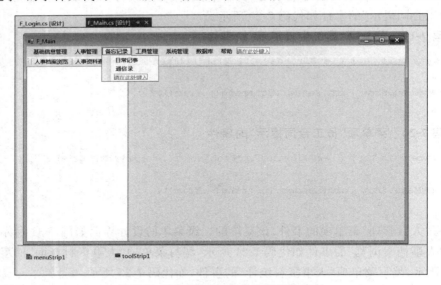
图 7-32 "备忘记录"菜单项的设计界面

代码 7-24 菜单项"日常记事"的事件

```
private void Tool_DayWordPad_Click(object sender,EventArgs e)
{
    MyMenu.Show_Form(sender.ToString().Trim(),1);
}
```

代码 7-25 菜单项"通信录"的事件

```
private void 通信录ToolStripMenuItem_Click(object sender,EventArgs e)
{
    MyMenu.Show_Form(sender.ToString().Trim(),1);
}
```

编写"工具管理"菜单项的事件，该菜单的二级菜单项如图 7-33 所示。编写菜单项"计算器"的事件如代码 7-26 所示，编写菜单项"记事本"的事件如代码 7-27 所示。

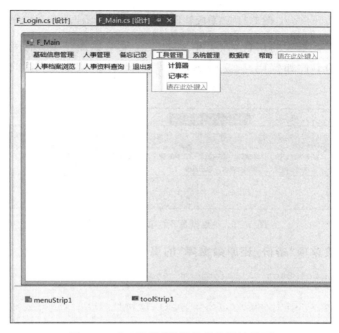

图 7-33 "工具管理"菜单项的设计界面

代码 7-26 菜单项"计算器"的事件

```
private void 计算器ToolStripMenuItem_Click(object sender,EventArgs e)
{
    MyMenu.Show_Form(sender.ToString().Trim(),1);
}
```

代码 7-27 菜单项"记事本"的事件

```
private void 记事本ToolStripMenuItem_Click(object sender,EventArgs e)
{
    MyMenu.Show_Form(sender.ToString().Trim(),1);
}
```

编写"系统管理"菜单项的事件，该菜单项的二级菜单如图 7-34 所示。编写菜单项"用户设置"的事件如代码 7-28 所示。

代码 7-28 菜单项"用户设置"的事件

```
private void 用户设置ToolStripMenuItem_Click(object sender,EventArgs e)
{
```

```
        MyMenu.Show_Form(sender.ToString().Trim(),1);
}
```

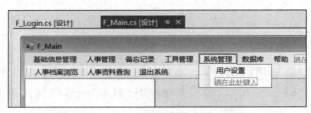

图 7-34 "系统管理"菜单项的设计界面

编写"数据库"菜单项的事件,该菜单项的二级菜单如图 7-35 所示。编写菜单项"备份/还原数据库"的事件如代码 7-29 所示,编写菜单项"清空数据库"的事件如代码 7-30 所示。

图 7-35 "数据库"菜单项的设计界面

代码 7-29 菜单项"备份/还原数据库"的事件

```
private void Tool_Back_Click(object sender,EventArgs e)
{
    MyMenu.Show_Form(sender.ToString().Trim(),1);
}
```

代码 7-30 菜单项"清空数据库"的事件

```
private void Tool_Clear_Click(object sender,EventArgs e)
{
    MyMenu.Show_Form(sender.ToString().Trim(),1);
}
```

(6) 编写工具按钮 toolStrip 控件的事件,工具按钮的设计界面如图 7-36 所示。在该控件上添加 3 个按钮,分别是"人事档案浏览""人事资料查询"和"退出系统"。编写"人事档案浏览"按钮的事件如代码 7-31 所示,编写"人事资料查询"按钮的事件如代码 7-32 所示,编写"退出系统"按钮的事件如代码 7-33 所示。

图 7-36 工具按钮的设计界面

代码 7-31 "人事档案浏览"按钮的事件

```
private void Button_Stuffbusic_Click(object sender,EventArgs e)
{
```

```
    if (Tool_Stuffbusic.Enabled == true)
        Tool_Stuffbusic_Click(sender,e);
    else
        MessageBox.Show("当前用户无权限调用" + "\"" + ((ToolStripButton)
        sender).Text + "\"" + "窗体");
}
```

代码 7-32 "人事资料查询"按钮的事件

```
private void Button_Stufind_Click(object sender,EventArgs e)
{
    if (Tool_Stufind.Enabled == true)
        Tool_Stufind_Click(sender,e);
    else
        MessageBox.Show("当前用户无权限调用" + "\"" + ((ToolStripButton)sender).
        Text + "\"" + "窗体");
}
```

代码 7-33 "退出系统"按钮的事件

```
private void Button_Close_Click(object sender,EventArgs e)
{
    this.Close();
}
```

7.2.4 设计制作数据基础界面 F_Basic.cs

"数据基础"菜单的设计界面如图 7-37 所示。"数据基础"菜单的三级菜单单击之后，所打开的是同一个窗体。该窗体的功能是对不同的数据表进行管理，如添加、修改、删除等操作，该窗体的设计界面如图 7-38 所示。

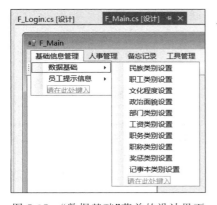

图 7-37 "数据基础"菜单的设计界面

图 7-38 数据基础管理窗体的设计界面

1. 设计界面

数据基础管理窗体的设计步骤为：首先拖入 3 个 groupBox 控件，分别用于"基本信息""相关操作"和"输入添加/修改的信息"三部分信息的布局用。然后在基本信息部分拖入一个 listBox 控件,用于显示基本信息;在"相关操作"部分拖入 5 个 Button 控件,分别作为"添加""修改""删除""取消"和"退出"按钮。在"输入添加/修改的信息"部分拖入 1 个 textBox 控件,用于接收输入的信息。

2. 编写代码

(1) 首先定义该窗体的公共变量,代码如下。

代码 7-34　窗体的公共变量

```
DataClass.MyMeans MyDClass = new renshi.DataClass.MyMeans();
public static string reField = "";    //记录要修改的字段
public static int indvar = -1;
```

(2) 编写窗体的 Form_Load 事件,代码如下。

代码 7-35　窗体的 Form_Load 事件

```
private void F_Basic_Load(object sender, EventArgs e)
{
    listBox1.Items.Clear();
    DataSet My_Set = MyDClass.getDataSet(DataClass.MyMeans.Mean_SQL, DataClass.MyMeans.Mean_Table);
    if(My_Set.Tables[0].Rows.Count > 0)
    for(int i = 0; i < My_Set.Tables[0].Rows.Count; i++)
    {
        listBox1.Items.Add(My_Set.Tables[0].Rows[i][1].ToString());
    }
}
```

(3) 双击"添加"按钮,进入该按钮的单击事件,编写代码如下。

代码 7-36　"添加"按钮的单击事件

```
private void button1_Click(object sender, EventArgs e)
{
    bool t = false;
    string temField = "";
    if (textBox1.Text != "")
    {
        temField = textBox1.Text.Trim();
        SqlDataReader temDR = MyDClass.getcom("select * from " + DataClass.MyMeans.Mean_Table.Trim() + " where " + DataClass.MyMeans.Mean_Field.Trim() + "='" + temField + "'");
        t = temDR.Read();
        if (t == false)
        {
            MyDClass.getsqlcom("insert into " + DataClass.MyMeans.Mean_Table.Trim() + "(" + DataClass.MyMeans.Mean_Field.Trim() + ") values(" + "'" + temField + "'" + ")");
            listBox1.Items.Add(textBox1.Text.Trim());
            textBox1.Text = "";
```

            }
        }
    }

(4) 双击"修改"按钮,进入该按钮的单击事件,编写代码如下。

代码 7-37 "修改"按钮的单击事件

```
private void button2_Click(object sender,EventArgs e)
{
    bool t = false;
    string temField = "";
    if (textBox1.Text != "")
    {
        temField = textBox1.Text.Trim();
        SqlDataReader temDR = MyDClass.getcom("select * from " + DataClass.
        MyMeans.Mean_Table.Trim() + " where " + DataClass.MyMeans.Mean_Field.
        Trim() + "='" + reField + "'");
        t = temDR.Read();
        if (t == true)
        {
            temField = temDR[0].ToString();
            MyDClass.getsqlcom("update " + DataClass.MyMeans.Mean_Table.Trim() +
            " set " + DataClass.MyMeans.Mean_Field.Trim() + "='" + textBox1.
            Text.Trim() + "' where ID='" + temField + "'");
            if (indvar >= 0)
                listBox1.Items[indvar] = (textBox1.Text.Trim());
            textBox1.Text = "";
        }
    }
    button4_Click(sender,e);
}
```

(5) 双击"删除"按钮,进入该按钮的单击事件,编写代码如下。

代码 7-38 "删除"按钮的单击事件

```
private void button3_Click(object sender,EventArgs e)
{
    if (reField != "" & indvar >= 0)
    {
        MyDClass.getsqlcom("delete from " + DataClass.MyMeans.Mean_Table.Trim() +
        " where " + DataClass.MyMeans.Mean_Field.Trim() + "='" + reField + "'");
        listBox1.Items.Remove(listBox1.Items[listBox1.SelectedIndex]);
        listBox1.SelectedIndex = -1;
    }
    button4_Click(sender,e);
}
```

(6) 双击"取消"按钮,进入该按钮的单击事件,编写代码如下。

代码 7-39 "取消"按钮的单击事件

```
private void button4_Click(object sender,EventArgs e)
```

```
    {
        button2.Enabled = false;
        button3.Enabled = false;
    }
```

(7) 双击"退出"按钮,进入该按钮的单击事件,编写代码如下。

代码 7-40　"退出"按钮的单击事件

```
private void button5_Click(object sender,EventArgs e)
{
    this.Close();
}
```

(8) 编写 listBox 控件的 SelectedValueChanged 事件,代码如下。

代码 7-41　listBox 控件的 SelectedValueChanged 事件

```
private void listBox1_SelectedValueChanged(object sender,EventArgs e)
{
    if (listBox1.SelectedIndex >= 0)
    {
        reField = listBox1.SelectedItem.ToString();
        indvar = listBox1.SelectedIndex;
        button2.Enabled = true;
        button3.Enabled = true;
    }
}
```

7.2.5　设计制作设置提示日期界面 F_ClewSet.cs

设置提示日期界面是对员工生日和员工合同进行日期提示,该功能的设计界面如图 7-39 所示。

1. 设计界面

设置提示日期界面的设计步骤为:首先拖入 1 个 groupBox 控件,设置该控件的"Text 属性"为"设置提示日期";然后拖入 1 个 Label 控件,用于显示"提前";再拖入 1 个 numericUpDown 控件,用于设置数字;再拖入 1 个 CheckBox 控件,用于确定"应用提示框";最后拖入 2 个 Button 控件,用于"保存"和"取消"按钮。

图 7-39　设置提示日期界面

2. 编写代码

(1) 首先定义该窗体的公共变量,代码如下。

代码 7-42　定义该窗体的公共变量

```
DataClass.MyMeans MyDataClass = new renshi.DataClass.MyMeans();
```

(2) 编写窗体的 Form_Load 事件，代码如下。

代码 7-43　窗体的 Form_Load 事件

```
private void F_ClewSet_Load(object sender,EventArgs e)
{
    SqlDataReader SQLDR = MyDataClass.getcom("Select * from tb_Clew where
    Kind=" + this.Tag);
    if (SQLDR.Read())
    {
        if ((int)SQLDR[3] == 0)
            checkBox1.Checked = false;
        else
            checkBox1.Checked = true;
        numericUpDown1.Value = (int)SQLDR[1];
    }
}
```

(3) 双击"保存"按钮，进入该按钮的单击事件，编写代码如下。

代码 7-44　"保存"按钮的单击事件

```
private void button1_Click(object sender,EventArgs e)
{
    int Un = 0;
    if (checkBox1.Checked == true)
        Un = 1;
    else
        Un = 0;
    MyDataClass.getsqlcom("update tb_Clew set Fate=" + numericUpDown1.
    Value + ",Unlock=" + Un + " where Kind=" + this.Tag);
}
```

(4) 编写 checkBox 控件的 CheckChanged 事件，代码如下。

代码 7-45　checkBox 控件的 CheckChanged 事件

```
private void checkBox1_CheckedChanged(object sender,EventArgs e)
{
    bool Tbool = true;
    if (checkBox1.Checked == true)
        Tbool = true;
    else
        Tbool = false;
    groupBox1.Enabled = Tbool;
}
```

7.2.6　设计制作人事档案管理界面 F_ManFile.cs

人事档案管理是企业人事管理系统的核心功能，其作用是对员工的人事信息进行管理。人事档案管理的功能包括：分类查询、浏览上一条或下一条信息、显示职工人事信息、职工照片管理、职工基本信息管理、工作简历管理、家庭关系管理、培训记录管理、奖惩记录管理、个人简历管理等。人事档案管理的设计界面如图 7-40 所示。

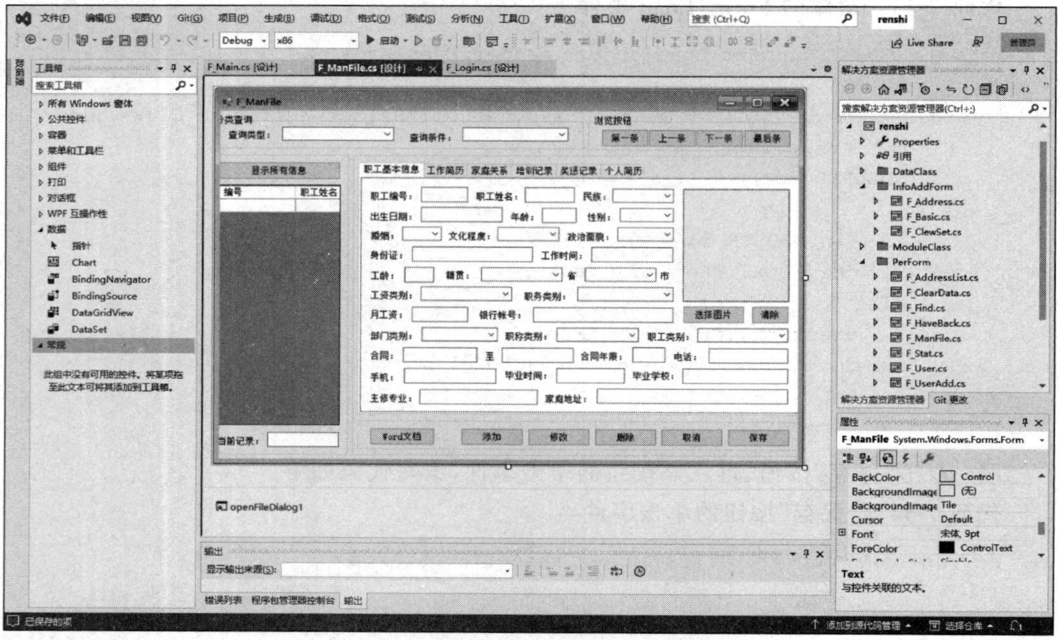

图 7-40　人事档案管理的设计界面

1. 设计界面

人事档案管理界面的设计步骤为：首先拖入 5 个 groupBox 控件，用于整个界面的布局，即分别用于"分类查询""显示信息""浏览按钮""职工信息管理"和"添加"等按钮的布局。

（1）在"分类查询"部分，拖入 2 个 Label 控件，用于"查询类型"和"查询条件"。然后拖入 2 个 ComboBox 控件，设置第一个 ComboBox 控件的"Items 属性"如图 7-41 所示。

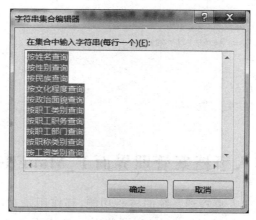

图 7-41　第一个 ComboBox 控件的 Items 属性设置

（2）在"浏览按钮"部分，拖入 4 个 Button 控件，分别设置为"第一条""上一条""下一条"和"最后一条"按钮，分别用于查询对应的数据。

（3）在"显示信息"部分，拖入 1 个 Button 控件，用于"显示所有信息"按钮；然后拖入 1 个 dataGridView 控件，用于显示职工信息；单击 dataGridView 控件右上角的智能标签，首先编辑列，如图 7-42 所示。然后选择"启动添加""启动编辑""启动删除"选项，如图 7-43 所示。

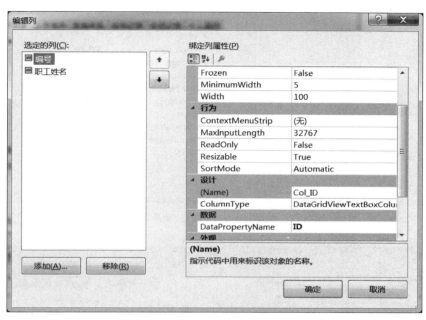

图 7-42　dataGridView 控件的编辑列

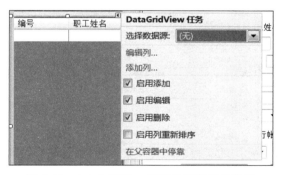

图 7-43　dataGridView 控件的智能标签编辑

最后拖入 1 个 Label 控件、1 个 TextBox 控件，用于显示"当前记录"。

（4）在"职工信息管理"部分，拖入 1 个 tabControl 控件，编辑该控件的 TabPages，添加职工基本信息、工作简历、家庭关系、培训记录、奖惩记录和个人简历共 6 个选项卡，编辑选项卡的界面如图 7-44 所示。

在"职工基本信息"选项卡中，设计界面如图 7-45 所示。

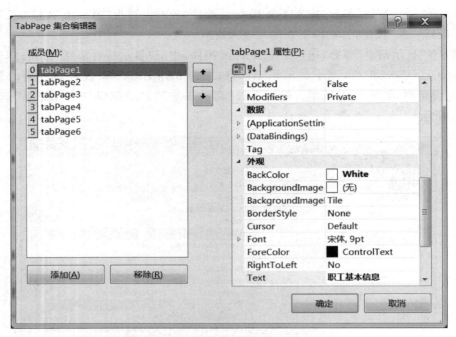

图 7-44　tabControl 控件的选项卡编辑界面

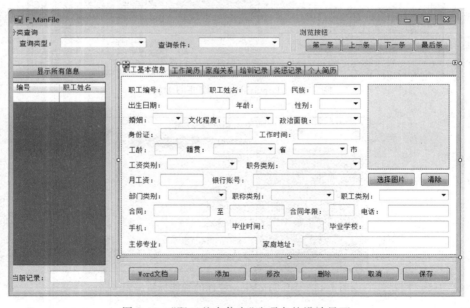

图 7-45　"职工基本信息"选项卡的设计界面

在"工作简历"选项卡中，设计界面如图 7-46 所示。
在"家庭关系"选项卡中，设计界面如图 7-47 所示。
在"培训记录"选项卡中，设计界面如图 7-48 所示。
在"奖惩记录"选项卡中，设计界面如图 7-49 所示。

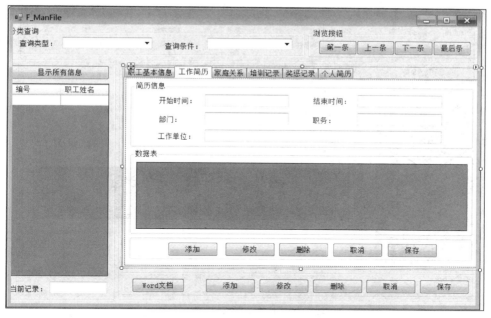

图 7-46 "工作简历"选项卡的设计界面

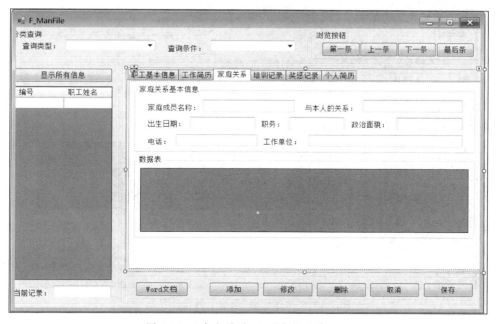

图 7-47 "家庭关系"选项卡的设计界面

在"个人简历"选项卡中,设计界面如图 7-50 所示。

(5) 在"添加"等按钮部分,拖入 6 个 Button 按钮,分别作为"Word 文档""添加""修改""删除""取消"和"保存"按钮。

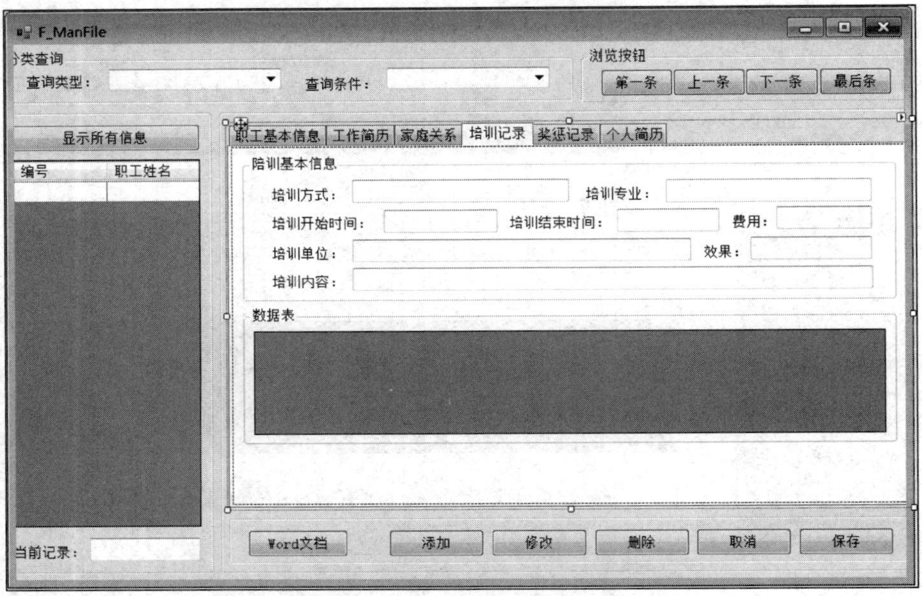

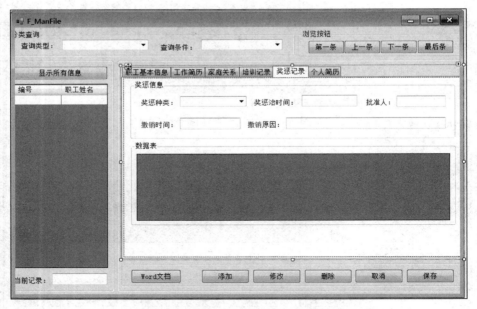

图 7-48 "培训记录"选项卡的设计界面

图 7-49 "奖惩记录"选项卡的设计界面

2. 编写代码

（1）首先定义窗体的公共变量，代码如下。

代码 7-46　定义窗体的公共变量

```
#region 当前窗体的所有公共变量
```

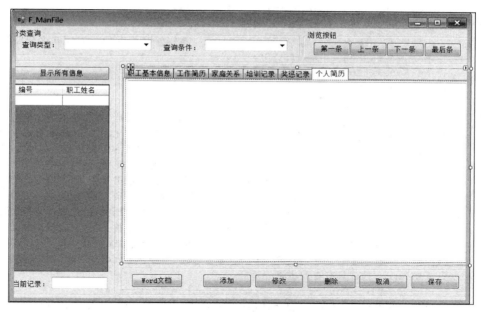

图 7-50 "个人简历"选项卡的设计界面

```
DataClass.MyMeans MyDataClass = new RENSHI.DataClass.MyMeans();
ModuleClass.MyModule MyMC = new RENSHI.ModuleClass.MyModule();
public static DataSet MyDS_Grid;
public static string tem_Field = "";
public static string tem_Value = "";
public static string tem_ID = "";
public static int hold_n = 0;
public static byte[] imgBytesIn;      //用来存储图片的二进制数
public static int Ima_n = 0;          //判断是否对图片进行了操作
public static string Part_ID = "";    //存储数据表的ID信息
#endregion
```

(2) 编写窗体的 Form_Load 事件，代码如下。

代码 7-47　窗体的 Form_Load 事件

```
private void F_ManFile_Load(object sender,EventArgs e)
{
  //用 dataGridView1 控件显示职工的名称
   MyDS _ Grid  =  MyDataClass. getDataSet ( DataClass. MyMeans. AllSql," tb _
    Stuffbusic");
   dataGridView1.DataSource = MyDS_Grid.Tables[0];
   dataGridView1.AutoGenerateColumns = true;   //是否自动创建列
   dataGridView1.Columns[0].Width = 60;
   dataGridView1.Columns[1].Width = 80;
   for (int i = 2; i < dataGridView1.ColumnCount; i++)
   //隐藏 dataGridView1 控件中不需要的列字段
   {
```

```
            dataGridView1.Columns[i].Visible = false;
}
MyMC.MaskedTextBox_Format(S_3);              //指定MaskedTextBox控件的格式
MyMC.MaskedTextBox_Format(S_10);
MyMC.MaskedTextBox_Format(S_21);
MyMC.MaskedTextBox_Format(S_27);
MyMC.MaskedTextBox_Format(S_28);
MyMC.CoPassData(S_2,"tb_Folk");              //向"民族"列表框中添加信息
MyMC.CoPassData(S_5,"tb_Kultur");            //向"文化程度"列表框中添加信息
MyMC.CoPassData(S_8,"tb_Visage");            //向"政治面貌"列表框中添加信息
MyMC.CoPassData(S_12,"tb_EmployeeGenre");    //向"职工类别"列表框中添加信息
MyMC.CoPassData(S_13,"tb_Business");         //向"职务类别"列表框中添加信息
MyMC.CoPassData(S_14,"tb_Laborage");         //向"工资类别"列表框中添加信息
MyMC.CoPassData(S_15,"tb_Branch");           //向"部门类别"列表框中添加信息
MyMC.CoPassData(S_16,"tb_Duthcall");         //向"职称类别"列表框中添加信息
MyMC.CityInfo(S_23,"select distinct beaware from tb_City",0);
S_23.AutoCompleteMode = AutoCompleteMode.SuggestAppend;
//使S_BeAware控件具有查询功能
S_23.AutoCompleteSource = AutoCompleteSource.ListItems;
textBox1.Text = Grid_Inof(dataGridView1);    //显示职工信息表的首记录
DataClass.MyMeans.AllSql = "Select * from tb_Stuffbusic";
}
```

(3) 编写"数据显示"控件dataGridView的CellEnter事件，代码如下。

代码7-48 "数据显示"控件dataGridView的CellEnter事件

```
private void dataGridView1_CellEnter(object sender,DataGridViewCellEventArgs e)
{
    try
    {
        if (dataGridView1.CurrentCell.RowIndex > -1)
        {
            textBox1.Text = Grid_Inof(dataGridView1);     //显示职工信息表的当前记录
            MyMC.Ena_Button(N_First,N_Previous,N_Next,N_Cauda,1,1,1,1);
            //使窗体中的"修改"按钮可用
            //获取"工作简历"选项卡中的信息
            DataSet WDset = MyDataClass.getDataSet("select Sut_ID, ID,BeginDate as
            开始时间,EndDate as 结束时间,Branch as 部门,Business as 职务,WordUnit as
            工作单位 from tb_WordResume where Sut_ID='" + tem_ID + "'","tb_
            WordResume");
            MyMC.Correlation_Table(WDset,dataGridView2); //将WDset存储的信息显示
            在dataGridView2控件中
            if (WDset.Tables[0].Rows.Count < 1)            //当WDset中没有信息时
            //清空相应的控件
            MyMC.Clear_Grids(WDset.Tables[0].Columns.Count,groupBox7.Controls,
            "Word_");
            //获取"家庭关系"选项卡中的信息
            DataSet FDset = MyDataClass.getDataSet("select Sut_ID, ID, LeaguerName
            as 家庭成员名称,Nexus as 与本人的关系,BirthDate as 出生日期,WordUnit as 工
            作单位,Business as 职务,Visage as 政治面貌,Phone as 电话 from tb_Family
```

```
            where Sut_ID='" + tem_ID + "'","tb_Family");
        MyMC.Correlation_Table(FDset,dataGridView3);
        if (FDset.Tables[0].Rows.Count < 1)
            MyMC.Clear_Grids(FDset.Tables[0].Columns.Count,groupBox10.Controls,
            "Family_");
        //获取"培训记录"选项卡中的信息
        DataSet TDset = MyDataClass.getDataSet("select Sut_ID,ID,TrainFashion
            as 培训方式,BeginDate as 培训开始时间,EndDate as 培训结束时间,Speciality
            as 培训专业,TrainUnit as 培训单位,KulturMemo as 培训内容,Charge as 费用,
            Effect as 效果 from tb_TrainNote where Sut_ID='" + tem_ID + "'","tb_
            TrainNote");
        MyMC.Correlation_Table(TDset,dataGridView4);
        if (TDset.Tables[0].Rows.Count < 1)
            MyMC.Clear_Grids(TDset.Tables[0].Columns.Count,groupBox12.Controls,
            "TrainNote_");
        //获取"奖惩记录"选项卡中的信息
        DataSet RDset = MyDataClass.getDataSet("select Sut_ID,ID,RPKind as 奖惩
            种类,RPDate as 奖惩时间,SealMan as 批准人,QuashDate as 撤销时间,QuashWhys
            as 撤销原因 from tb_RANDP where Sut_ID='" + tem_ID + "'","tb_RANDP");
        MyMC.Correlation_Table(RDset,dataGridView5);
        if (RDset.Tables[0].Rows.Count < 1)
            MyMC.Clear_Grids(RDset.Tables[0].Columns.Count,groupBox14.Controls,
            "RANDP_");
        //获取"个人简历"选项卡中的信息
        SqlDataReader Read_Memo = MyDataClass.getcom("Select * from tb_
            Individual where ID='" + tem_ID + "'");
        if (Read_Memo.Read())
            Ind_Mome.Text = Read_Memo[1].ToString();
        else
            Ind_Mome.Clear();
        }
    }
    catch { }
}
```

（4）编写"查询类型"控件 ComboBox 的 TextChanged 事件,代码如下。

代码 7-49 "查询类型"控件 ComboBox 的 TextChanged 事件

```
private void comboBox1_TextChanged(object sender,EventArgs e)
{
    switch (comboBox1.SelectedIndex)         //向 comboBox2 控件中添加相应的查询条件
    {
        case 0:
        {
            MyMC.CityInfo(comboBox2,"select distinct StuffName from tb_
                Stuffbusic",0);                //职工姓名
            tem_Field = "StuffName";
            break;
        }
        case 1:                                //性别
```

```csharp
        {
            comboBox2.Items.Clear();
            comboBox2.Items.Add("男");
            comboBox2.Items.Add("女");
            tem_Field = "Sex";
            break;
        }
        case 2:
        {
            MyMC.CoPassData(comboBox2,"tb_Folk");              //民族
            tem_Field = "Folk";
            break;
        }
        case 3:
        {
            MyMC.CoPassData(comboBox2,"tb_Kultur");            //文化程度
            tem_Field = "Kultur";
            break;
        }
        case 4:
        {
            MyMC.CoPassData(comboBox2,"tb_Visage");            //政治面貌
            tem_Field = "Visage";
            break;
        }
        case 5:
        {
            MyMC.CoPassData(comboBox2,"tb_EmployeeGenre");     //职工类别
            tem_Field = "Employee";
            break;
        }
        case 6:
        {
            MyMC.CoPassData(comboBox2,"tb_Business");          //职务类别
            tem_Field = "Business";
            break;
        }
        case 7:
        {
            MyMC.CoPassData(comboBox2,"tb_Branch");            //部门类别
            tem_Field = "Branch";
            break;
        }
        case 8:
        {
            MyMC.CoPassData(comboBox2,"tb_Duthcall");          //职称类别
            tem_Field = "Duthcall";
            break;
        }
```

```
            case 9:
            {
                MyMC.CoPassData(comboBox2,"tb_Laborage");          //工资类别
                tem_Field = "Laborage";
                break;
            }
        }
    }
```

(5) 编写"查询条件"控件 ComboBox 的 TextChanged 事件，代码如下。

代码 7-50　"查询条件"控件 ComboBox 的 TextChanged 事件

```
private void comboBox2_TextChanged(object sender,EventArgs e)
{
    try
    {
        tem_Value = comboBox2.SelectedItem.ToString();
        Condition_Lookup(tem_Value);
    }
    catch
    {
        comboBox2.Text = "";
        MessageBox.Show("只能以选择方式查询。");
    }
}
```

(6) 双击"第一条"按钮，进入该按钮的单击事件，将显示第一条员工信息，编写代码如下。

代码 7-51　"第一条"按钮的单击事件

```
private void N_First_Click(object sender,EventArgs e)
{
    try
    {
        int ColInd = 0;
        if(dataGridView1.CurrentCell.ColumnIndex==-1|| dataGridView1.CurrentCell.ColumnIndex > 1)
            ColInd = 0;
        else
            ColInd = dataGridView1.CurrentCell.ColumnIndex;
        if ((((Button)sender).Name) == "N_First")
        {
            dataGridView1.CurrentCell = this.dataGridView1[ColInd,0];
            MyMC.Ena_Button(N_First,N_Previous,N_Next,N_Cauda,0,0,1,1);
        }
        if ((((Button)sender).Name) == "N_Previous")
        {
            if (dataGridView1.CurrentCell.RowIndex == 0)
            {
                MyMC.Ena_Button(N_First,N_Previous,N_Next,N_Cauda,0,0,1,1);
```

```csharp
        }
        else
        {
            dataGridView1.CurrentCell = this.dataGridView1[ColInd,
            dataGridView1.CurrentCell.RowIndex - 1];
            MyMC.Ena_Button(N_First,N_Previous,N_Next,N_Cauda,1,1,1,1);
        }
    }
    if ((((Button)sender).Name) == "N_Next")
    {
        if (dataGridView1.CurrentCell.RowIndex == dataGridView1.RowCount - 2)
        {
            MyMC.Ena_Button(N_First,N_Previous,N_Next,N_Cauda,1,1,0,0);
        }
        else
        {
            dataGridView1.CurrentCell = this.dataGridView1[ColInd,
            dataGridView1.CurrentCell.RowIndex + 1];
            MyMC.Ena_Button(N_First,N_Previous,N_Next,N_Cauda,1,1,1,1);
        }
    }
    if ((((Button)sender).Name) == "N_Cauda")
    {
        dataGridView1.CurrentCell = this.dataGridView1[ColInd,
        dataGridView1.RowCount - 2];
        MyMC.Ena_Button(N_First,N_Previous,N_Next,N_Cauda,1,1,0,0);
    }
}
catch { }
}
```

(7) 双击"上一条"按钮,进入该按钮的单击事件,编写代码如下。

代码 7-52 "上一条"按钮的单击事件

```csharp
private void N_Previous_Click(object sender,EventArgs e)
{
    N_First_Click(sender,e);
}
```

(8) 双击"下一条"按钮,进入该按钮的单击事件,编写代码如下。

代码 7-53 "下一条"按钮的单击事件

```csharp
private void N_Next_Click(object sender,EventArgs e)
{
    N_First_Click(sender,e);
}
```

(9) 双击"最后条"按钮,进入该按钮的单击事件,编写代码如下。

代码 7-54 "最后条"按钮的单击事件

```csharp
private void N_Cauda_Click(object sender,EventArgs e)
```

```
{
    N_First_Click(sender,e);
}
```

(10) 双击"显示所有信息"按钮,进入该按钮的单击事件,编写代码如下。

代码 7-55 "显示所有信息"按钮的单击事件

```
private void button1_Click(object sender,EventArgs e)
{
    //用 dataGridView1 控件显示职工的名称
    MyDS_Grid = MyDataClass.getDataSet(DataClass.MyMeans.AllSql,"tb_Stuffbusic");
    dataGridView1.DataSource = MyDS_Grid.Tables[0];
    dataGridView1.AutoGenerateColumns = true;   //是否自动创建列
    dataGridView1.Columns[0].Width = 60;
    dataGridView1.Columns[1].Width = 80;
    for (int i = 2; i < dataGridView1.ColumnCount; i++)
    //隐藏 dataGridView1 控件中不需要的列字段
    {
        dataGridView1.Columns[i].Visible = false;
    }
}
```

(11) 双击"选择图片"按钮,进入该按钮的单击事件,编写代码如下。

代码 7-56 "选择图片"按钮的单击事件

```
private void Img_Save_Click(object sender,EventArgs e)
{
    Read_Image(openFileDialog1,S_Photo);
    Ima_n = 1;
}
```

(12) 双击"清除"按钮,进入该按钮的单击事件,编写代码如下。

代码 7-57 "清除"按钮的单击事件

```
private void Img_Clear_Click(object sender,EventArgs e)
{
    S_Photo.Image = null;
    imgBytesIn = new byte[65536];
    Ima_n = 2;
}
```

(13) 在"职工基本信息"选项卡中双击"添加"按钮,进入该按钮的单击事件,编写代码如下。

代码 7-58 "添加"按钮的单击事件

```
private void Sut_Add_Click(object sender,EventArgs e)
{
    MyMC.Clear_Control(tabControl1.TabPages[0].Controls);
    //清空"职工基本信息"的相应文本框
    S_0.Text = MyMC.GetAutocoding("tb_Stuffbusic","ID");   //自动添加编号
    hold_n = 1;                          //用于记录添加操作的标识
    MyMC.Ena_Button(Sut_Add,Sut_Amend,Sut_Cancel,Sut_Save,0,0,1,1);
```

```
    groupBox5.Text = "当前正在添加信息";
    Img_Clear.Enabled = true;            //使图片选择按钮变为可用状态
    Img_Save.Enabled = true;
}
```

(14) 在"职工基本信息"选项卡中双击"修改"按钮，进入该按钮的单击事件，编写代码如下。

代码 7-59 "修改"按钮的单击事件

```
private void Sut_Amend_Click(object sender,EventArgs e)
{
    hold_n = 2;                          //用于记录修改操作的标识
    MyMC.Ena_Button(Sut_Add,Sut_Amend,Sut_Cancel,Sut_Save,0,0,1,1);
    groupBox5.Text = "当前正在修改信息";
    Img_Clear.Enabled = true;            //使图片选择按钮变为可用状态
    Img_Save.Enabled = true;
}
```

(15) 在"职工基本信息"选项卡中双击"删除"按钮，进入该按钮的单击事件，编写代码如下。

代码 7-60 "删除"按钮的单击事件

```
private void Sut_Delete_Click(object sender,EventArgs e)
{
    if (dataGridView1.RowCount < 2)  //判断dataGridView1控件中是否有记录
    {
        MessageBox.Show("数据表为空,不可以删除。");
        return;
    }
    //删除职工信息表中的当前记录,以及其他相关表中的信息
    MyDataClass.getsqlcom("Delete tb_Stuffbusic where ID='" + S_0.Text.
    Trim() + "'");
    MyDataClass.getsqlcom("Delete tb_WordResume where Sut_ID='" + S_0.Text.
    Trim() + "'");
    MyDataClass.getsqlcom("Delete tb_Family where Sut_ID='" + S_0.Text.
    Trim() + "'");
    MyDataClass.getsqlcom("Delete tb_TrainNote where Sut_ID='" + S_0.Text.
    Trim() + "'");
    MyDataClass.getsqlcom("Delete tb_RANDP where Sut_ID='" + S_0.Text.
    Trim() + "'");
    MyDataClass.getsqlcom("Delete tb_WordResume where Sut_ID='" + S_0.Text.
    Trim() + "'");
    MyDataClass.getsqlcom("Delete tb_Individual where ID='" + S_0.Text.
    Trim() + "'");
    Sut_Cancel_Click(sender,e);          //调用"取消"按钮的单击事件
}
```

(16) 在"职工基本信息"选项卡中双击"取消"按钮，进入该按钮的单击事件，编写代码如下。

代码 7-61 "取消"按钮的单击事件

```
private void Sut_Cancel_Click(object sender,EventArgs e)
{
   hold_n = 0;              //恢复原始标识
   MyMC.Ena_Button(Sut_Add,Sut_Amend,Sut_Cancel,Sut_Save,1,1,0,0);
   groupBox5.Text = "";
   Ima_n = 0;
   if (tem_Field == "")
     button1_Click(sender,e);
   else
     Condition_Lookup(tem_Value);
   Img_Clear.Enabled = false;
   Img_Save.Enabled = false;
}
```

(17) 在"职工基本信息"选项卡中双击"保存"按钮,进入该按钮的单击事件,编写代码如下。

代码 7-62 "保存"按钮的单击事件

```
private void Sut_Save_Click(object sender,EventArgs e)
{
   if (tabControl1.SelectedTab.Name == "tabPage6") //如果当前是"个人简历"选项卡
   {
     //通过 MyMeans 公共类中的 getcom()方法查询当前职工是否添加了个人简历
     SqlDataReader Read_Memo = MyDataClass.getcom("Select * from tb_Individual
       where ID='" + tem_ID + "'");
     if (Read_Memo.Read())                         //如果有记录
       //将当前设置的个人简历进行修改
       MyDataClass.getsqlcom("update tb_Individual set Memo='" + Ind_Mome.
         Text + "' where ID='" + tem_ID + "'");
     else
       //如果没有记录,则进行添加操作
       MyDataClass.getsqlcom("insert into tb_Individual (ID,Memo) values('" +
         tem_ID + "','" + Ind_Mome.Text + "')");
   }
   else //如果当前是"职工基本信息"选项卡
   {
     //定义字符串变量,并存储于"职工基本信息表"选项卡中的所有字段
     string All_Field = "ID,StuffName,Folk,Birthday,Age,Kultur,Marriage,
       Sex, Visage, IDCard, Workdate, WorkLength, Employee, Business, Laborage,
       Branch, Duthcall, Phone, Handset, School, Speciality, GraduateDate,
       Address,BeAware,City,M_Pay,Bank,Pact_B,Pact_E,Pact_Y";
     if (hold_n == 1 || hold_n == 2)         //判断当前是添加还是修改操作
     {
       ModuleClass.MyModule.ADDs = "";    //清空 MyModule 公共类中的 ADDs 变量
       //用 MyModule 公共类中的 Part_SaveClass()方法组合添加或修改的 SQL 语句
       MyMC.Part_SaveClass(All_Field,S_0.Text.Trim(),"",tabControl1.
         TabPages[0].Controls,"S_","tb_Stuffbusic",30,hold_n);
       //如果 ADDs 变量不为空,则通过 MyMeans 公共类中的 getsqlcom()方法执行添加、修
```

改操作
```csharp
            if (ModuleClass.MyModule.ADDs != "")
                MyDataClass.getsqlcom(ModuleClass.MyModule.ADDs);
        }
        if (Ima_n > 0)                              //如果图片标识大于 0
        {
            //通过 MyModule 公共类中 SaveImage()方法将图片存入数据库中
            MyMC.SaveImage(S_0.Text.Trim(),imgBytesIn);
        }
        Sut_Cancel_Click(sender,e);                 //调用"取消"按钮的单击事件
    }
}
```

(18) 在"工作简历"选项卡中双击"添加"按钮,进入该按钮的单击事件,编写代码如下。

代码 7-63 "添加"按钮的单击事件

```csharp
private void Part_Add_Click(object sender,EventArgs e)
{
    hold_n = 1;
    if (tabControl1.SelectedTab.Name == "tabPage2")
    {
        MyMC.Clear_Control(this.groupBox7.Controls);
        Part_ID = MyMC.GetAutocoding("tb_WordResume","ID");   //自动添加编号
    }
    if (tabControl1.SelectedTab.Name == "tabPage3")
    {
        MyMC.Clear_Control(this.groupBox10.Controls);
        Part_ID = MyMC.GetAutocoding("tb_Family","ID");       //自动添加编号
    }
    if (tabControl1.SelectedTab.Name == "tabPage4")
    {
        MyMC.Clear_Control(this.groupBox12.Controls);
        Part_ID = MyMC.GetAutocoding("tb_TrainNote","ID");    //自动添加编号
    }
    if (tabControl1.SelectedTab.Name == "tabPage5")
    {
        MyMC.Clear_Control(this.groupBox14.Controls);
        Part_ID = MyMC.GetAutocoding("tb_RANDP","ID");        //自动添加编号
    }
    MyMC.Ena_Button(Part_Add,Part_Amend,Part_Cancel,Part_Save,1,0,1,1);
}
```

(19) 在"工作简历"选项卡中双击"修改"按钮,进入该按钮的单击事件,编写代码如下。

代码 7-64 "修改"按钮的单击事件

```csharp
private void Part_Amend_Click(object sender,EventArgs e)
{
    hold_n = 2;
```

```
    MyMC.Ena_Button(Part_Add,Part_Amend,Part_Cancel,Part_Save,0,1,1,1);
}
```
(20) 在"工作简历"选项卡中双击"修改"按钮,进入该按钮的单击事件,编写代码如下。

代码 7-65 "修改"按钮的单击事件

```
private void Part_Delete_Click(object sender, EventArgs e)
{
    string Delete_Table = "";
    string Delete_ID = "";
    if (tabControl1.SelectedTab.Name == "tabPage2")
    {
      if (dataGridView2.RowCount < 2)
      {
        MessageBox.Show("数据表为空,不可以删除。");
        return;
      }
      MyMC.Clear_Control(this.groupBox7.Controls);
      Delete_ID = dataGridView2[1,dataGridView2.CurrentCell.RowIndex].
      Value.ToString();
      Delete_Table = "tb_WordResume";
    }
    if (tabControl1.SelectedTab.Name == "tabPage3")
    {
      if (dataGridView3.RowCount < 2)
      {
        MessageBox.Show("数据表为空,不可以删除。");
        return;
      }
      MyMC.Clear_Control(this.groupBox10.Controls);
      Delete_ID = dataGridView3[1,dataGridView3.CurrentCell.RowIndex].
      Value.ToString();
      Delete_Table = "tb_Family";
    }
    if (tabControl1.SelectedTab.Name == "tabPage4")
    {
      if (dataGridView4.RowCount < 2)
      {
        MessageBox.Show("数据表为空,不可以删除。");
        return;
      }
      MyMC.Clear_Control(this.groupBox12.Controls);
      Delete_ID = dataGridView4[1,dataGridView4.CurrentCell.RowIndex].
      Value.ToString();
      Delete_Table = "tb_TrainNote";
    }
    if (tabControl1.SelectedTab.Name == "tabPage5")
    {
      if (dataGridView5.RowCount < 2)
```

```csharp
        {
            MessageBox.Show("数据表为空,不可以删除。");
            return;
        }
        MyMC.Clear_Control(this.groupBox14.Controls);
        Delete_ID = dataGridView5[1,dataGridView5.CurrentCell.RowIndex].Value.ToString();
        Delete_Table = "tb_RANDP";
    }
    if ((Delete_ID.Trim()).Length > 0)
    {
        MyDataClass.getsqlcom("Delete " + Delete_Table + " where ID='" + Delete_ID + "'");
        Part_Cancel_Click(sender,e);
    }
}
```

(21) 在"工作简历"选项卡中双击"取消"按钮,进入该按钮的单击事件,编写代码如下。

代码 7-66 "取消"按钮的单击事件

```csharp
private void Part_Cancel_Click(object sender,EventArgs e)
{
    if (tabControl1.SelectedTab.Name == "tabPage2")
    {
        DataSet WDset = MyDataClass.getDataSet("select Sut_ID,ID,BeginDate as 开始时间,EndDate as 结束时间,Branch as 部门,Business as 职务,WordUnit as 工作单位 from tb_WordResume where Sut_ID='" + tem_ID + "'","tb_WordResume");
        MyMC.Correlation_Table(WDset,dataGridView2);
    }
    if (tabControl1.SelectedTab.Name == "tabPage3")
    {
        DataSet FDset = MyDataClass.getDataSet("select Sut_ID,ID,LeaguerName as 家庭成员名称,Nexus as 与本人的关系,BirthDate as 出生日期,WordUnit as 工作单位,Business as 职务,Visage as 政治面貌,Phone as 电话 from tb_Family where Sut_ID='" + tem_ID + "'","tb_Family");
        MyMC.Correlation_Table(FDset,dataGridView3);
    }
    if (tabControl1.SelectedTab.Name == "tabPage4")
    {
        DataSet TDset = MyDataClass.getDataSet("select Sut_ID,ID,TrainFashion as 培训方式,BeginDate as 培训开始时间,EndDate as 培训结束时间,Speciality as 培训专业,TrainUnit as 培训单位,KulturMemo as 培训内容,Charge as 费用,Effect as 效果 from tb_TrainNote where Sut_ID='" + tem_ID + "'","tb_TrainNote");
        MyMC.Correlation_Table(TDset,dataGridView4);
    }
    if (tabControl1.SelectedTab.Name == "tabPage5")
    {
        DataSet RDset = MyDataClass.getDataSet("select Sut_ID,ID,RPKind as 奖惩种类,RPDate as 奖惩时间,SealMan as 批准人,QuashDate as 撤销时间,QuashWhys
```

```
            as 撤销原因 from tb_RANDP where Sut_ID='" + tem_ID + "'","tb_RANDP");
        MyMC.Correlation_Table(RDset,dataGridView5);
    }
    hold_n = 0;                         //恢复原始标识
    MyMC.Ena_Button(Part_Add,Part_Amend,Part_Cancel,Part_Save,1,1,0,0);
}
```

(22) 在"工作简历"选项卡中双击"取消"按钮,进入该按钮的单击事件,编写代码如下。

代码 7-67 "取消"按钮的单击事件

```
private void Part_Save_Click(object sender,EventArgs e)
{
    string s = "";
    if (tabControl1.SelectedTab.Name == "tabPage2")
    {
        s = "ID,Sut_ID,BeginDate,EndDate,Branch,Business,WordUnit";
        ModuleClass.MyModule.ADDs = "";
        if (hold_n == 2)
        {
            if (dataGridView2.RowCount < 2)
            {
                MessageBox.Show("数据表为空,不可以修改");
            }
            else
                Part_ID = dataGridView2[1,dataGridView2.CurrentCell.RowIndex].
                Value.ToString();
        }
        MyMC.Part_SaveClass(s,tem_ID,Part_ID,this.groupBox7.Controls,"Word_","tb_
        WordResume",7,hold_n);
    }
    if (tabControl1.SelectedTab.Name == "tabPage3")
    {
        s = "ID,Sut_ID,LeaguerName,Nexus,BirthDate,WordUnit,Business,Visage,
        Phone";
        ModuleClass.MyModule.ADDs = "";
        if (hold_n == 2)
        {
            if (dataGridView3.RowCount < 2)
            {
                MessageBox.Show("数据表为空,不可以修改");
            }
            else
                Part_ID = dataGridView3[1,dataGridView3.CurrentCell.RowIndex].
                Value.ToString();
        }
        MyMC.Part_SaveClass(s,tem_ID,Part_ID,this.groupBox10.Controls,"Famity_",
        "tb_Family",9,hold_n);
    }
    if (tabControl1.SelectedTab.Name == "tabPage4")
```

```csharp
        {
            s = "ID,Sut_ID,TrainFashion,BeginDate,EndDate,Speciality,TrainUnit,
            KulturMemo,Charge,Effect";
            ModuleClass.MyModule.ADDs = "";
            if (hold_n == 2)
            {
               if (dataGridView4.RowCount < 2)
               {
                  MessageBox.Show("数据表为空,不可以修改");
               }
               else
                  Part_ID = dataGridView4[1,dataGridView4.CurrentCell.RowIndex].
                   Value.ToString();
            }
            MyMC.Part_SaveClass(s,tem_ID,Part_ID,this.groupBox12.Controls,
            "TrainNote_","tb_TrainNote",10,hold_n);
        }
        if (tabControl1.SelectedTab.Name == "tabPage5")
        {
            s = "ID,Sut_ID,RPKind,RPDate,SealMan,QuashDate,QuashWhys";
            ModuleClass.MyModule.ADDs = "";
            if (hold_n == 2)
            {
               if (dataGridView5.RowCount < 2)
               {
                  MessageBox.Show("数据表为空,不可以修改");
               }
               else
                  Part_ID = dataGridView5[1,dataGridView5.CurrentCell.RowIndex].
                   Value.ToString();
            }
            MyMC.Part_SaveClass(s,tem_ID,Part_ID,this.groupBox14.Controls,"
            RANDP_","tb_RANDP",7,hold_n);
        }
        if (ModuleClass.MyModule.ADDs != "")
            MyDataClass.getsqlcom(ModuleClass.MyModule.ADDs);
        Part_Cancel_Click(sender,e);
}
```

7.2.7　设计制作人事资料查询界面 F_Find.cs

人事资料查询功能的设计界面如图 7-51 所示。人事资料查询功能包括按照"基本信息"和"个人信息"查询。"基本信息"包括按照"民族类别""文化程度""政治面貌""职工类别""职务类别""工资类别""部门类别"和"职称类别"进行查询。"个人信息"包括按照"性别""婚姻""年龄""工龄""籍贯""合同年限""工作时间""毕业学校""主修专业"等进行查询。其中查询条件之间可以选择"与运算"或者"或运算"。查询结果显示在界面下边的

项目 7 设计制作企业人事管理系统

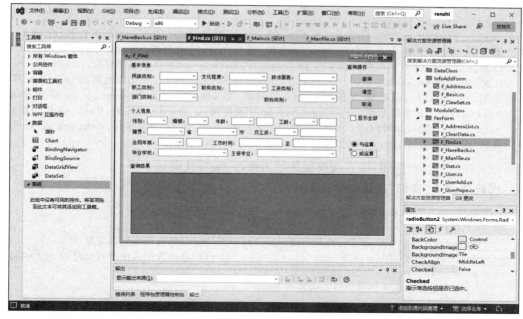

图 7-51 "人事资料查询功能"的设计界面

dataGridView 控件中。

1. 设计界面

人事资料查询界面的设计步骤为：拖入 4 个 groupBox 控件，分别作为"基本信息""查询操作""个人信息"和"查询结果"。

（1）在"基本信息"部分拖入 8 个 Label 控件和 8 个 ComboBox 控件，分别作为"民族类别""文化程度""政治面貌""职工类别""职务类别""工资类别""部门类别"和"职称类别"。

（2）在"个人信息"部分拖入 13 个 Label 控件、10 个 ComboBox 控件、6 个 TextBox 控件，分别用于"性别""婚姻""年龄""工龄""籍贯""月工资""合同年限""工作时间""毕业学校"和"主修专业"。

（3）在"查询结果"部分拖入 1 个 dataGridView 控件，用于显示查询结果。

（4）在"查询操作"部分拖入 3 个 Button 控件，分别用于"查询""清空"和"取消"按钮；拖入 1 个 checkBox 控件，用于"显示全部"；拖入 2 个 radioButton 控件，用于"与运算"和"或运算"。

2. 编写代码

（1）首先定义窗体的公共变量，代码如下。

代码 7-68　定义窗体的公共变量

```
ModuleClass.MyModule MyMC = new renshi.ModuleClass.MyModule();
DataClass.MyMeans MyDataClass = new renshi.DataClass.MyMeans();
```

281

```
public static DataSet MyDS_Grid;
public string ARsign = " AND ";
public static string Sut_SQL = "select ID as 编号,StuffName as 职工姓名,Folk as 民
族类别,Birthday as 出生日期,Age as 年龄,Kultur as 文化程度,Marriage as 婚姻,Sex as
性别,Visage as 政治面貌,IDCard as 身份证号,Workdate as 单位工作时间,WorkLength as
工龄,Employee as 职工类别,Business as 职务类别,Laborage as 工资类别,Branch as 部门
类别,Duthcall as 职称类别,Phone as 电话,Handset as 手机,School as 毕业学校,
Speciality as 主修专业,GraduateDate as 毕业时间,M_Pay as 月工资,Bank as 银行账号,
Pact_B as 合同开始时间,Pact_E as 合同结束时间,Pact_Y as 合同年限,BeAware as 籍贯所
在省(市、自治区),City as 籍贯所在市 from tb_Stuffbusic";
```

(2) 双击"查询"按钮,进入该按钮的单击事件,编写代码如下。

代码 7-69　"查询"按钮的单击事件

```
private void button1_Click(object sender,EventArgs e)
{
    ModuleClass.MyModule.FindValue = "";        //清空存储查询语句的变量
    string Find_SQL = Sut_SQL;                  //存储显示数据表中所有信息的 SQL 语句
    MyMC.Find_Grids(groupBox1.Controls,"Find",ARsign);
    //将指定控件集下的控件组合成查询条件
    MyMC.Find_Grids(groupBox2.Controls,"Find",ARsign);
    //当合同的起始日期和结束日期不为空时
    if (MyMC.Date_Format(Find1_WorkDate.Text) != "" &&
    MyMC.Date_Format(Find2_WorkDate.Text) != "")
    {
        if (ModuleClass.MyModule.FindValue != "")    //如果 FindValue 字段不为空
        //用 ARsign 变量连接查询条件
        ModuleClass.MyModule.FindValue = ModuleClass.MyModule.FindValue +
        ARsign;
        //设置合同日期的查询条件
        ModuleClass.MyModule.FindValue = ModuleClass.MyModule.FindValue + " (" +
        "workdate>='" + Find1_WorkDate.Text + "' AND workdate<='" + Find2_
        WorkDate.Text + "')";
    }
    if (ModuleClass.MyModule.FindValue != "")    //如果 FindValue 字段不为空
        //将查询条件添加到 SQL 语句的尾部
        Find_SQL = Find_SQL + " where " + ModuleClass.MyModule.FindValue;
    //按照指定的条件进行查询
    MyDS_Grid = MyDataClass.getDataSet(Find_SQL,"tb_Stuffbusic");
    //在 dataGridView1 控件上显示查询的结果
    dataGridView1.DataSource = MyDS_Grid.Tables[0];
    dataGridView1.AutoGenerateColumns = true;
    checkBox1.Checked = false;
}
```

(3) 双击"清空"按钮,进入该按钮的单击事件,编写代码如下。

代码 7-70　"清空"按钮的单击事件

```
private void button2_Click(object sender,EventArgs e)
{
    Clear_Box(7,groupBox1.Controls,"Find_");
```

```
        Clear_Box(12,groupBox2.Controls,"Find");
        Clear_Box(4,groupBox2.Controls,"Sign");
}
```

(4) 这段代码中调用了 Clear_Box()方法,编写该方法的代码如下。

代码 7-71　Clear_Box()方法

```
#region 清空控件集上的控件信息
///<summary>
///清空 GroupBox 控件上的控件信息
///</summary>
///<param name="n">控件个数</param>
///<param name="GBox">GroupBox 控件的数据集</param>
///<param name="TName">获取信息控件的部分名称</param>
private void Clear_Box(int n,Control.ControlCollection GBox,string TName)
{
    for (int i = 0; i < n; i++)
    {
        foreach (Control C in GBox)
        {
            if (C.GetType().Name == "TextBox" | C.GetType().Name ==
            "MaskedTextBox" | C.GetType().Name == "ComboBox")
            if (C.Name.IndexOf(TName) > -1)
            {
                C.Text = "";
            }
        }
    }
}
#endregion
```

(5) 双击"取消"按钮,进入该按钮的单击事件,编写代码如下。

代码 7-72　"取消"按钮的单击事件

```
private void button3_Click(object sender,EventArgs e)
{
    this.Close();
}
```

(6) 编写"显示全部"控件的 Click 事件,编写代码如下。

代码 7-73　"显示全部"控件的 Click 事件

```
private void checkBox1_Click(object sender,EventArgs e)
{
    if (checkBox1.Checked == true)
    {
        MyDS_Grid = MyDataClass.getDataSet(Sut_SQL,"tb_Stuffbusic");
        dataGridView1.DataSource = MyDS_Grid.Tables[0];
        dataGridView1.AutoGenerateColumns = true;
    }
}
```

(7) 编写"与运算"控件的 CheckChanged 事件,编写代码如下。

代码 7-74　"与运算"控件的 CheckChanged 事件

```
private void radioButton1_CheckedChanged(object sender,EventArgs e)
{
    ARsign = " AND ";
}
```

(8) 编写"或运算"控件的 CheckChanged 事件,编写代码如下。

代码 7-75　"或运算"控件的 CheckChanged 事件

```
private void radioButton2_CheckedChanged(object sender,EventArgs e)
{
    ARsign = " OR ";
}
```

7.2.8　设计制作人事资料统计界面 F_Stat.cs

人事资料统计功能的设计界面如图 7-52 所示。人事资料统计的功能是按照统计条件统计每类员工的人数。左边的统计条件将显示如按"民族类别""年龄"统计等,右边显示对应统计条件下每个分类的人数。

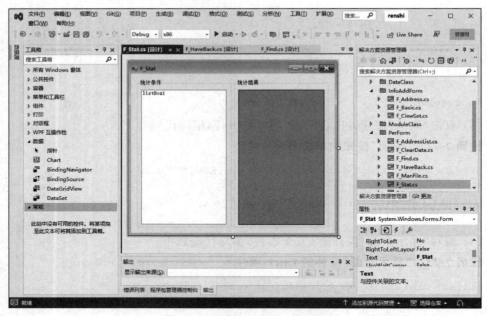

图 7-52　人事资料统计功能的设计界面

1. 设计界面

人事资料统计界面的设计步骤为:拖入 2 个 groupBox 控件,分别用于"统计条件"和"统计结果"的布局。在"统计条件"部分拖入 1 个 ListBox 控件,用于显示统计条件。在

"统计结果"部分拖入 1 个 dataGridView 控件,用于显示统计结果。

2. 编写代码

(1) 首先定义窗体的公共变量,编写代码如下。

代码 7-76 窗体的公共变量

```
DataClass.MyMeans MyDataClass = new renshi.DataClass.MyMeans();
public static string Term_Field = " Folk, Age, Kultur, Marriage, Sex, Visage,
WorkLength,
Employee, Business, Laborage, Branch, Duthcall, School, Speciality, Pact _ Y,
BeAware,City";
public static string Term_Value = "民族类别,年龄,文化程度,婚姻,性别,政治面貌,工龄,
职工类别,职务类别,工资类别,部门类别,职称类别,毕业学校,主修专业,合同年限,籍贯所在省
(市、自治区),籍贯所在市";
public static string[] A_Field = Term_Field.Split(Convert.ToChar(','));
public static string[] A_Value = Term_Value.Split(Convert.ToChar(','));
public static DataSet MyDS_Grid;
```

(2) 编写窗体的 Form_Load 事件,编写代码如下。

代码 7-77 窗体的 Form_Load 事件

```
private void F_Stat_Load(object sender,EventArgs e)
{
    listBox1.Items.Clear();
    for (int i = 0; i < A_Value.Length; i++)
    listBox1.Items.Add("按" + A_Value[i] + "统计");
    Stat_Class(0);
}
```

(3) 这段代码中调用了 Stat_Class()方法,编写该方法的代码如下。

代码 7-78 Stat_Class()方法

```
public void Stat_Class(int n)
{
    MyDS_Grid = MyDataClass.getDataSet("select " + A_Field[n] + " as '" + A_Value
    [n] + "',count(" + A_Field[n] + ") as '人数' from tb_stuffbusic group by " + A_
    Field[n],"tb_Stuffbusic");
    dataGridView1.DataSource = MyDS_Grid.Tables[0];
    dataGridView1.Columns[0].Width = 120;
    dataGridView1.Columns[1].Width = 55;
}
```

(4) 编写 listBox 控件的 Click 事件,代码如下。

代码 7-79 listBox 控件的 Click 事件

```
private void listBox1_Click(object sender,EventArgs e)
{
    Stat_Class(listBox1.SelectedIndex);
}
```

7.2.9 设计制作日常记事界面 F_WordPad.cs

日常记事功能的设计界面如图 7-53 所示。该界面的功能是添加、修改、删除和保存记事信息，可以按照记事时间和记事类别进行查询，并显示出记事内容。

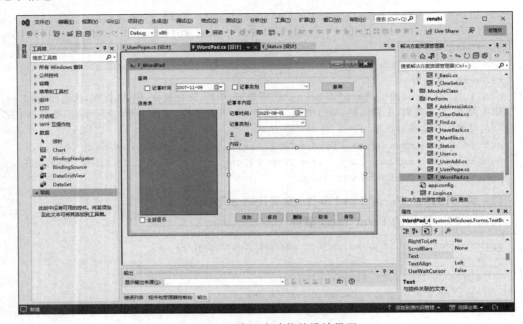

图 7-53 日常记事功能的设计界面

1. 设计界面

日常记事界面的设计步骤为：首先拖入 4 个 groupBox 控件，分别作为"查询""信息表""记事本内容"和"添加"等按钮。在"查询"部分拖入 2 个 checkBox 控件，分别作为"记事时间"和"记事类别"；然后拖入 2 个 ComboBox 控件；最后拖入 1 个 Button 控件，作为"查询"按钮。

在"信息表"部分拖入 1 个 dataGridView 控件，用于显示查询结果；拖入 1 个 checkBox 控件，用于"全部显示"。

在"记事本内容"部分拖入 4 个 Label 控件，分别作为"记事时间""记事类别""主题"和"内容"；拖入 1 个 DateTimePicker 控件，用于"记事时间"；拖入 1 个 ComboBox 控件，用于"记事类别"；拖入 2 个 Textbox 控件，用于"主题"和"内容"。

在"添加"等按钮部分拖入 5 个 Button 控件，分别用于"添加""修改""删除""取消"和"保存"按钮。

2. 编写代码

（1）首先定义窗体的公共变量，代码如下。

代码 7-80 定义窗体的公共变量

```
ModuleClass.MyModule MyMC = new renshi.ModuleClass.MyModule();
DataClass.MyMeans MyDataClass = new renshi.DataClass.MyMeans();
public static string AllSql = "select ID,BlotterDate as 记事时间,BlotterSort as
记事类别,Motif as 主题,Wordpa from tb_DayWordPad";
public static DataSet MyDS_Grid;                    //存储数据表信息
public static string Word_ID = "";                  //存储添加信息时的自动编号
public static int Word_S = 0;
```

（2）编写窗体的 Form_Load 事件，代码如下。

代码 7-81 窗体的 Form_Load 事件

```
private void F_WordPad_Load(object sender,EventArgs e)
{
    //用 dataGridView1 控件显示职工的名称
    MyDS_Grid = MyDataClass.getDataSet(AllSql,"tb_DayWordPad");
    dataGridView1.DataSource = MyDS_Grid.Tables[0];
    dataGridView1.AutoGenerateColumns = true;       //是否自动创建列
    dataGridView1.Columns[1].Width = 80;
    dataGridView1.Columns[2].Width = 80;
    dataGridView1.Columns[3].Width = 100;
    //隐藏 dataGridView1 控件中不需要的列字段
    dataGridView1.Columns[0].Visible = false;
    dataGridView1.Columns[4].Visible = false;
    MyMC.CoPassData(WordPad_2,"tb_WordPad");        //向"记事类别"列表框中添加信息
    MyMC.CoPassData(comboBox1,"tb_WordPad");
    MyMC.Ena_Button(Word_Add,Word_Amend,Word_Cancel,Word_Save,1,1,0,0);
}
```

（3）双击"查询"按钮，进入该按钮的单击事件，编写代码如下。

代码 7-82 "查询"按钮的单击事件

```
private void button1_Click(object sender,EventArgs e)
{
    string Fing_Sql = "";
    if (checkBox1.Checked == true)
    {
        Fing_Sql = " (BlotterDate = '" + (Convert.ToDateTime
        (dateTimePicker1.Value.ToString())).ToShortDateString() + "')";
    }
    if (checkBox2.Checked == true)
    {
        if ((comboBox1.Text.Trim()).Length == 0)
        {
            MessageBox.Show("请填写查询条件。");
            return;
        }
        if (Fing_Sql != "")
            Fing_Sql = Fing_Sql + " AND " + "(BlotterSort = '" + comboBox1.Text + "')";
    }
```

```
            if (Fing_Sql != "")
               Fing_Sql = AllSql + " where " + Fing_Sql;
            else
               Fing_Sql = AllSql;
            //用 dataGridView1 控件显示职工的名称
            MyDS_Grid = MyDataClass.getDataSet(Fing_Sql,"tb_DayWordPad");
            dataGridView1.DataSource = MyDS_Grid.Tables[0];
            checkBox3.Checked = false;
            if (MyDS_Grid.Tables[0].Rows.Count < 1)   //如果查询结果为空,清除相关文本
            {
                WordPad_2.Text = "";
                WordPad_3.Text = "";
                WordPad_4.Text = "";
                Word_ID = "";
            }
        }
```

(4) 编写 dataGridView 控件的 CellEnter 事件,代码如下。

代码 7-83　dataGridView 控件的 CellEnter 事件

```
private void dataGridView1_CellEnter(object sender,DataGridViewCellEventArgs e)
{
    Show_N();
}
```

(5) 代码 7-83 中调用了 Show_N()方法,编写该方法的代码如下。

代码 7-84　Show_N()方法

```
public void Show_N()
{
    if (dataGridView1.RowCount > 0)
    {
        try
        {
            WordPad_1.Value = Convert.ToDateTime(dataGridView1[1,
            dataGridView1.CurrentCell.RowIndex].Value.ToString());
            WordPad_2.Text = dataGridView1[2,
            dataGridView1.CurrentCell.RowIndex].Value.ToString();
            WordPad_3.Text = dataGridView1[3,
            dataGridView1.CurrentCell.RowIndex].Value.ToString();
            WordPad_4.Text = dataGridView1[4,
            dataGridView1.CurrentCell.RowIndex].Value.ToString();
            Word_ID = dataGridView1[0,
            dataGridView1.CurrentCell.RowIndex].Value.ToString();
        }
        catch
        {
            WordPad_2.Text = "";
            WordPad_3.Text = "";
            WordPad_4.Text = "";
            Word_ID = "";
```

```
        }
    }
    else
    {
        MyMC.Clear_Control(groupBox3.Controls);
        Word_ID = "";
        WordPad_1.Value = Convert.ToDateTime(System.DateTime.Now.ToString());
    }
}
```

(6) 编写"全部显示"控件的 Click 事件,代码如下。

代码 7-85 "全部显示"控件的 Click 事件

```
private void checkBox3_Click(object sender,EventArgs e)
{
    if (((CheckBox)sender).Checked == true)
        Word_Cancel_Click(sender,e);
}
```

(7) 双击"添加"按钮,进入该按钮的单击事件,编写代码如下。

代码 7-86 "添加"按钮的单击事件

```
private void Word_Add_Click(object sender,EventArgs e)
{
    MyMC.Clear_Control(groupBox3.Controls);
    WordPad_1.Value = Convert.ToDateTime(System.DateTime.Now.ToString());
    Word_ID = MyMC.GetAutocoding("tb_DayWordPad","ID");   //自动添加编号
    Word_S = 1;
    MyMC.Ena_Button(Word_Add,Word_Amend,Word_Cancel,Word_Save,1,0,1,1);
}
```

(8) 双击"修改"按钮,进入该按钮的单击事件,编写代码如下。

代码 7-87 "修改"按钮的单击事件

```
private void Word_Amend_Click(object sender,EventArgs e)
{
    if (MyDS_Grid.Tables[0].Rows.Count > 0)
    {
        Word_S = 2;
        MyMC.Ena_Button(Word_Add,Word_Amend,Word_Cancel,Word_Save,0,1,1,1);
    }
    else
        MessageBox.Show("当前为空记录,无法进行修改。");
}
```

(9) 双击"删除"按钮,进入该按钮的单击事件,编写代码如下。

代码 7-88 "删除"按钮的单击事件

```
private void Word_Delete_Click(object sender,EventArgs e)
{
    if (dataGridView1.RowCount < 2)
    {
```

```csharp
        MessageBox.Show("数据表为空,不可以删除。");
        return;
    }
    if (Word_ID == "")
    {
        MessageBox.Show("无法删除空记录。");
        return;
    }
    MyDataClass.getsqlcom("Delete tb_DayWordPad where ID='" + Word_ID + "'");
    Word_Cancel_Click(sender,e);
}
```

(10) 双击"取消"按钮,进入该按钮的单击事件,编写代码如下。

代码 7-89 "取消"按钮的单击事件

```csharp
private void Word_Cancel_Click(object sender,EventArgs e)
{
    Word_S = 0;
    MyMC.Ena_Button(Word_Add,Word_Amend,Word_Cancel,Word_Save,1,1,0,0);
    //用 dataGridView1 控件显示职工的名称
    MyDS_Grid = MyDataClass.getDataSet(AllSql,"tb_DayWordPad");
    dataGridView1.DataSource = MyDS_Grid.Tables[0];
}
```

(11) 双击"保存"按钮,进入该按钮的单击事件,编写代码如下。

代码 7-90 "保存"按钮的单击事件

```csharp
private void Word_Save_Click(object sender,EventArgs e)
{
    string All_Field = "";
    string All_Value = "";
    if (Word_S == 1)
    {
        All_Field = "ID,BlotterDate,BlotterSort,Motif,Wordpa";
        All_Value = "'" + Word_ID + "'," + "'" + Convert.ToDateTime((WordPad_1.
        Value.ToString())).ToShortDateString() + "'," + "'" + WordPad_2.Text +
        "'," + "'" + WordPad_3.Text + "'," + "'" + WordPad_4.Text + "'";
        MyDataClass.getsqlcom("insert into tb_DayWordPad (" + All_Field + ")
        values(" + All_Value + ")");
    }
    if (Word_S == 2)
    {
        All_Value = "ID='" + Word_ID + "'," + "BlotterDate='" + Convert.
        ToDateTime((WordPad_1.Value.ToString())).ToShortDateString() + "'," +
        "BlotterSort='" + WordPad_2.Text + "'," + "Motif='" + WordPad_3.Text + "',
        " + "Wordpa='" + WordPad_4.Text + "'";
        MyDataClass.getsqlcom("update tb_DayWordPad set " + All_Value + " where
        ID='" + Word_ID + "'");
    }
```

```
        Word_Cancel_Click(sender,e);
}
```

7.2.10 设计制作管理通信录界面 F_AddressList.cs

管理通信录功能的设计界面如图 7-54 所示。该界面具有如下功能：按照"类型"和"条件"查询通信录、显示查询结果，以及添加、修改、删除通信录功能。

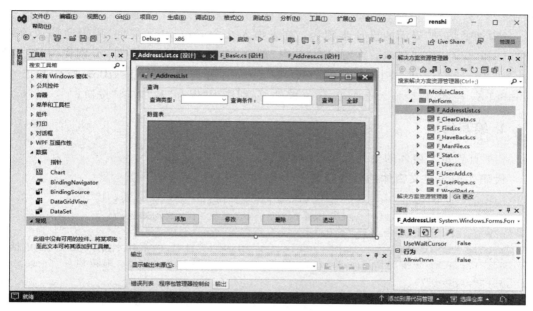

图 7-54 管理通信录功能的设计界面

在单击"添加"按钮之后，会弹出来一个"添加通信录"的界面，如图 7-55 所示。

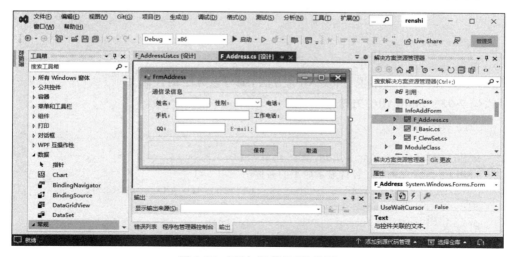

图 7-55 "添加通信录"的界面

1. 设计界面

管理通信录界面的设计步骤为：拖入 3 个 groupBox 控件，用于显示查询部分、数据结果显示部分和添加等按钮部分。显示部分的设计步骤为：拖入 2 个 Label 控件，用于"查询类型"和"查询条件"；拖入 1 个 ComboBox 控件、1 个 TextBox 控件；最后拖入 2 个 Button 控件，用于"查询"和"全部"按钮。在数据表显示部分拖入 1 个 dataGridView 控件，在"添加"等按钮部分拖入 4 个 Button 控件，分别作为"添加""修改""删除"和"退出"按钮。

"添加通信录"界面的设计步骤为：首先拖入 2 个 groupBox 控件，用于通信录项的"显示"和"保存"按钮显示。在"通信录信息"部分，拖入 7 个 Label 控件，分别作为"姓名""性别""电话""手机""工作电话"、QQ 和 E-mail；再拖入 6 个 TextBox 控件和 1 个 ComboBox 控件；最后拖入 2 个 Button 控件，分别作为"保存"和"取消"按钮。

2. 编写代码

(1) 首先定义窗体的公共变量，代码如下。

代码 7-91　定义窗体的公共变量

```
DataClass.MyMeans MyDataClass = new renshi.DataClass.MyMeans();
ModuleClass.MyModule MyMC = new renshi.ModuleClass.MyModule();
public static DataSet MyDS_Grid;
public static string AllSql = "Select ID,Name as 姓名,Sex as 性别,Phone as 电话,
WorkPhone as 工作电话,Handset as 手机,QQ as QQ 号,E_mail as 邮箱地址 from tb_
AddressBook";
public static string Find_Field = "";
```

(2) 编写窗体的 Form_Load 事件，代码如下。

代码 7-92　窗体的 Form_Load 事件

```
private void F_AddressList_Load(object sender,EventArgs e)
{
    ShowAll();
}
```

(3) 代码 7-92 中调用了 ShowAll()方法，编写该方法的代码如下。

代码 7-93　ShowAll()方法

```
public void ShowAll()
{
    ModuleClass.MyModule.Address_ID = "";
    //用 dataGridView1 控件显示职工的名称
    MyDS_Grid = MyDataClass.getDataSet(AllSql,"tb_AddressBook");
    dataGridView1.DataSource = MyDS_Grid.Tables[0];
    dataGridView1.Columns[0].Visible = false;
    if (dataGridView1.RowCount > 1)
    {
        Address_Amend.Enabled = true;
```

```
        Address_Delete.Enabled = true;
    }
    else
    {
        Address_Amend.Enabled = false;
        Address_Delete.Enabled = false;
    }
}
```

(4) 编写查询类型 comboBox 控件的 TextChanged 事件,编写代码如下。

代码 7-94 查询类型 comboBox 控件的 TextChanged 事件

```
private void comboBox1_TextChanged(object sender,EventArgs e)
{
    switch (((ComboBox)sender).SelectedIndex)
    {
        case 0:
        {
            Find_Field = "Name";
            break;
        }
        case 1:
        {
            Find_Field = "Sex";
            break;
        }
        case 2:
        {
            Find_Field = "E_mail";
            break;
        }
    }
}
```

(5) 双击"查询"按钮,进入该按钮的单击事件,编写代码如下。

代码 7-95 "查询"按钮的单击事件

```
private void button5_Click(object sender,EventArgs e)
{
    if (textBox1.Text == "")
    {
        MessageBox.Show("请输入查询条件。");
        return;
    }
    ModuleClass.MyModule.Address_ID = "";
    //用 dataGridView1 控件显示职工的名称
    MyDS_Grid = MyDataClass.getDataSet(AllSql + " where " + Find_Field + " like 
    '%" + textBox1.Text.Trim() + "%'","tb_AddressBook");
    dataGridView1.DataSource = MyDS_Grid.Tables[0];
    dataGridView1.Columns[0].Visible = false;
    if (dataGridView1.RowCount > 1)
```

```
        {
            Address_Amend.Enabled = true;
            Address_Delete.Enabled = true;
        }
        else
        {
            Address_Amend.Enabled = false;
            Address_Delete.Enabled = false;
        }
    }
```

(6) 双击"全部"按钮,进入该按钮的单击事件,编写代码如下。

代码 7-96 "全部"按钮的单击事件

```
private void button1_Click(object sender,EventArgs e)
{
    ShowAll();
}
```

(7) 双击"添加"按钮,进入该按钮的单击事件,编写代码如下。该事件将打开"添加通信录"的界面。

代码 7-97 "添加"按钮的单击事件

```
private void Address_Add_Click(object sender,EventArgs e)
{
    InfoAddForm.F_Address FrmAddress = new renshi.InfoAddForm.F_Address();
    FrmAddress.Text = "通信录添加操作";
    FrmAddress.Tag = 1;
    FrmAddress.ShowDialog(this);
    ShowAll();
}
```

(8) 双击"修改"按钮,进入该按钮的单击事件,编写代码如下。

代码 7-98 "修改"按钮的单击事件

```
private void Address_Amend_Click(object sender,EventArgs e)
{
    InfoAddForm.F_Address FrmAddress = new PWMS.InfoAddForm.F_Address();
    FrmAddress.Text = "通信录修改操作";
    FrmAddress.Tag = 2;
    FrmAddress.ShowDialog(this);
    ShowAll();
}
```

(9) 双击"删除"按钮,进入该按钮的单击事件,编写代码如下。

代码 7-99 "删除"按钮的单击事件

```
private void Address_Delete_Click(object sender,EventArgs e)
{
    if (MessageBox.Show("确定要删除该条信息吗?","提示",
        MessageBoxButtons.OKCancel,MessageBoxIcon.Question) == DialogResult.OK)
    {
```

```
      MyDataClass.getsqlcom("Delete tb_AddressBook where ID='" +
      ModuleClass.MyModule.Address_ID + "'");
      ShowAll();
   }
}
```

(10) 在"添加通信录"界面中编写窗体的公共变量,代码如下。

代码 7-100 "添加通信录"窗体的公共变量

```
DataClass.MyMeans MyDataClass = new renshi.DataClass.MyMeans();
ModuleClass.MyModule MyMC = new renshi.ModuleClass.MyModule();
public static DataSet MyDS_Grid;
public static string Address_ID = "";
```

(11) 编写窗体的 Form_Load 事件的代码如下。

代码 7-101 窗体的 Form_Load 事件

```
private void F_Address_Load(object sender,EventArgs e)
{
   if ((int)(this.Tag) == 1)
   {
      Address_ID = MyMC.GetAutocoding("tb_AddressBook","ID");
   }
   if ((int)this.Tag == 2)
   {
      MyDS_Grid = MyDataClass.getDataSet("select ID,Name,Sex,Phone,Handset,
      WorkPhone,QQ,E_mail from tb_AddressBook where ID='" + ModuleClass.
      MyModule.Address_ID + "'","tb_AddressBook");
      Address_ID = MyDS_Grid.Tables[0].Rows[0][0].ToString();
      this.Address_1.Text = MyDS_Grid.Tables[0].Rows[0][1].ToString();
      this.Address_2.Text = MyDS_Grid.Tables[0].Rows[0][2].ToString();
      this.Address_3.Text = MyDS_Grid.Tables[0].Rows[0][3].ToString();
      this.Address_4.Text = MyDS_Grid.Tables[0].Rows[0][4].ToString();
      this.Address_5.Text = MyDS_Grid.Tables[0].Rows[0][5].ToString();
      this.Address_6.Text = MyDS_Grid.Tables[0].Rows[0][6].ToString();
      this.Address_7.Text = MyDS_Grid.Tables[0].Rows[0][7].ToString();
   }
}
```

(12) 双击"保存"按钮,进入该按钮的单击事件,编写代码如下。

代码 7-102 "保存"按钮的单击事件

```
private void button1_Click(object sender,EventArgs e)
{
   if (this.Address_1.Text != "")
   {
      MyMC.Part_SaveClass("ID,Name,Sex,Phone,Handset,WorkPhone,QQ,E_mail",
      Address_ID,"",this.groupBox1.Controls,"Address_","tb_AddressBook", 8,
      (int)this.Tag);
      MyDataClass.getsqlcom(ModuleClass.MyModule.ADDs);
      this.Close();
   }
   else
```

```
            MessageBox.Show("人员姓名不能为空。");
        }
```

7.2.11 设计制作用户管理界面 F_User.cs

用户管理的设计界面如图 7-56 所示。用户管理的功能有显示用户信息，添加、修改、删除用户信息，修改用户权限。

图 7-56 用户管理的设计界面

选择"添加"和"修改"命令，将会弹出"添加用户"的设计界面，如图 7-57 所示。

图 7-57 "添加用户"的设计界面

选择"权限"命令,将会弹出"修改权限信息"的设计界面,如图 7-58 所示。

图 7-58 "修改权限"的设计界面

1. 设计界面

用户管理界面的设计步骤为:在界面中拖入 1 个 toolStrip 控件;添加 5 个 ToolStripButton 控件;再拖入 1 个 groupBox 控件,用于用户信息表;然后拖入 1 个 dataGridView 控件;添加用户界面的设计步骤为:拖入 1 个 groupBox 控件;然后拖入 2 个 Label 控件;再拖入 2 个 TextBox 控件;最后拖入 2 个 Button 控件,用于"保存"和"退出"按钮。

2. 编写代码

(1) 首先定义用户管理窗体的公共变量,代码如下。

代码 7-103　定义用户管理窗体的公共变量

```
DataClass.MyMeans MyDataClass = new renshi.DataClass.MyMeans();
public static DataSet MyDS_Grid;
```

(2) 编写用户管理窗体的 Form_Load 事件,代码如下。

代码 7-104　用户管理窗体的 Form_Load 事件

```
private void F_User_Load(object sender,EventArgs e)
{
    MyDS_Grid = MyDataClass.getDataSet("select ID as 编号,Name as 用户名 from tb_Login","tb_Login");
    dataGridView1.DataSource = MyDS_Grid.Tables[0];
}
```

(3) 编写用户管理窗体的 dataGridView 控件的 CellEnter 事件,代码如下。

代码 7-105 dataGridView 控件的 CellEnter 事件

```csharp
private void dataGridView1_CellEnter(object sender,DataGridViewCellEventArgs e)
{
    if (dataGridView1.RowCount > 1)
    {
        ModuleClass.MyModule.User_ID = dataGridView1[0,
        dataGridView1.CurrentCell.RowIndex].Value.ToString();
        ModuleClass.MyModule.User_Name = dataGridView1[1,
        dataGridView1.CurrentCell.RowIndex].Value.ToString();
        tool_UserAmend.Enabled = true;
        tool_UserDelete.Enabled = true;
        tool_UserPopedom.Enabled = true;
    }
    else
    {
        ModuleClass.MyModule.User_ID = "";
        ModuleClass.MyModule.User_Name = "";
        tool_UserAmend.Enabled = false;
        tool_UserDelete.Enabled = false;
        tool_UserPopedom.Enabled = false;
    }
}
```

(4)双击"添加"按钮,进入该按钮的单击事件,编写代码如下。该事件将打开"添加用户信息"的窗体。

代码 7-106 "添加"按钮的单击事件

```csharp
private void tool_UserAdd_Click(object sender,EventArgs e)
{
    PerForm.F_UserAdd FrmUserAdd = new F_UserAdd();
    FrmUserAdd.Tag = 1;
    FrmUserAdd.Text = tool_UserAdd.Text + "用户";
    FrmUserAdd.ShowDialog(this);
}
```

(5)双击"修改"按钮,进入该按钮的单击事件,编写代码如下。该事件将打开"修改用户信息"的窗体。

代码 7-107 "修改"按钮的单击事件

```csharp
private void tool_UserAmend_Click(object sender,EventArgs e)
{
    if (ModuleClass.MyModule.User_ID.Trim() == "0001")
    {
        MessageBox.Show("不能修改超级用户。");
        return;
    }
    PerForm.F_UserAdd FrmUserAdd = new F_UserAdd();
    FrmUserAdd.Tag = 2;
    FrmUserAdd.Text = tool_UserAmend.Text + "用户";
```

```
    FrmUserAdd.ShowDialog(this);
}
```

(6) 双击"删除"按钮,进入该按钮的单击事件,编写代码如下。

代码 7-108　"删除"按钮的单击事件

```
private void tool_UserDelete_Click(object sender,EventArgs e)
{
    if (ModuleClass.MyModule.User_ID != "")
    {
        if (ModuleClass.MyModule.User_ID.Trim() == "0001")
        {
            MessageBox.Show("不能删除超级用户。");
            return;
        }
        MyDataClass.getsqlcom("Delete tb_Login where ID='" +
        ModuleClass.MyModule.User_ID.Trim() + "'");
        MyDataClass.getsqlcom("Delete tb_UserPope where ID='" +
        ModuleClass.MyModule.User_ID.Trim() + "'");
        MyDS_Grid = MyDataClass.getDataSet("select ID as 编号,Name as 用户名 from tb_
        Login","tb_Login");
        dataGridView1.DataSource = MyDS_Grid.Tables[0];
    }
    else
        MessageBox.Show("无法删除空数据表。");
}
```

(7) 双击"权限"按钮,进入该按钮的单击事件,编写代码如下。

代码 7-109　"权限"按钮的单击事件

```
private void tool_UserPopedom_Click(object sender,EventArgs e)
{
    if (ModuleClass.MyModule.User_ID.Trim() == "0001")
    {
        MessageBox.Show("不能修改超级用户权限。");
        return;
    }
    F_UserPope FrmUserPope = new F_UserPope();
    FrmUserPope.Text = "用户权限设置";
    FrmUserPope.ShowDialog(this);
}
```

(8) 定义"添加用户信息"界面的公共变量,代码如下。

代码 7-110　"添加用户信息"界面的公共变量

```
DataClass.MyMeans MyDataClass = new renshi.DataClass.MyMeans();
ModuleClass.MyModule MyMC = new renshi.ModuleClass.MyModule();
public DataSet DSet;
public static string AutoID = "";
```

(9) 编写"添加用户信息"窗体的 Form_Load 事件,代码如下。

代码 7-111 "添加用户信息"窗体的 Form_Load 事件

```
private void F_UserAdd_Load(object sender,EventArgs e)
{
   if ((int)this.Tag == 1)
   {
      text_Name.Text = "";
      text_Pass.Text = "";
   }
   else
   {
      string ID = ModuleClass.MyModule.User_ID;
      DSet = MyDataClass.getDataSet("select Name,Pass from tb_Login where
      ID='" + ID + "'","tb_Login");
      text_Name.Text = Convert.ToString(DSet.Tables[0].Rows[0][0]);
      text_Pass.Text = Convert.ToString(DSet.Tables[0].Rows[0][1]);
   }
}
```

(10) 双击"保存"按钮,进入该按钮的单击事件,代码如下。

代码 7-112 "保存"按钮的单击事件

```
private void button1_Click(object sender,EventArgs e)
{
   if (text_Name.Text == "" && text_Pass.Text == "")
   {
      MessageBox.Show("请将用户名和密码添加完整。");
      return;
   }
   DSet = MyDataClass.getDataSet("select Name from tb_Login where Name='" +
   text_Name.Text + "'","tb_Login");
   if ((int)this.Tag == 2 && text_Name.Text == ModuleClass.MyModule.User_Name)
   {
      MyDataClass.getsqlcom("update tb_Login set Name='" + text_Name.Text + "',
      Pass='" + text_Pass.Text + "' where ID='" + ModuleClass.MyModule.User_
      ID + "'");
      return;
   }
   if (DSet.Tables[0].Rows.Count > 0)
   {
      MessageBox.Show("当前用户名已存在,请重新输入。");
      text_Name.Text = "";
      text_Pass.Text = "";
      return;
   }
   if ((int)this.Tag == 1)
   {
      AutoID = MyMC.GetAutocoding("tb_Login","ID");
      MyDataClass.getsqlcom("insert into tb_Login (ID,Name,Pass) values('" +
      AutoID + "','" + text_Name.Text + "','" + text_Pass.Text + "')");
```

```
            MyMC.ADD_Pope(AutoID,0);
            MessageBox.Show("添加成功。");
        }
        else
        {
            MyDataClass.getsqlcom("update tb_Login set Name='" + text_Name.Text + "',
            Pass='" + text_Pass.Text + "' where ID='" + ModuleClass.MyModule.User_
            ID + "'");
            if (ModuleClass.MyModule.User_ID == DataClass.MyMeans.Login_ID)
                DataClass.MyMeans.Login_Name = text_Name.Text;
            MessageBox.Show("修改成功。");
        }
        this.Close();
    }
```

项 目 小 结

本项目设计制作了一个企业人事管理系统，通过本项目的设计制作，让读者掌握 C♯ 开发数据库系统的流程，以及编写数据库应用程序的方法。在各功能的代码设计上，展示了 C♯ 语言各种用法与控件的配合应用，重点介绍了 C♯ 操作控件、读写数据库的各种方法。读者可以根据本项目举一反三，在设计类似项目时，参考本项目的设计思路和部分功能的界面及代码。

项 目 拓 展

本项目设计制作的是企业人事管理系统，读者可以根据项目特点，模仿设计制作一个学生档案管理系统，从数据库设计、整体功能设计到详细设计，练习软件的开发流程。

素质提升案例：
中国计算机先驱
闵乃大的开拓与
奉献精神

素质提升案例：
时代先锋倪光南
的科技报国及执
着创新的精神

参 考 文 献

[1] 谭浩强. C 程序设计[M]. 5 版. 北京：清华大学出版社，2017.
[2] 唐大仕. C♯程序设计教程[M]. 2 版. 北京：清华大学出版社，2018.
[3] 马骏. C♯程序设计教程[M]. 3 版. 北京：人民邮电出版社，2014.
[4] 甘勇，尚展垒. C♯程序设计[M]. 北京：人民邮电出版社，2016.